高等职业教育公共基础课通用教材

高职数学建模项目教程

主　编　吴新淼　张玉杰　聂华伟
副主编　邓　捷　张　雪　王　强　杨　伟
编　委　吴茜婷　张　瑾　吴华君
主　审　雷建海

北京理工大学出版社
BEIJING INSTITUTE OF TECHNOLOGY PRESS

版权专有 侵权必究

图书在版编目(CIP)数据

高职数学建模项目教程 / 吴新淼，张玉杰，聂华伟主编. -- 北京：北京理工大学出版社，2022.4
ISBN 978-7-5763-1278-2

Ⅰ. ①高… Ⅱ. ①吴… ②张… ③聂… Ⅲ. ①数学模型-高等职业教育-教材 Ⅳ. ①O141.4

中国版本图书馆 CIP 数据核字(2022)第 065000 号

责任编辑：钟 博	**文案编辑**：钟 博
责任校对：周瑞红	**责任印制**：施胜娟

出版发行 / 北京理工大学出版社有限责任公司
社　　址 / 北京市丰台区四合庄路 6 号
邮　　编 / 100070
电　　话 / (010) 68914026（教材售后服务热线）
　　　　　　(010) 68944437（课件资源服务热线）
网　　址 / http://www.bitpress.com.cn
版 印 次 / 2022 年 4 月第 1 版第 1 次印刷
印　　刷 / 三河市天利华印刷装订有限公司
开　　本 / 787 mm × 1092 mm　1/16
彩　　插 / 3
印　　张 / 19.5
字　　数 / 415 千字
定　　价 / 49.80 元

图书出现印装质量问题，请拨打售后服务热线，负责调换

前　言

全国大学生数学建模竞赛是全国高校规模最大的基础性学科竞赛。数学建模是对于一个特定的对象，为了一个特定的目标，根据特有的内在规律，做出一些必要的简化假设，运用适当的数学工具，得到的一个数学结构。

本书是针对全国大学生数学建模竞赛的特点，为高等职业院校学生参加竞赛的需要而编写的训练教材，其特点是聚焦高职数学建模，以高职数学建模竞赛过程中学生掌握的基本能力为载体，构建基于工作任务的项目化教学内容，结构紧凑、内容通俗易懂、图文并茂，具有极强的可操作性和实用性。本书主要培养学生利用相关工具，采用不同方法解决问题的能力，促进学生个性发展，增强学生解决问题的创新能力。

全书总共分为四部分，共9个项目、31个任务、3个案例。第一部分为软件篇，涵盖3个项目，项目1是"MATLAB基础入门学习"，有4个任务，分别是任务1.1"MATLAB的安装与使用"、任务1.2"MATLAB数组矩阵及其运算"、任务1.3"MATLAB程序设计"和任务1.4"图形绘制"；项目2是"SPSS基础入门学习"，主要介绍SPSS的数据处理方法，有12个任务，分别为任务2.1"SPSS介绍"、任务2.2"数据录入与数据整体"、任务2.3"描述性统计分析"、任务2.4"统计图表分析"、任务2.5"假设检验与t检验"、任务2.6"非参数检验与卡方检验"、任务2.7"相关分析与回归案例"、任务2.8"方差分析"、任务2.9"时间序列分析"、任务2.10"分类算法"、任务2.11"聚类算法"、任务2.12"降维方法研究"；项目3是"Lingo基础入门学习"，有4个任务，分别为任务3.1"Lingo介绍"、任务3.2"Lingo中怎样使用集"、任务3.3"Lingo的运算符与函数"、任务3.4"Lingo软件与外部数据的连接"。第二部分为写作篇，包括项目4"规则"、项目5"模块"。第三部分为模型篇，项目6是"优化模型"，有3个任务，分别为任务6.1"线性规划"、任务6.2"整数规划模型"和任务6.3"图论模型——Hamilton圈"；项目7是"分类模型"，有1个任务，为任务7.1"聚类分析"；项目8是"评价模型"，有2个任务，分别为任务8.1"层次分析法"和任务8.2"灰色关联度分析法"；项目9是"预测模型"，有3个任务，分别为任务9.1"回归分析法"、任务9.2"灰色预测法"和任务9.3"BP神经网络预测法"；第四部分为案例篇，涵盖"薄利多销"分析、空气质量数据的校准和中药材的鉴别3个案例。

本书由吴新淼拟定编写大纲和目录，由雷建海主审，吴新淼、张玉杰、聂华伟、邓捷、张雪、王强、杨伟、吴茜婷、张瑾和吴华君参与了本书的编写工作。全书由吴新淼进行统稿。

本书在编写过程中，参考了大量国内外论文的研究资料，在此向这些作者表示衷心的感谢。

由于编者水平有限，错误和不足在所难免，敬请各位读者批评指正。

编　者

目　　录

第一部分　软件篇

项目 1　MATLAB 基础入门学习 3
　　任务 1.1　MATLAB 的安装与使用 3
　　任务 1.2　MATLAB 数组矩阵及其运算 8
　　任务 1.3　MATLAB 程序设计 15
　　任务 1.4　图形绘制 22

项目 2　SPSS 基础入门学习 28
　　任务 2.1　SPSS 介绍 28
　　任务 2.2　数据录入与数据整体 35
　　任务 2.3　描述性统计分析 41
　　任务 2.4　统计图表分析 50
　　任务 2.5　假设检验与 T 检验 58
　　任务 2.6　非参数检验与卡方检验 65
　　任务 2.7　相关分析与回归案例 74
　　任务 2.8　方差分析 86
　　任务 2.9　时间序列分析 95
　　任务 2.10　分类算法 106
　　任务 2.11　聚类算法 120
　　任务 2.12　降维方法研究 127

项目 3　Lingo 基础入门学习 141
　　任务 3.1　Lingo 介绍 141
　　任务 3.2　Lingo 中集的使用 149
　　任务 3.3　Lingo 的运算符与函数 157
　　任务 3.4　Lingo 软件与外部数据的连接 164

第二部分　写作篇

项目 4　规则 173
　　任务 4.1　比赛规则 173

项目 5　模块 175
　　任务 5.1　模块要求 175

第三部分 模型篇

项目6 优化模型 ······ 179
    任务6.1 线性规划 ······ 179
    任务6.2 整数规划模型 ······ 182
    任务6.3 图论模型——哈密顿圈 ······ 189

项目7 分类模型 ······ 195
    任务7.1 聚类分析 ······ 195

项目8 评价模型 ······ 201
    任务8.1 层次分析法 ······ 201
    任务8.2 灰色关联度分析法 ······ 207

项目9 预测模型 ······ 214
    任务9.1 回归分析法 ······ 214
    任务9.2 灰色预测法 ······ 218
    任务9.3 BP神经网络预测法 ······ 225

第四部分 案例篇

参考文献 ······ 304

第一部分　软件篇

项目 1　MATLAB 基础入门学习

任务 1.1　MATLAB 的安装与使用

◇ **任务描述**

什么是 MATLAB 软件？
MATLAB 软件包含什么重要功能？具有什么优势特点？
如何安装使用 MATLAB 软件？

◇ **支撑知识**

一、MATLAB 软件简介

MATLAB 是美国 MathWorks 公司出品的商业数学软件，用于数据分析、无线通信、深度学习、图像处理与计算机视觉、信号处理、量化金融与风险管理、机器人、控制系统等领域，主要面对科学计算、可视化以及交互式程序设计的高科技计算环境。它将数值分析、矩阵计算、科学数据可视化以及非线性动态系统的建模和仿真等诸多强大功能集成在一个易于使用的视窗环境中，为科学研究、工程设计以及必须进行有效数值计算的众多科学领域中的问题提供了一种全面的解决方案，并在很大程度上摆脱了传统非交互式程序设计语言（C、FORTRAN）的编辑模式。

MATLAB 和 Mathematica、Maple 并称为三大数学软件。MATLAB 在数学类科技应用软件中在数值计算方面首屈一指。它可进行行矩阵运算、绘制函数和数据、实现算法、创建用户界面、连接其他编程语言的程序等。MATLAB 的基本数据单位是矩阵，它的指令表达式与数学、工程中常用的形式十分相似，故用 MATLAB 来解算问题要比用 C、FORTRAN 等语言简洁得多，并且 MATLAB 也吸收了 Maple 等软件的优点，这使 MATLAB 成为一个强大的数学软件。

二、MATLAB 软件的重要功能

（1）MATLAB：MATLAB 语言的单元测试框架。
（2）Trading Toolbox：一款用于访问价格并将订单发送到交易系统的新产品。
（3）Financial Instruments Toolbox™：用于赫尔－怀特模型、线性高斯模型和 LIBOR 市场模型的校准和 Monte Carlo 仿真。

(4) Image Processing Toolbox™：使用有效轮廓进行图像分割，对 10 个函数实现 C 代码生成，对 11 个函数使用 GPU 加速。

(5) Image Acquisition Toolbox™：提供了用于采集图像、深度图和框架数据的 Kinect® for Windows® 传感器支持。

(6) Statistics Toolbox™：用于二进制分类的支持向量机（Support Vector Machine，SVM）、用于缺失数据的 PCA 算法和 Anderson – Darling 拟合优度检验。

(7) Data Acquisition Toolbox™：为 Digilent Analog Discovery Design Kit 提供了支持包。

(8) Vehicle Network Toolbox™：为访问 CAN 总线上的 ECU 提供 XCP。

三、MATLAB 的优势特点

(1) 具有高效的数值计算及符号计算功能，能使用户从繁杂的数学运算分析中解脱出来。

(2) 具有完备的图形处理功能，能够实现计算结果和编程的可视化。

(3) 具有友好的用户界面及接近数学表达式的自然化语言，使学者易于学习和掌握。

(4) 具有功能丰富的应用工具箱（如信号处理工具箱、通信工具箱等），为用户提供了大量方便实用的处理工具。

四、MATLAB 脚本文件

脚本文件（命令文件）是由一系列的 MATLAB 指令和命令组成的纯文本格式的 M 文件。执行脚本文件时，文件中的指令或者命令按照出现在脚本文件中的顺序依次执行，没有输入参数，也没有输出参数，脚本文件处理的数据或者变量必须在 MATLAB 的公共工作空间中。

五、函数

MATLAB 中定义了函数的文件叫作函数文件。函数文件同样以".m"作为后缀名，文件中的第一个命令必须是 function，用于定义主函数。函数文件名必须与主函数同名。函数文件中的其他函数都是子函数。主函数可以调用子函数，子函数可以调用同文件中的其他子函数，但不能调用主函数，主函数和子函数都可以调用 MATLAB 的内部函数或搜索路径下其他函数文件中的主函数。

◇任务实施

一、任务分析

本任务主要介绍 MATLAB 软件的安装过程，能够安装 MATLAB 软件是学习 MATLAB 编程最基本的要求，要求能够在任何情况下完成 MATLAB 软件的安装，并且能够解决安装过程中出现的任何问题。

二、任务实施步骤

（一）MATLAB 软件安装

（1）安装过程比较简单，此处不作叙述。MATLAB 基本每年都会更新版本，每年的版本都有 a、b 两种，其中 a 相当于测试版，b 相当于稳定版。在 MATLAB 的安装过程中需要注意安装路径中不要有中文。

（2）安装完成，打开 MATLAB，其界面如图 1-1 所示。

图 1-1

（二）MATLAB 的使用

（1）双击 MATLAB 图标，运行软件，如图 1-2 所示。

图 1-2

(2) 新建脚本文件，具体如图 1-3 所示，然后输入程序，保存程序，最后运行程序，具体如图 1-4 所示。

图 1-3

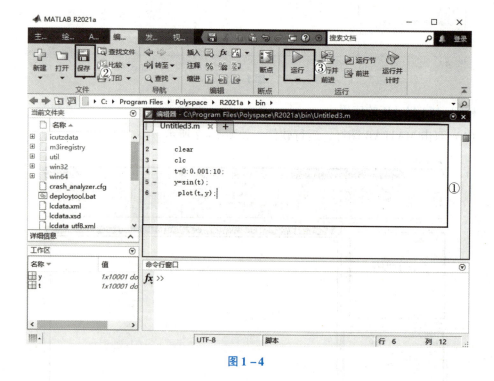

图 1-4

(3) 新建函数，具体如图 1-5 所示，然后输入程序，保存程序，运行程序，具体如图 1-6 所示。

图 1-5

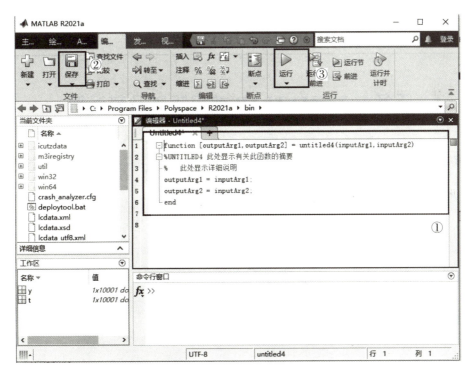

图 1-6

◇ 任务反馈及评价

一、个人学习总结

二、学习活动综合评价

自我评价			小组评价			教师评价		
8~10分	6~7分	1~5分	8~10分	6~7分	1~5分	8~10分	6~7分	1~5分

任务1.2　MATLAB 数组矩阵及其运算

◇ 任务描述

利用 MATLAB 求解下列线性方程组：

$$\begin{cases} x_1 + 4x_2 - 7x_3 + 6x_4 = 0 \\ 2x_2 + x_3 + x_4 = -8 \\ x_2 + x_3 + x_4 = -2 \\ x_1 + x_3 - x_4 = 1 \end{cases}$$

◇ 支撑知识

一、变量与函数

（一）变量

变量是数值计算的基本单元，MATLAB 与其他高级语言不同，变量使用时无须事先定义，其名称就是第一次显示的名称。变量命名规则如下。

（1）变量名必须是不含空格的单个词；

（2）变量名区分大小写；

（3）变量名最多不超过 19 个字符；

（4）变量名必须以字母开头，之后可以是任意字母、数字或下划线，变量名中不允许使用标点符号。

特殊变量及取值见表 1 – 1。

表 1 – 1

特殊变量	取值
ans	用于结果的默认变量名
pi	圆周率
eps	计算机的最小数，和 1 相加时产生一个比 1 大的数
flops	浮点运算数
inf	无穷大，如 1/0
NaN	不定量，如 0/0
i, j	$i = j = \sqrt{-1}$
nargin	所用函数的输入变量数目
nargout	所用函数的输出变量数目
realmin	最小可用正实数
realmax	最大可用正实数

（二）算术运算符号及标点符号

MATLAB 的算术运算符号及标点符号是程序编写过程中使用的最基本符号，具体见表 1 – 2。

表 1 – 2

算术运算符号及标点符号	作用
+	加法运算，适用于两个数或两个同阶矩阵相加
—	减法运算
*	乘法运算
.*	点乘运算
/	除法运算

续表

算术运算符号及标点符号	作用
./	点除运算
^	乘幂运算
.^	点乘幂运算
\	左除

（1）MATLAB 的每条命令后，若为逗号或无标点符号，则显示命令的结果；若命令后为分号，则禁止显示结果。

（2）"%"后面所有文字为注释。

（3）"…"表示续行。

二、数组

（一）创建简单的数组

$x = [a\ b\ c\ d\ e\ f]$，表示创建包含指定元素的行向量。

$x = \text{first}：\text{last}$，表示创建从 first 开始，加 1 计数，到 last 结束的行向量。

$x = \text{first}：\text{increment}：\text{last}$，表示创建从 first 开始，加 increment 计数，到 last 结束的行向量。

$x = \text{linspace}(\text{first}, \text{last}, n)$，表示创建从 first 开始，到 last 结束，有 n 个元素的行向量。

$x = \text{logspace}(\text{first}, \text{last}, n)$，表示创建从 first 开始，到 last 结束，有 n 个元素的对数分隔行向量。

（二）数组元素的访问

（1）访问一个元素。x(i)，表示访问数组 x 的第 i 个元素。

（2）访问一块元素。x(a:b:c)，表示从数组 x 的第 a 个元素开始，以步长 b 访问到第 c 个元素（但不超过 c），b 可以为负数，默认为 1。

（3）直接使用元素编址序号。x([a b c d])，表示提取数组 x 的第 a，b，c，d 个元素构成一个新的数组 [x(a) x(b) x(c) x(d)]。

（三）数组的方向

前面例子中的数组都是一行数列，是行方向分布的，称为行向量。数组也可以是列向量，它的操作和运算与行向量是一样的，唯一的区别是结果以列形式显示。

产生列向量有两种方法。

（1）直接产生，如 c = [1;2;3;4]。

（2）转置产生，如 b = [1 2 3 4]；c = b′。

说明：以空格或逗号分隔的元素指定的是不同列的元素，而以分号分隔的元素指定的是不同行的元素。

(四) 数组的运算

1. 标量 – 数组运算

数组对标量的加、减、乘、除和平方运算，是指数组的每个元素对该标量施加相应的加、减、乘、除和平方运算。设 $a = [a_1, a_2, \cdots, a_n]$，$c$ 是标量，则

$a + c = [a_1 + c, a_2 + c, \cdots, a_n + c]$

$a.*c = [a_1*c, a_2*c, \cdots, a_n*c]$

$a./c = [a_1/c, a_2/c, \cdots, a_n/c]$ （右除）

$a.\backslash c = [c/a_1, c/a_2, \cdots, c/a_n]$ （左除）

$a.\wedge c = [a_1\wedge c, a_2\wedge c, \cdots, a_n\wedge c]$

$c.\wedge a = [c\wedge a_1, c\wedge a_2, \cdots, c\wedge a_n]$

2. 数组 – 数组运算

当两个数组有相同维数时，加、减、乘、除、幂运算可按元素对元素的方式进行，不同大小或维数的数组是不能进行运算的。设 $a = [a_1, a_2, \cdots, a_n]$，$b = [b_1, b_2, \cdots, b_n]$，则

$a + b = [a_1 + b_1, a_2 + b_2, \cdots, a_n + b_n]$

$a.*b = [a_1*b_1, a_2*b_2, \cdots, a_n*b_n]$

$a./b = [a_1/b_1, a_2/b_2, \cdots, a_n/b_n]$

$a.\backslash b = [b_1/a_1, b_2/a_2, \cdots, b_n/a_n]$

$a.\wedge b = [a_1\wedge b_1, a_2\wedge b_2, \cdots, a_n\wedge b_n]$

三、矩阵

(一) 矩阵的建立

逗号或空格用于分隔某一行的元素，分号用于区分不同的行。除了分号，在输入矩阵时，按 Enter 键也表示开始新一行。输入矩阵时，严格要求所有行有相同的列。

例：

m = [1 2 3 4;5 6 7 8;9 10 11 12]。

p = [1 1 1 1
　　 2 2 2 2
　　 3 3 3 3]

特殊矩阵的建立方法如下。

c = ones(m,n)，产生一个 m 行 n 列的元素全为 1 的矩阵。

b = zeros(m,n)，产生一个 m 行 n 列的零矩阵。

a = [ ]，产生一个空矩阵，当对一项操作无结果时，返回空矩阵，空矩阵的大小为零。

d = eye(m,n)，产生一个 m 行 n 列的单位矩阵。

（二）矩阵中元素的操作

（1）矩阵 A 的第 r 行：A(r,:)。

（2）矩阵 A 的第 r 列：A(:,r)。

（3）依次提取矩阵 A 的每一列，将 A 拉伸为一个列向量：A(:)。

（4）取矩阵 A 的第 i1～i2 行、第 j1～j2 列构成新矩阵：A(i1:i2,j1:j2)。

（5）以逆序提取矩阵 A 的第 i1～i2 行，构成新矩阵：A(i2:-1:i1,:)。

（6）以逆序提取矩阵 A 的第 j1～j2 列，构成新矩阵：A(:,j2:-1:j1)。

（7）删除矩阵 A 的第 i1～i2 行，构成新矩阵：A(i1:i2,:) = [ ]。

（8）删除矩阵 A 的第 j1～j2 列，构成新矩阵：A(:,j1:j2) = [ ]。

（9）将矩阵 A 和 B 拼接成新矩阵：[A B]；[A;B]。

（三）矩阵的运算

（1）"A + B;"，表示矩阵 A 和矩阵 B 相加（各个元素对应相加）；

（2）"A - B;"，表示矩阵 A 和矩阵 B 相减（各个元素对应相减）；

（3）"A * B;"，表示矩阵 A 和矩阵 B 相乘；

（4）"A.*B;"，表示矩阵 A 和矩阵 B 对应元素相乘（点乘）；

（5）"A/B;"，表示矩阵 A 与矩阵 B 相除；

（6）"A./B;"，表示矩阵 A 和矩阵 B 对应元素相除（点除）；

（7）"A^B;"，表示矩阵 A 的 B 次幂；

（8）"A.^B;"，表示矩阵 A 的每个元素的 B 次幂。

◇任务实施

一、任务分析

根据题意要求解一个线性方程组，则使用 MATLAB 程序进行计算，需要构建两个矩阵 A 和矩阵 B，一个列向量，根据 AX = B，求解 X = B/A，从而求得所需线性方程组的解。

二、任务实施

（1）双击 MATLAB 图标，打开 MATLAB 软件，如图 1-7 所示。

（2）据任务分析，建立矩阵 A = [1,4,-7,6;0,2,1,1;0,1,1,3;1,0,1,-1]，B = [0;-8;-2;1]，X = [X1;X2;X3;X4] 为列向量，求出 X = A\B。将程序写入 MATLAB 并保存，具体如图 1-8 所示。

三、运行结果

打开编写好的程序，单击"运行"按钮，得出 X = [3;-4;-1;1]。具体如图 1-9 所示。

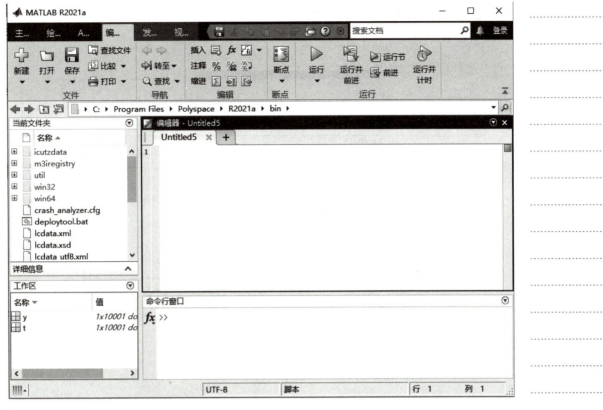

图 1-7

图 1-8

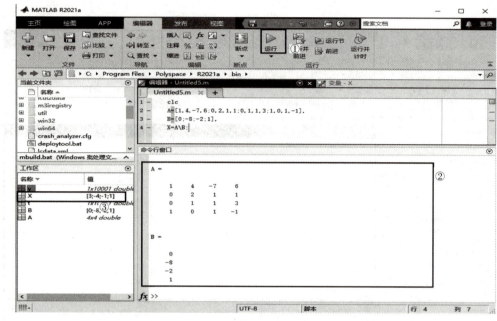

图 1-9

◇任务反馈及评价

一、个人学习总结

二、学习活动综合评价

自我评价			小组评价			教师评价		
8~10分	6~7分	1~5分	8~10分	6~7分	1~5分	8~10分	6~7分	1~5分

任务 1.3　MATLAB 程序设计

◇ **任务描述**

编写程序，通过输入 n 的值，利用函数的调用，求 $n!$ 的值。

◇ **支撑知识**

一、顺序结构

（一）数据的输入

从键盘输入数据，可以使用 input 函数进行，该函数的调用格式为：A = input（提示信息，选项）。其中，提示信息为一个字符串，用于提示用户输入什么样的数据。如输入个人的姓名，可采用命令：xm = input('What's your name?','s')。

（二）数据的输出

MATLAB 提供的命令窗口输出函数主要有 disp 函数，其调用格式为：disp（输出项）。其中，输出项既可以为字符串，也可以为矩阵。

二、选择结构

（一）if 语句

在 MATLAB 中，if 语句有 3 种格式。

1. 单分支 if 语句

```
if    条件
      语句组
end
```

当条件成立时，执行语句组，执行完之后继续执行 if 语句的后续语句，若条件不成立，则直接执行 if 语句的后续语句。

2. 双分支 if 语句

```
if    条件
      语句组 1
else
      语句组 2
end
```

当条件成立时，执行语句组 1，否则执行语句组 2，语句组 1 或语句组 2 执行后，再执行 if 语句的后续语句。

3. 多分支 if 语句

```
if    条件 1
      语句组 1
  elseif   条件 2
      语句组 2
  …
  elseif   条件 m
      语句组 m
  else
      语句组 n
  end
```

多分支 if 语句用于实现多分支选择结构。

4. switch 语句

switch 语句根据表达式取值的不同，分别执行不同的语句，其语句格式为：

```
switch   表达式
case   表达式 1
      语句组 1
case   表达式 2
      语句组 2
      …
case   表达式 m
      语句组 m
otherwise
      语句组 n
end
```

5. try 语句

try 语句格式为：

```
        try
        语句组 1
        catch
        语句组 2
        end
```

try 语句先试探性地执行语句组 1，如果语句组 1 在执行过程中出现错误，则将错误信息赋给保留的 lasterr 变量，并转去执行语句组 2。

三、循环结构

循环（loop）是一种 MATLAB 结构，包括 while 循环和 for 循环两种。其中 while 循环次数是不固定的，for 循环次数是固定的。

（一）while 循环语句

只要满足一定的条件，while 循环是一个重复次数不能确定的语句块。while 循环语句格式为：

```
while expression
    语句组
end
```

如果 expression 的值非零（true），程序将执行语句组，然后返回 while 语句执行。如果 expression 的值仍然非零，那么程序将再次执行代码。直到 expression 的值变为零，这个重复过程结束。当程序执行到 while 语句且 expression 的值为零之后，程序将执行 end 后面的第一个语句。

（二）for 循环语句

for 循环结构是另一种循环结构，它以指定的数目重复地执行特定的语句块。for 循环语句格式为：

```
for index = expr
    语句组
end
```

其中，index 是循环变量（即循环指数），expr 是循环控制表达式。循环变量 index 读取的是数组 expr 的行数，然后程序执行语句组，因此 expr 有多少列，循环体就循环多少次。expr 经常用捷径表达式的方式，即 first:incr:last。

在 for 和 end 之间的语句称为循环体。在 for 循环运转的过程中，它将被重复执行。for 循环结构流程如下。

（1）在 for 循环开始时，MATLAB 产生循环控制表达式。

（2）第一次进入循环，程序把循环控制表达式的第一列赋值于循环变量 index，然后执行循环体内的语句。

（3）在循环体内的语句被执行后，程序把循环控制表达式的下一列赋值于循环变量 index，程序再一次执行循环体内的语句。

（4）只要在循环控制表达式中还有剩余的列，步骤（3）就会一直重复执行。

四、函数

函数文件是另一种形式的 M 文件，每个函数文件都定义一个函数。事实上，MATLAB 提供的标准函数大部分都是由函数文件定义的。

(一) 函数文件格式

函数文件从 function 开始，格式为：

> function　　因变量名 = 函数名(自变量名)

函数值的获得必须通过具体的运算实现，并赋给因变量。

(二) 函数调用

函数文件编制好后，就可以调用函数进行计算了。函数调用的一般格式是：[输出实参表] = 函数名(输入实参表)。

◇任务实施

一、任务分析

求解 $n!$，首先要理解 $n! = 1 \times 2 \times 3 \times \cdots \times (n-1) \times n$，同时通过函数调用的形式实现本任务。

二、任务实施

(1) 双击 MATLAB 图标，运行软件，新建函数，如图 1-10 所示。

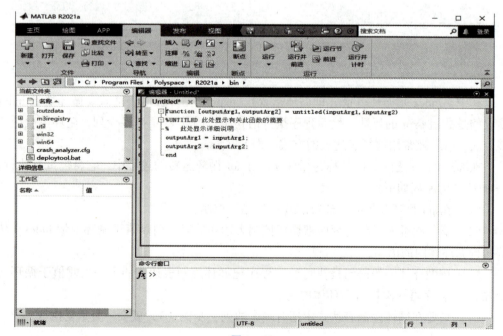

图 1-10

(2) 根据任务要求设计函数,此函数的功能是计算 $n!$,首先一定要使用循环语句,while 循环语句和 for 循环语句都可以使用,这里以 while 循环语句为例进行介绍。程序如下:

```
function[y] = jc(x) % y 为返回的函数值
y = 1;% 初始化定义 y
if(x <= 1)% 判断当输入的 y 值为 0 时,返回的值为 1,直接结束该函数
y = 1;
Else
while(x)% 当 x 值为 0 时,跳出循环,返回此时的 x 值
y = y * x;
x = x - 1;% x 进行递减
end
end
```

(3) 将设计的程序写入 MATLAB,保存,具体如图 1-11 所示。

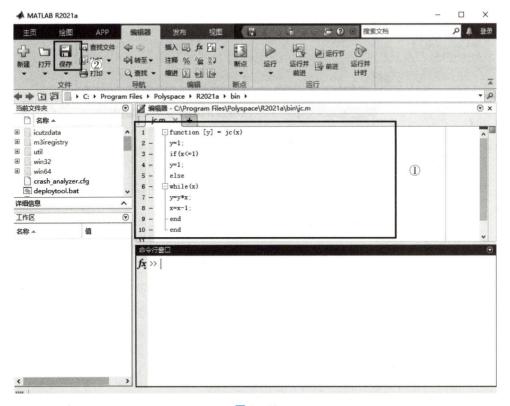

图 1-11

(4) 新建脚本,写入脚本程序,提示请输入 n 的值,按 Enter 键,输出结果,具体程序如下

```
clc
n = input('Please 输入 n = :');
s = jc(n);
disp('s = :');
disp(s);
```

(5) 将脚本程序写入 MATLAB,保存,具体如图 1 – 12 所示。

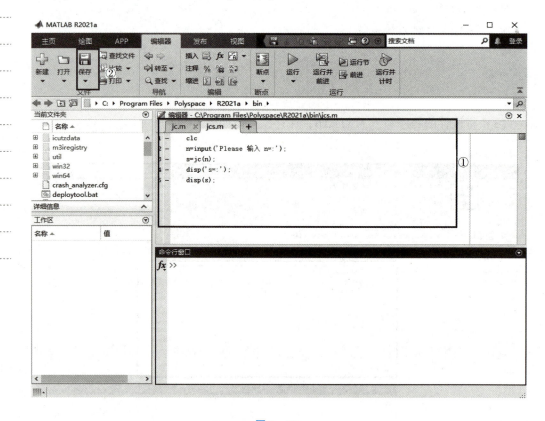

图 1 – 12

三、运行结果

打开编写好的程序,单击"运行"按钮,具体如图 1 – 13 所示。输入 n 值"6",按 Enter 键,得出 $s = 720$,如图 1 – 14 所示。

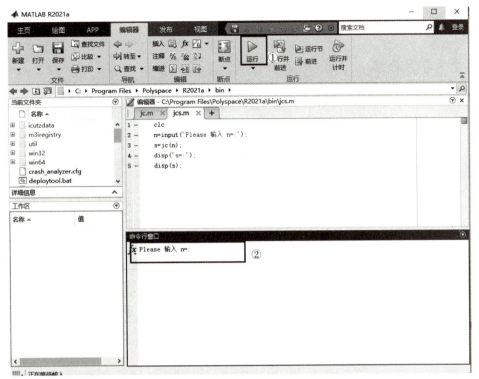

图 1－13

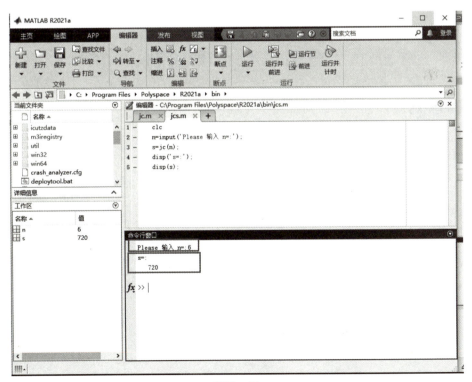

图 1－14

◇ **任务反馈及评价**

一、个人学习总结

_____

_____

_____

_____

_____

二、学习活动综合评价

自我评价			小组评价			教师评价		
8~10分	6~7分	1~5分	8~10分	6~7分	1~5分	8~10分	6~7分	1~5分

任务1.4　图形绘制

◇ **任务描述**

（1）绘制椭圆 $\dfrac{x^2}{3^2}+\dfrac{y^2}{2^2}=1$ 的图形。

（2）绘制曲面 $\begin{cases} x=\sqrt{(20e^t)^2+(20e^t)^2}\cos(\theta) \\ y=\sqrt{(20e^t)^2+(20e^t)^2}\sin(\theta) \\ z=t^2 \end{cases}$ 的图形。

（3）将绘制的图形显示在一个画面上，并排排列。

◇ **支撑知识**

一、二维数据曲线图

（一）绘制单条二维曲线

plot 函数的基本调用格式为：plot(x,y)。其中，x 和 y 为长度相同的向量，分别用于存储 x 坐标和 y 坐标数据。

plot 函数最简单的调用格式是只包含一个输入参数：plot(x)。

在这种情况下，当 x 是实向量时，以该向量元素的下标为横坐标，以元素值为纵坐标画出一条连续曲线，这实际上是绘制折线图。

（二）绘制多条二维曲线

此时，plot 函数的输入参数是矩阵形式。

（1）当 x 是向量，y 是有一维与 x 同维的矩阵时，则绘制出多根不同颜色的曲线。曲线条数等于 y 矩阵的另一维数，x 被作为这些曲线共同的横坐标。

（2）当 x，y 是同维矩阵时，则以 x，y 对应列元素为横、纵坐标分别绘制曲线，曲线条数等于矩阵的列数。

（3）对只包含一个输入参数的 plot 函数，当输入参数是实矩阵时，则按列绘制每列元素值相对其下标的曲线，曲线条数等于输入参数矩阵的列数。当输入参数是复数矩阵时，则按列分别以元素的实部和虚部为横、纵坐标绘制多条曲线。

二、含多个输入参数的 plot 函数

含多个输入参数的 plot 函数的调用格式为：plot(x1,y1,x2,y2,…,xn,yn)。

（1）当输入参数都为向量时，x1 和 y1，x2 和 y2，…，xn 和 yn 分别组成一组向量对，每一组向量对的长度可以不同。每一组向量对可以绘制一条曲线，这样可以在同一坐标系内绘制多条曲线。

（2）当输入参数有矩阵形式时，配对的 x，y 按对应列元素为横、纵坐标分别绘制曲线，曲线条数等于矩阵的列数。

三、设置曲线样式

MATLAB 提供了一些绘图选项，用于确定所绘制曲线的线型、颜色和数据点标记符号，它们可以组合使用。例如，"b-."表示蓝色点划线，"y：d"表示黄色虚线并用菱形符标记数据点。当选项省略时，MATLAB 规定，线型一律用实线，颜色将根据曲线的先后顺序依次设置。

要设置曲线样式，可以在 plot 函数中添加绘图选项，其调用格式为：

plot(x1,y1,选项 1,x2,y2,选项 2,…,xn,yn,选项 n)

四、三维空间

（一）三维曲线

plot3 函数与 plot 函数的用法十分相似，其调用格式为：

plot3(x1,y1,z1,选项 1;x2,y2,z2,选项 2,…;xn,yn,zn,选项 n)

其中，每一组 x，y，z 组成一组曲线的坐标参数，选项的定义和 plot 函数相同。当

x，y，z 是同维向量时，则 x，y，z 对应元素构成一条三维曲线。当 x，y，z 是同维矩阵时，则以 x，y，z 对应列元素绘制三维曲线，曲线条数等于矩阵列数。

（二）三维曲面

1. 产生三维数据

在 MATLAB 中，利用 meshgrid 函数产生平面区域内的网格坐标矩阵。其格式为：

```
x = a:d1:b;
y = c:d2:d;
[X,Y] = meshgrid(x,y);
```

语句执行后，矩阵 X 的每一行都是向量 x，行数等于向量 y 的元素的个数，矩阵 Y 的每一列都是向量 y，列数等于向量 x 的元素的个数。

2. 绘制三维曲面的函数

surf 函数和 mesh 函数的调用格式为：

```
mesh(x,y,z,c)
surf(x,y,z,c)
```

一般情况下，x，y，z 是维数相同的矩阵。x，y 是网格坐标矩阵，z 是网格点上的高度矩阵，c 用于指定在不同高度下的颜色范围。

（三）窗口划分函数

subplot 命令的作用是将图片窗口划分成若干区域，按照一定顺序使图形在每个小区域内呈现，调用格式如下。

（1） subplot(m,n,i)：把图形窗口分为 m×n 个子图，并在第 i 个子图中画图。

（2） subplot(m,n,i,'replace')：若在绘制图形的时候已经定义了坐标轴，该命令将删除原来的坐标轴，并创建一个新的坐标轴系统。

◇任务实施

一、任务分析

根据任务要，需要完成二维图形和三维图形的绘制，并将绘制的图形显示在一个窗口中。需要使用相关的函数完成本任务，绘制二维图形使用 plot(X,Y)，绘制三维图形使用 surf(x,y,z)；将两个图形显示在一个窗口中，使用窗口划分函数 subplot(m,n,i)。

二、任务实施

（1）双击 MATLAB 图标，运行 MATLAB 软件，新建脚本，如图 1-15 所示。

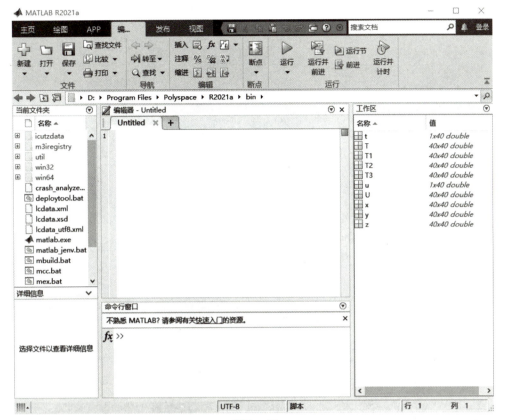

图 1-15

(2) 根据题目要求设计程序。

①创建一个数组 a, a = [0:pi/50:2*pi], 同时根据椭圆方程求出参数方程, 即 X = cos(a)*3, Y = sin(a)*2。

②利用 subplot 函数划分窗口, 由于要绘制两个图形, 所以将窗口分为 1 行 2 列, 若将图形绘制在第一绘图区, 则语句格式为 subplot(1,2,1)。

③使用 plot 函数绘图, 语句格式为 plot(X,Y);, 对绘制的图形进行坐标标识, 语句格式为 xlabel('x'), ylabel('y'); 使所绘制的图形显示标题, 语句格式为 title('椭圆')。

④继续绘制图形, 创建数组 t, t = linspace(-2,2,40), 创建数组 u, u = linspace(-2.*pi,2.*pi,40), 并将生成的数组转换成矩阵 T 和 U。根据任务要求完成相关数据的赋值: T1 = 20.*exp(T); T2 = 20.*exp(T), T3 = T.*T, x = (T1.^2 + T2.^2).^(0.5).*cos(U), y = (T1.^2 + T2.^2).^(0.5).*sin(U)。

⑤将绘制的图形安排放置于第二绘图区: subplot(1,2,2); 开始在安排的绘图区进行绘图: surf(x,y,z); 为图形设置标题"曲面": title('曲面')。

⑥具体程序如下:

```
a =[0:pi/50:2*pi]';
X = cos(a)*3;
Y = sin(a)*2;
```

```
subplot(1,2,1);
plot(X,Y);
xlabel('x'),ylabel('y');
title('椭圆')
t = linspace( -2,2,40);
u = linspace( -2.*pi,2.*pi,40);
[T,U] = meshgrid(t,u);
T1 = 20.*exp(T);
T2 = 20.*exp(T);
T3 = T.*T;
x = (T1.^2 + T2.^2).^(0.5).*cos(U);
y = (T1.^2 + T2.^2).^(0.5).*sin(U);
z = T3;
subplot(1,2,2);
surf(x,y,z);
title('曲面')
```

(3) 将程序写入 MATLAB，如图 1-16 所示。

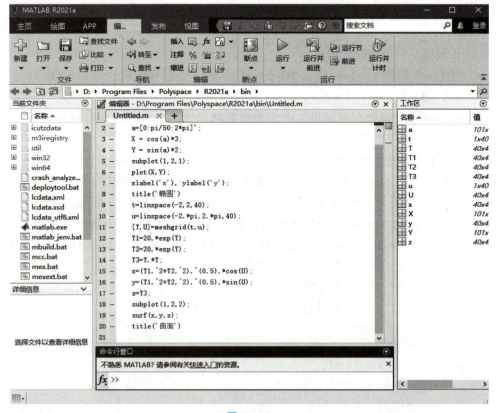

图 1-16

（4）保存程序，单击"运行"按钮，得出图形如图1-17所示。

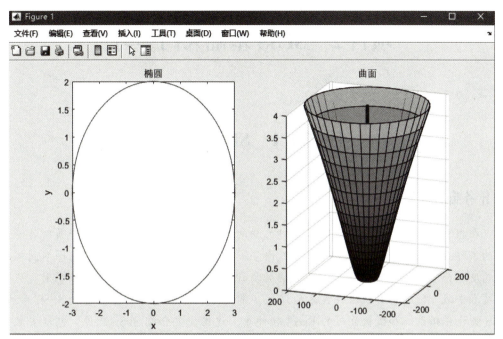

图1-17

◇任务反馈及评价

一、个人学习总结

二、学习活动综合评价

自我评价			小组评价			教师评价		
8~10分	6~7分	1~5分	8~10分	6~7分	1~5分	8~10分	6~7分	1~5分

项目 2　SPSS 基础入门学习

任务 2.1　SPSS 介绍

◇ **任务描述**

在教育技术学研究中，常常需要对大量的数据进行统计处理，这是一项细致而烦琐的工作，如果完全依靠手工进行，工作量较大，且难以保证准确性，也得不到较高的精度。为了减轻整理和计算大量数据的负担，提高工作效率，必须充分利用现代化的技术手段。随着计算机软件技术的发展，常用的统计软件有 INC 公司的 SPSS 系统、SAS 统计分析系统和微软公司的 Excel 软件等。这里主要介绍 SPSS 软件，包括安装过程中的注意事项、简单页面的介绍以及打开数据文件的方法。

◇ **支撑知识**

SPSS 使用对话框展示各种功能选项，可以直接读取 Excel、DBF & ASCII 码等数据文件，操作界面非常友好，输出的结果清晰、直观，易学易用，是非专业统计分析人员的首选。SPSS 的统计功能有统计绘图、聚类分析、假设检验、判别检验、方差分析、因子分析、相关分析、时间序列分析、信度分析、回归分析等。SPSS 主界面主要有两个，一个是 SPSS 数据编辑窗口，另一个是 SPSS 输出窗口。SPSS 数据编辑窗口由标题栏、菜单栏、工具栏、编辑栏、变量名栏、内容区、窗口切换标签页和状态栏组成。该窗口下方有两个标签："Data View"（数据视图）和"Variable View"（变量视图）。如果读者使用过电子表格处理软件，如 Excel 等，那么数据编辑窗口中"DataView"标签所对应表格的许多功能应该已经熟悉，但是它和一般的电子表格处理软件还有以下区别。

（1）一列对应一个变量（Variable），即每一列代表一个变量或一个被观测量的特征。例如问卷上的每一项就是一个变量。

（2）一行对应一个观测，即每一行代表一个个体、一个观测、一个样品，在 SPSS 中称为事件（Case）。例如，问卷上的每一个人就是一个观测。

（3）单元（Cell）包含值，即每个单元包括一个观测中的单个变量值。单元是观测和变量的交叉。

（4）数据文件是一张长方形的二维表。数据文件的范围是由观测和变量的数目决定的。可以在任一单元中输入数据。如果在定义好的数据文件边界以外输入数据，则

SPSS 将数据长方形延长到可包括那个单元和文件边界之间的任何行和列。

SPSS 输出窗口名为 "Viewer"，它是显示和管理 SPSS 统计分析结果、报表及图形的窗口。读者可以将此窗口中的内容以结果文件 ".spo"的形式保存。SPSS 输出窗口分成左、右两个部分，左边部分是索引输出区，用于显示已有的分析结果标题和内容索引；右边部分是各个分析的具体结果，称为详解输出区。这和 Word 的文档结构视图十分类似。

索引输出区是详解输出区的一个概括性视图，以简洁的方式反映详解输出区的各个内容项，方便用户查找操作结果。可以对详解输出区中的表格进行编辑等操作。

◇任务实施

一、任务分析

本任务主要介绍 SPSS 软件的安装注意事项、各页面的功能特点，以及 SPSS 软件的简单使用方法。

二、任务实施

（一）安装 SPSS 软件

（1）SPSS 软件的安装比较简单，此处不作叙述。

安装注意事项如下。

①在安装过程中必须断开网络，否则容易安装失败。

②安装前先关闭 360、腾讯管家等杀毒软件，否则容易安装失败。

③SPSS 25 适用于 Windows7/8/10（64 位）系统。

④安装 SPSS 25 软件前需安装 Microsoft Visual C ++ 20××（运行库）（"××"表示 05，08，10，13），否则无法正常打开软件。

（2）安装完成后，运行 SPSS 软件，如图 2 – 1 所示。

（二）SPSS 软件的简单使用

（1）双击 SPSS 软件图标，弹出图 2 – 1 所示界面，单击"新数据集"按钮，弹出图 2 – 2 所示的数据编辑窗口和图 2 – 3 所示的输出窗口。

（2）在数据编辑窗口中，选择"文件"→"打开"→"数据"选项，如图 2 – 4 所示。

（3）弹出"打开数据"对话框，选择打开的文件类型，找到文件所在位置，选中文件，单击"打开"按钮，如图 2 – 5 所示。

（4）弹出图 2 – 6 所示界面，根据要求，选择需要的数据，这里全部选择，单击"确定"按钮。

（5）弹出图 2 – 7 所示界面，可看到需要分析处理的数据文件已经打开，可以进行相关的数据操作，同时对应的输出窗口会同步显示操作过程中的输出内容，如图 2 – 8 所示。

■ 高职数学建模项目教程

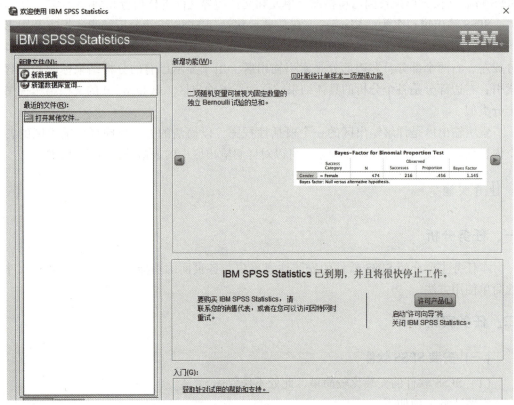

图 2-1

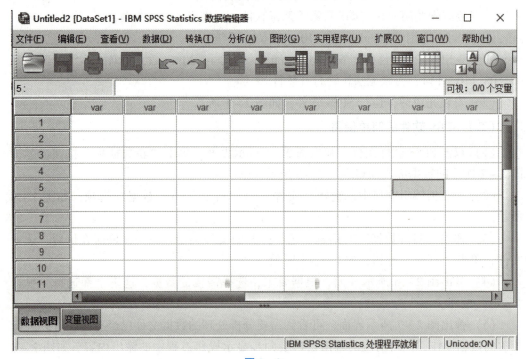

图 2-2

第一部分 软件篇

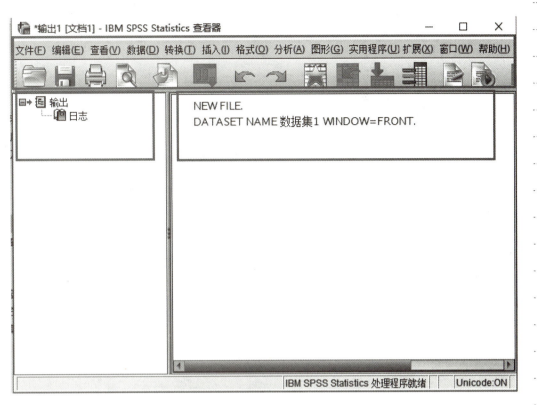

图 2-3

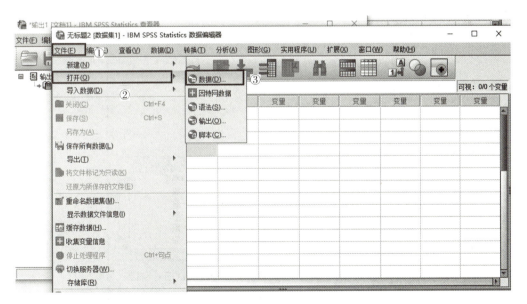

图 2-4

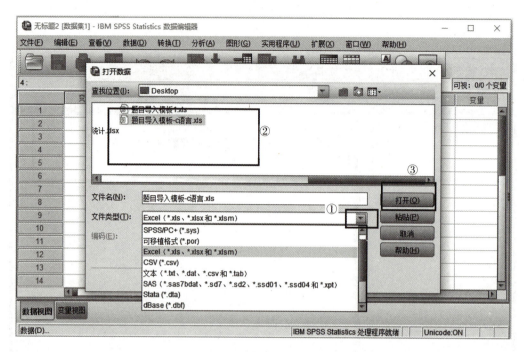

图 2-5

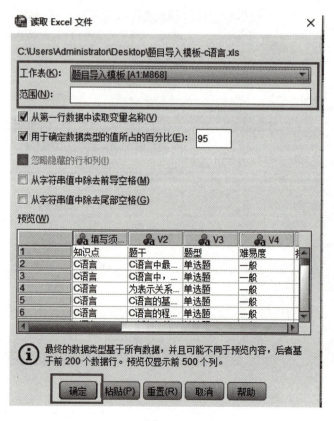

图 2-6

图 2-7

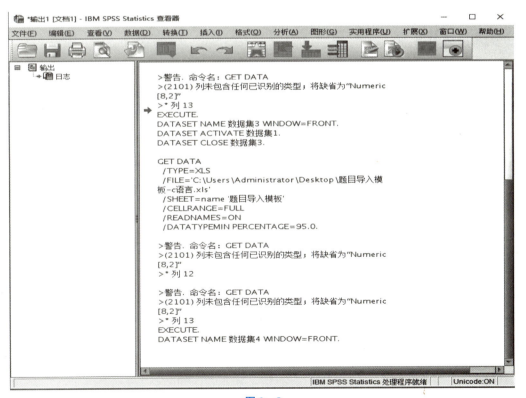

图 2-8

(6) 单击"保存"按钮,将处理的数据文件按照要求进行保存,如图 2-9 所示。

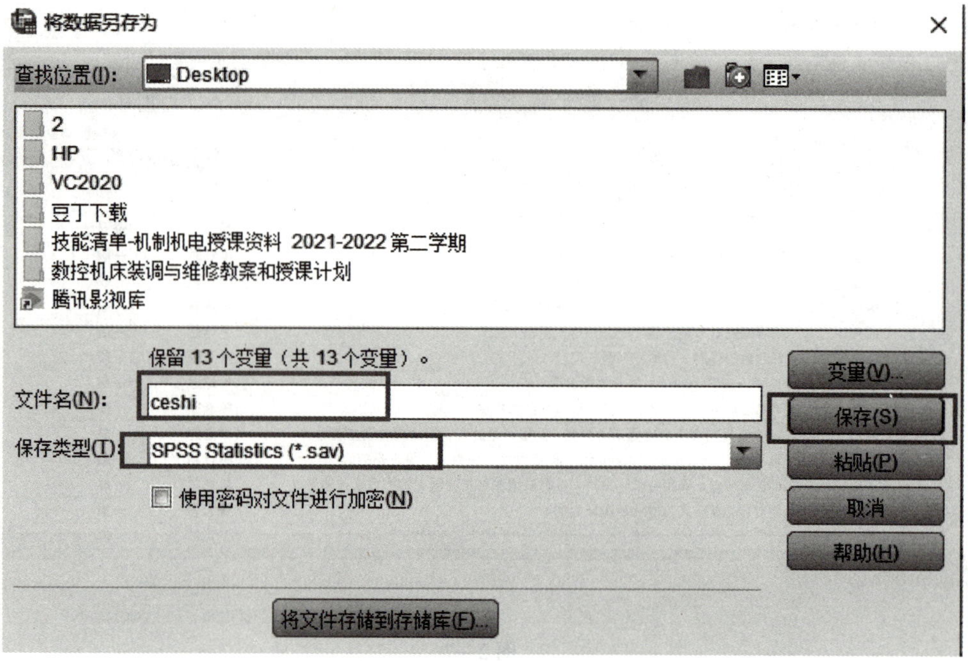

图 2−9

◇ 任务反馈及评价

一、个人学习总结

二、学习活动综合评价

自我评价			小组评价			教师评价		
8~10 分	6~7 分	1~5 分	8~10 分	6~7 分	1~5 分	8~10 分	6~7 分	1~5 分

任务 2.2　数据录入与数据整体

◇ **任务描述**

(1) 为 SPSS 软件创建新的数据集。
(2) 在数据集内创建一个 8 位字符串变量"STRE"。
(3) 将"张三"填位该变量第一个数据。
(4) 将 SPSS 数据集导出为 sav 文件。
(5) 将 Excel 文件导入 SPSS 软件。

◇ **支撑知识**

将数据以电子表格的方式输入 SPSS，也可以从其他可转换的数据文件中读出数据。数据录入的工作分两个步骤：一是定义变量，二是录入变量值。

在原始数据录入完成后，要对数据进行必要的预分析，如数据分组、排序、分布图、平均数、标准差的描述等，以掌握数据的基本特点和基本情况，保证后续工作的有效性，也为确定应采用的统计检验方法提供依据。

按研究的要求和数据的情况确定统计分析方法，然后对数据进行统计分析。

在统计过程进行完后，SPSS 会自动生成一系列数据表，其中包含了统计处理产生的整套数据。为了能更形象地呈现数据，需要利用 SPSS 提供的图形生成工具将所得数据可视化。如前所述，SPSS 提供了许多图形来进行数据的可视化处理，使用时可根据数据的特点和研究的需求进行选择。数据结果生成完之后，则可将它以 SPSS 自带的数据格式进行存储，同时也可利用 SPSS 的输出功能以常见的数据格式进行输出，以供其他系统使用。

◇ **任务实施**

一、任务分析

利用 SPSS 的数据录入功能，完成数据集的录入，同时对数据录入的格式进行一些更改，以达到相关的要求，录入完毕，保存为所需要格式的数据文件。

二、任务实施

(1) 在桌面找到 SPSS 软件的快捷方式并双击启动，如图 2-10 所示。
(2) 进入编辑窗口，选择"文件"→"新建"→"数据"选项，具体操作流程如图 2-11 所示。

■ 高职数学建模项目教程

图 2-10

图 2-11

（3）单击左下角的"变量视图"按钮，在"名称"下输入变量名称，单击"数字"行后的"…"按钮改变变量类型，后面步骤同下，具体操作流程如图 2-12 所示。

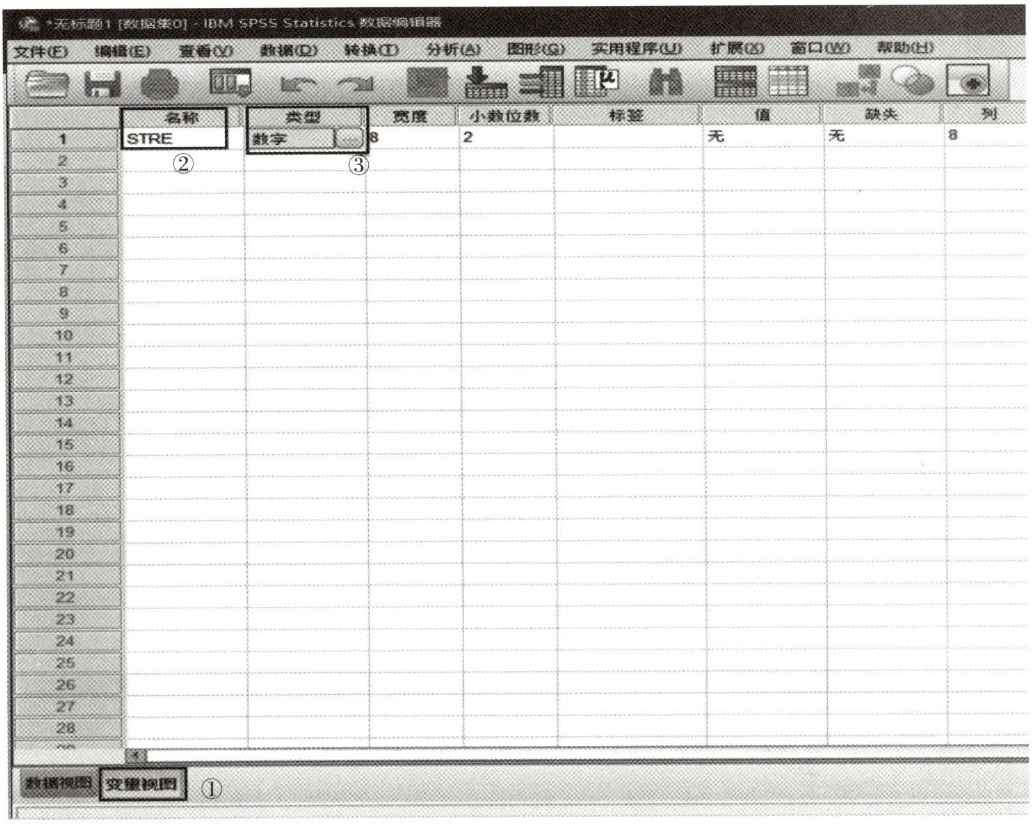

图 2-12

（4）单击"字符串"单选按钮，更改字符数为 7，单击"确定"按钮，具体操作流程如图 2-13 所示。

（5）以上步骤做完之后单击"数据视图"按钮，在变量名称下将张三填位该变量第一个数据，具体操作流程如图 2-14 所示。

（6）选择"文件"→"保存"选项，具体操作流程如图 2-15 所示。

（7）在"文件名"输入保存的文件名称，在"保存类型"下拉列表中选择保存的格式，在"查找位置"下拉列表中找到需要保存的路径，单击"保存"按钮，具体操作流程如图 2-16 所示。

（8）选择"文件"→"导入数据"→"Excel"选项，具体操作流程如图 2-17 所示。

（9）查找文件的位置，选择要打开的 Excel 文件，选择文件的类型，再单击"打开"按钮，具体操作流程如图 2-18 所示。

■ 高职数学建模项目教程

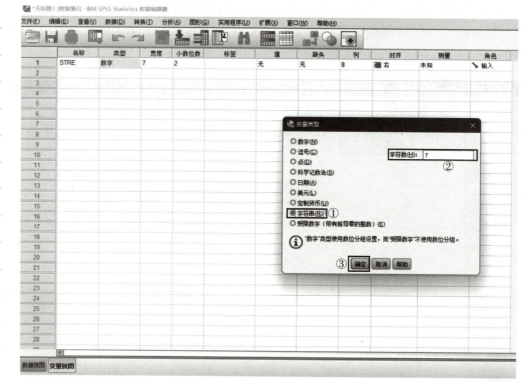

图 2-13

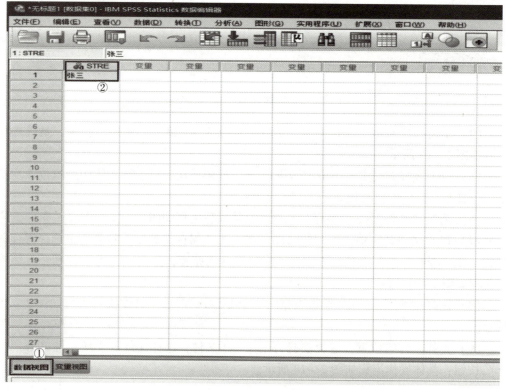

图 2-14

图 2-15

图 2-16

■ 高职数学建模项目教程

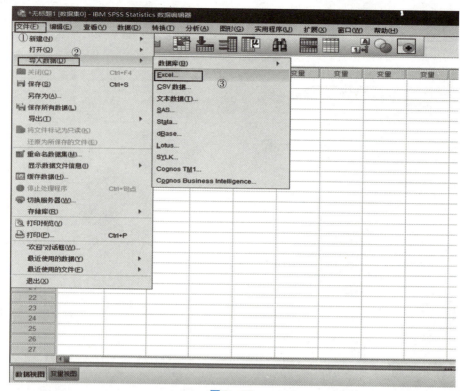

图 2-17

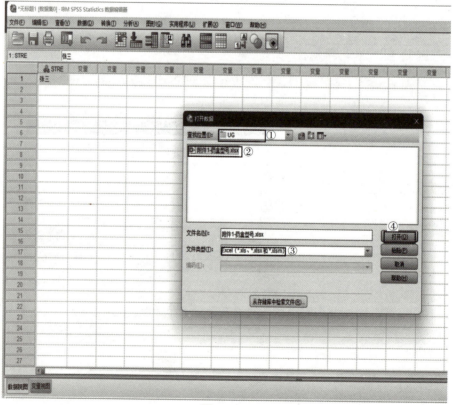

图 2-18

◇ **任务反馈及评价**

一、个人学习总结

_____
_____
_____
_____

二、学习活动综合评价

自我评价			小组评价			教师评价		
8~10分	6~7分	1~5分	8~10分	6~7分	1~5分	8~10分	6~7分	1~5分

任务2.3　描述性统计分析

◇ **任务描述**

（1）新建一个数据集并为其新建一个8位字符串的变量"姓名"，新建3个数字型小数位数为0的变量，名称分别为"语文""数学""英语"。

（2）为变量"姓名"新建20个记录，同时自定义为每个记录填写对应的"语文""数学""英语"的成绩。

（3）使用"描述"对"语文""数学""英语"3个变量进行描述性统计分析。分别分析数据平均值、最大值、方差、范围、峰度、偏度，按变量排序。

◇ **支撑知识**

统计分析的目的是研究总体的数量特征。为了实现上述分析，往往采用两种方式：第一，数值计算，即计算常用的基本统计量的值，通过数值准确反映数据的基本统计特征；第二，图形绘制，即绘制常见的基本统计图形，通过图形直观地展现数据的分布特点。通常，这两种方式都是混合使用的。

一、集中趋势

集中趋势是指一组数据向某一中心值靠拢的倾向。

（1）均值（Mean）：反映了某变量所有取值的集中趋势或平均水平。均值往往受到异常大和异常小的数值的影响，所以对于严重的偏态分布，均值会失去应有的代表性。

（2）众数（Mode）：分布数列中最常出现的标志值，频数最大或频率最高。众数适用于单峰对称的情况，对于多峰的分布则不适用。

（3）中位数（Median）：指将分布数列中各单位的标志值依其大小顺序排列，位于中间位置的标志值称为中位数。中位数用来描述连续变量，会损失很多信息，例如其他变量比中位数大多少或小多少等。

二、离散程度

离散程度是指一组数据远离其中心值的程度，即考察数据分布的疏密程度。

（1）全距（Range）：也称作"范围"，是数据中最大值和最小值之差，又称为"极差"。全距 = 最大值 − 最小值。全距说明了数据的整体变动范围，但不能反映其间变量分布情况。

（2）标准差（Standard Deviation）：指变量取值距离均值的平均离散程度的统计量。

（3）方差（Variance）：指标准差的平方。方差在使用上存在一点不足，即量纲不统一。

三、分布形态

分布形态是指数据是否对称、偏斜程度如何、分布陡缓程度如何等。偏度值为0，说明数据对称分布；偏度值大于0，说明变量取值右偏，在直方图中有一条长尾拖在右边；偏度值小于0，说明变量取值左偏，在直方图中有一条长尾拖在左边。

峰度（Kurtosis）是用来描述变量取值分布形态陡缓程度的统计量，是指分布图形的尖峰程度。当数据分布和标准正态分布的陡缓程度相同时，峰度为0；峰度大于0，说明数据分布比正态分布陡峭，为尖峰分布；峰度小于0，说明数据分布为平峰分布。

◇任务实施

一、任务分析

完成基本数据的录入，进行一些描述性统计，同时根据得出的结果进行准确的数据分析。

二、任务实施

（1）使用 SPSS 软件新建数据集，进入数据编辑窗口，选择"文件"→"新建"→"数据"选项，具体操作流程如图 2-19 所示。

图 2-19

（2）切换到变量视图，新建 3 个数字型小数位数为 0 的变量，名称分别为"语文""数学""英语"，具体操作流程如图 2-20 所示。

（3）在变量视图里找到"类型"列，新建一个数据集并为其新建一个 8 位字符串的变量"姓名"，改变"姓名"变量类型，具体操作流程如图 2-21、图 2-22 所示。

（4）在变量视图中，自定义录入数据，具体操作流程如图 2-23、图 2-24 所示。

（5）在数据分编辑窗口中选择"分析"→"描述统计"→"描述"选项，具体操作流程如图 2-25 所示。

（6）使用"描述"功能对"语文""数学""英语"3 个变量进行描述性统计分析，具体操作流程如图 2-26、图 2-27 所示。

（7）在"描述：选项"对话框中，分别勾选"平均值""最大值""方差""范围""峰度""偏度"复选框，按变量排序，单击"继续"按钮，具体操作流程如图 2-28、图 2-29 所示。

*成绩.sav [数据集1] - IBM SPSS Statistics 数据编辑器
文件(F) 编辑(E) 查看(V) 数据(D) 转换(T) 分析(A) 图形(G) 实用程序(U) 扩展(X) 窗口(W) 帮助(H)
名称 类型 宽度 小数位数 标签 值 缺失 列 对齐 测量 角色
1 姓名 字符串 8 0 无 无 8 左 名义 输入
2 语文 数字 8 0 无 无 8 右 未知 输入
3 数学 数字 8 0 无 无 8 右 未知 输入
4 英语 数字 8 0 无 无 8 右 未知 输入
②
③
数据视图 变量视图 ①

图 2－20

*成绩.sav [数据集1] - IBM SPSS Statistics 数据编辑器
文件(F) 编辑(E) 查看(V) 数据(D) 转换(T) 分析(A) 图形(G) 实用程序(U) 扩展(X) 窗口(W) 帮助(H)
名称 类型 宽度 小数位数 标签 值 缺失 列 对齐 测量 角色
1 姓名 数字 0 无 无 8 右 名义 输入
2 语文 数字 8 0 无 无 8 右 未知 输入
3 数学 数字 8 0 无 无 8 右 未知 输入
4 英语 数字 8 0 无 无 8 右 未知 输入
②
数据视图 变量视图 ①

图 2－21

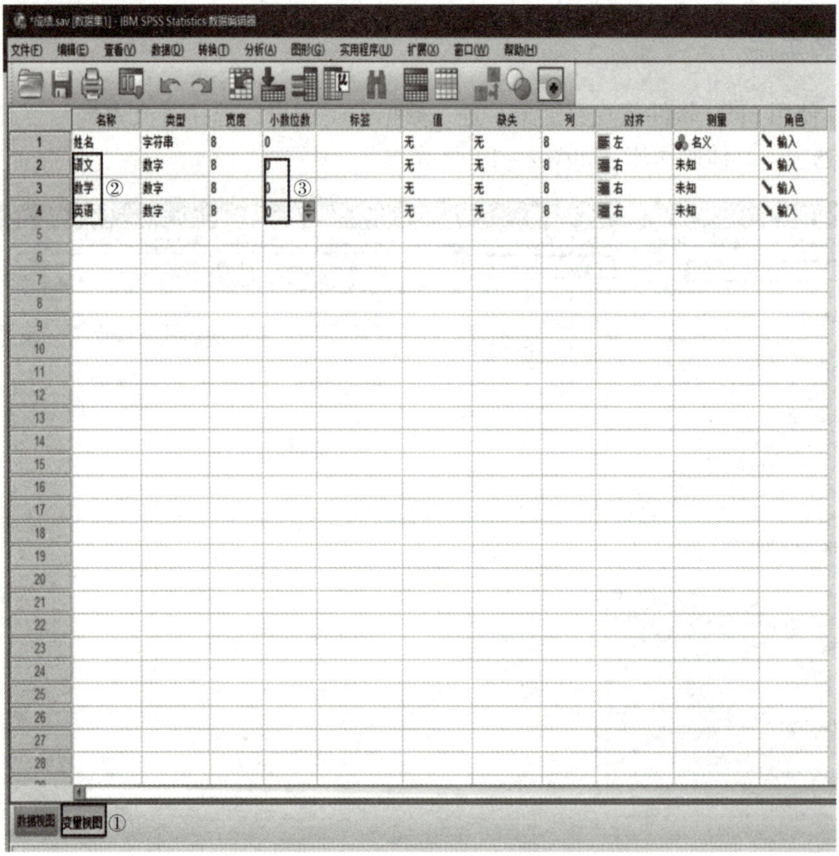

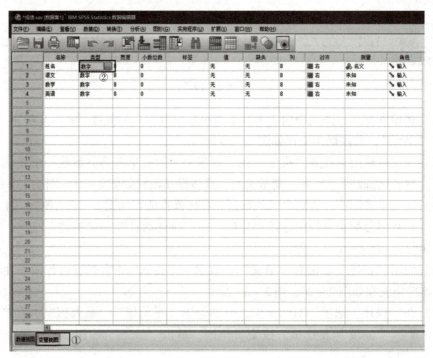

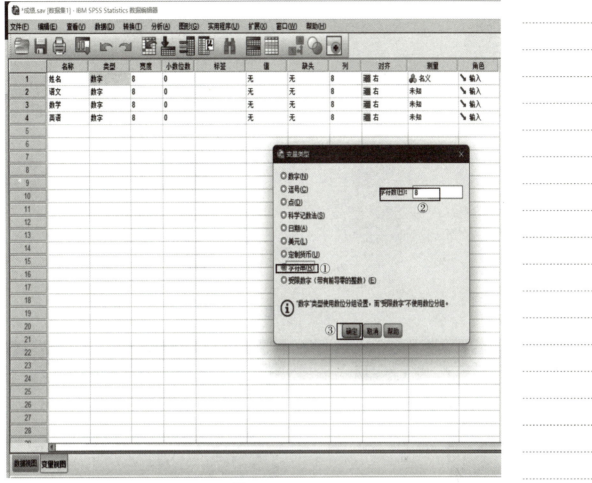

图 2-22

图 2-23

高职数学建模项目教程

图 2−24

图 2−25

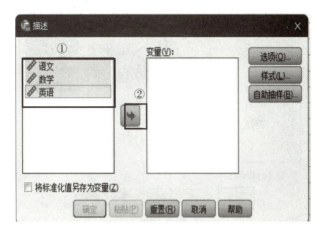

图 2-26

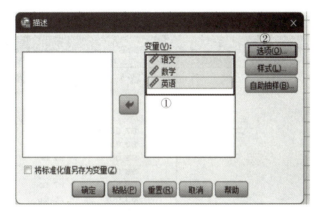

图 2-27

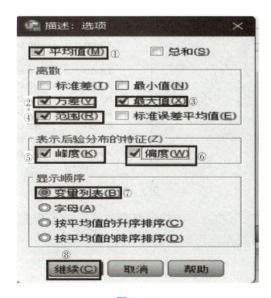

图 2-28

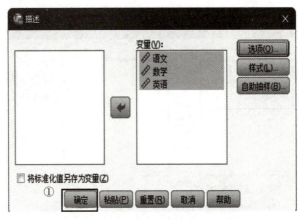

图 2-29

(8) *本任务数据在任务 2.4 中会使用到,请参考任务 2.2,具体操作流程如图 2-30 所示。

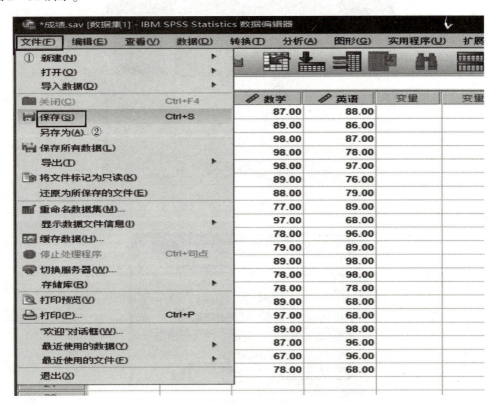

图 2-30

(9) 在"查找位置"下拉列表中找到保存位置,单击数据,选择保存类型,将数据保存为 sav 文件,具体操作流程如图 2-31 所示。

三、运行结果

运行结果见表 2-1(描述统计)。

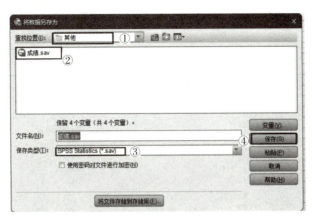

图 2-31

表 2-1

变量	N	范围	最大值	均值	方差	偏度		峰度	
	统计	统计	统计	统计	统计	统计	标准错误	统计	标准错误
语文	20	33.0	99.00	79.60	99.621	0.023	0.512	-1.138	0.992
数学	20	31.0	98.00	86.50	77.211	-0.361	0.512	-0.464	0.992
英语	20	32.0	98.00	83.55	138.366	-0.198	0.512	-1.471	0.992
有效个案数（成列）	20	—	—	—	—	—	—	—	—

由表 2-1 可知，此次分析对"语文""数学""英语"3 个变量各 20 个记录进行分析，记录全部有效。3 个变量的范围及最大值相差不大，以"语文"的范围及最大值最大，均值差异明显，以"英语"83.55 最大，"语文"79.6 最小。"英语"的方差最大。偏度统计在标准错误内，峰度统计除"数学"外均大于标准错误。

可以看出"语文"的均值小，但总体表现好，"英语"的均值大，但总体表现差，容易出现两极分化。

◇任务反馈及评价

一、个人学习总结

二、学习活动综合评价

自我评价			小组评价			教师评价		
8~10分	6~7分	1~5分	8~10分	6~7分	1~5分	8~10分	6~7分	1~5分

任务2.4　统计图表分析

◇任务描述

（1）新建一个数据集并为其新建一个8位字符串的变量"姓名"，新建3个数字型小数位数为2的变量，名称分别为"语文""数学""英语"。

（2）为变量"姓名"新建20个记录，同时自定义为每个记录填写对应的"语文""数学""英语"成绩。

（3）使用"频率"功能对"语文""数学""英语"3个变量按百分位值分割为4个相等组，并分析各组平均数、众数的集中趋势及各组方差、标准误差平均值的离散情况，表示后验分布分析峰度。输出直方图，在直方图中显示正态曲线和频率表。

◇支撑知识

在基本统计信息汇总表中，N 表示进行统计分析的样本总量；Valid 表示有效样本量；Missing 表示缺失样本数目；Percentiles 列出了统计数据的四分位数。在频率表中，Frequency 表示变量值落在某个区间（或类别）中的次数；Percent 是各频数占总样本数的百分比；Valid Percent 是有效百分比；Cumulative Percent 是累积百分比，指各百分比逐级累加起来的结果。

◇任务实施

一、任务分析

统计图表分析是基于描述性统计分析而来的，可以将数据按任意百分位值切割，分析分割后各组数据的集中趋势、离散情况和表示后验分布。

二、任务

（1）*本任务使用任务 2.3 的数据，进入数据编辑窗口，选择"文件"→"打开"→"数据"选项，具体操作流程如图 2 – 32 所示。

图 2 – 32

（2）在"打开数据"对话框中，在"查找位置"下拉列表中找到数据，选择文件类型，单击"打开"按钮，具体操作流程如图 2 – 33 所示。

（3）在数据编辑窗口中选择"分析"→"描述统计"→"频率"选项，具体操作流程如图 2 – 34 所示。

（4）打开"频率选项"对话框，选择"语文""数学""英语"3 个变量放入"变量"框中，具体操作流程如图 2 – 35 所示。

（5）单击"统计"按钮，弹出"频率：统计"对话框，在"集中趋势"区域勾选"平均值""众数"复选框，在"离散"区域勾选"方差""标准误差平均值"，在"表示后验分布"区域勾选"峰度"复选框，单击"继续"按钮，返回单击"图表"按钮，具体操作流程如图 2 – 36、图 2 – 37 所示。

（6）在"频率：图表"对话框中，单击"直方图"单选按钮，勾选"在直方图显示正态曲线"复选框，单击"继续"按钮，显示频率表，单击"确定"按钮，具体操作流程如图 2 – 38 所示。

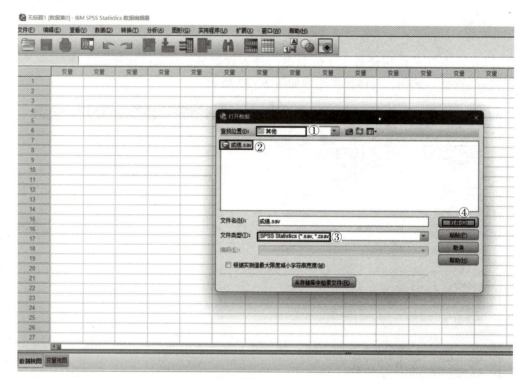

图 2-33

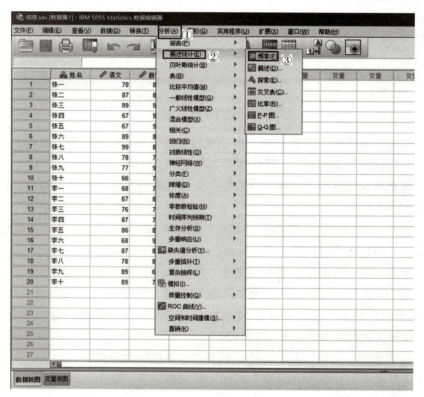

图 2-34

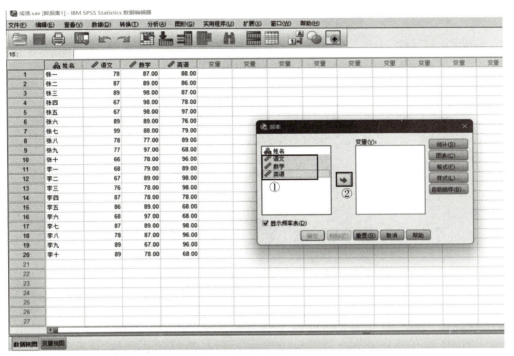

图 2-35

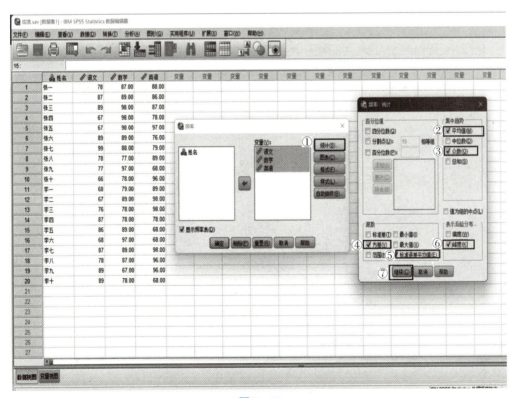

图 2-36

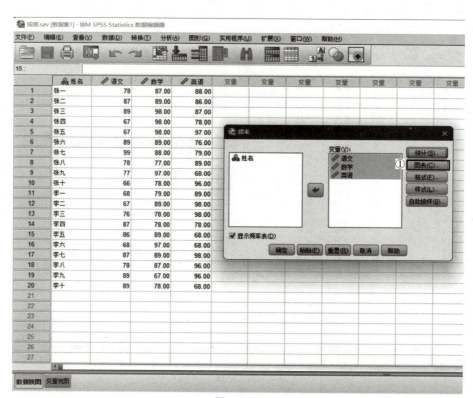

图 2-37

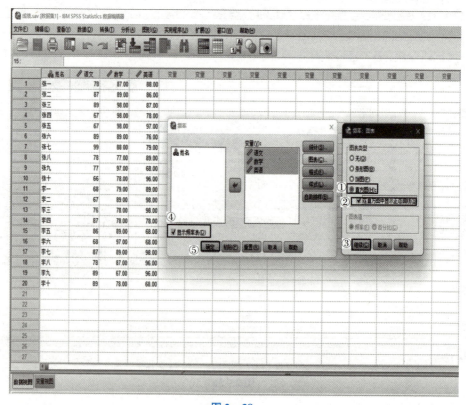

图 2-38

三、运行结果

基本统计信息汇总表见表 2-2，频率表见表 2-3。

表 2-2

项目		语文	数学	英语
样本总量	有效样本量	20	20	20
	缺失样本数目	0	0	0
平均值		79.6	86.5	83.55
标准误差平均值		2.231 83	1.964 82	2.630 26
众数		89	89	68
方差		99.621	77.211	138.366
峰度		-1.138	-0.464	-1.471
峰度标准误差		0.992	0.992	0.992
百分位数	25	68	78	70
	50	78	88.5	86.5
	75	88.5	95	96

通过表 2-2 可以分析得到"语文"的平均值为 79.6，"数学"的平均值为 86.5，"英语"的平均值为 83.55；"语文"和"数学"的众数均为 89，故该班的语文、数学成绩在 89 左右的同学偏多，"英语"的众数为 68。因为根据百分位数结果，英语成绩为 96 分的为 75%，故可推断该班英语成绩出现较大的偏差，高分段与低分段差距较大。

表 2-3

			语文		
	数据	频率	百分比/%	有效百分比/%	累积百分比/%
有效	66.00	1	5.0	5.0	5.0
	67.00	3	15.0	15.0	20.0
	68.00	2	10.0	10.0	30.0
	76.00	1	5.0	5.0	35.0
	77.00	1	5.0	5.0	40.0
	78.00	3	15.0	15.0	55.0
	86.00	1	5.0	5.0	60.0

续表

语文					
	数据	频率	百分比/%	有效百分比/%	累积百分比/%
有效	87.00	3	15.0	15.0	75.0
	89.00	4	20.0	20.0	95.0
	99.00	1	5.0	5.0	100.0
	总计	20	100.0	100.0	—

数学					
	数据	频率	百分比/%	有效百分比/%	累积百分比/%
有效	67.00	1	5.0	5.0	5.0
	77.00	1	5.0	5.0	10.0
	78.00	4	20.0	20.0	30.0
	79.00	1	5.0	5.0	35.0
	87.00	2	10.0	10.0	45.0
	88.00	1	5.0	5.0	50.0
	89.00	5	25.0	25.0	75.0
	97.00	2	10.0	10.0	85.0
	98.00	3	15.0	15.0	100.0
	总计	20	100.0	100.0	—

英语					
	数据	频率	百分比/%	有效百分比/%	累积百分比/%
有效	66.00	1	5.0	5.0	5.0
	68.00	4	20.0	20.0	25.0
	76.00	1	5.0	5.0	30.0
	78.00	2	10.0	10.0	40.0
	79.00	1	5.0	5.0	45.0
	86.00	1	5.0	5.0	50.0
	87.00	1	5.0	5.0	55.0
	88.00	1	5.0	5.0	60.0
	89.00	2	10.0	10.0	70.0
	96.00	2	10.0	10.0	80.0

续表

		英语			
	数据	频率	百分比/%	有效百分比/%	累积百分比/%
有效	97.00	1	5.0	5.0	85.0
	98.00	3	15.0	15.0	100.0
	总计	20	100.0	100.0	—

从表2-3可以看出，语文及数学成绩中频率最高的是89分，分别为4和5；英语成绩频率最高的为68分。通过此现象可以看出英语成绩普遍偏低，语文成绩呈现梯形走向，越到高分段人数越少，60~70分的人数是最多的。该班数学成绩在80分以下的只有个别同学，整体成绩均为优秀。英语成绩的高分段和低分段基本持平，导致平均分不高。

◇任务反馈及评价

一、个人学习总结

二、学习活动综合评价

自我评价			小组评价			教师评价		
8~10分	6~7分	1~5分	8~10分	6~7分	1~5分	8~10分	6~7分	1~5分

任务 2.5　假设检验与 T 检验

◇ **任务描述**

（1）新建1个数据集并为其新建一个8位字符串的变量"姓名"，新建2个数字型小数位数为2的变量，名称分别为"身高"及"体重"。

（2）为变量"姓名"新建20个记录，同时自定义为每个记录填写对应的"身高"和"体重"。

（3）使用成对样本 T 检验对"身高"和"体重"按95%的置信区间进行分析。

◇ **支撑知识**

假设检验是对提出的一些总体假设进行分析判断，进而做出统计决策。SPSS 分析（假设检验）为单因素方差分析。

一、建立假设

建立假设即根据统计推断的目的提出对总体特征的假设。统计学中的假设包括两方面的内容：一是检验假设（hypothesis to be tested），也称为原假设或无效假设（null hypothesis），记为 H_0；二是与 H_0 相对立的备择假设（alternative hypothesis），记为 H_1。后者的意义在于当 H_0 被拒绝时供采用。两者是互斥的，非此即彼。

二、确定检验水准

确定检验水准实际上就是确定拒绝 H_0 时的最大允许误差的概率。检验水准（size of test）常用 α 表示，是指检验假设 H_0 本来是成立的，而根据样本信息拒绝 H_0 的可能性大小的度量，换言之，α 是拒绝实际上成立的 H_0 的概率。

常用的检验水准为 $\alpha = 0.05$，其意义是：在所设 H_0 的总体中随机抽得一个样本，其均数比手头样本均数更偏离总体均数的概率不超过5%。

三、计算检验统计量和 P 值

检验统计量的特点为：该统计量应当服从某种已知分布，从而可以计算出 P 值；各种检验方法所利用的分布及计算原理不同，从而检验统计量也不同。

四、得出推断结论

按照事先确定的检验水准 α 界定上面得到的 P 值，并按小概率原理认定对 H_0 的取舍，做出推断结论，若 $P \leq \alpha$，则拒绝 H_0，接受 H_1，可以认为样本与总体的差别不仅是抽样误差造成的，可能存在本质上的差别，属于"非偶然的（significant）"，因此，可以认为两者的差别有统计学意义。

T 检验适用于单因素双水平，根据数据序列的特点，T 检验可以分为 4 种类型：单样本 T 检验、配对样本 T 检验、独立样本等方差 T 检验和独立样本异方差 T 检验。在具体应用中，应根据数据序列的特点选择相应的检验方法。如果两列数据之间具有一一对应关系，这种数据称为配对样本，例如同一年级学生的两次考试成绩。如果两列数据各自为一个集合，两个集合内的数据没有对应关系，甚至个数都不相等，这种数据称为独立样本。对于配对样本，可以直接进行 T 检验；对于独立样本，则需要先检验两列数据的方差是否齐性，如果方差齐性，则使用独立样本等方差 T 检验，否则使用独立样本异方差 T 检验。

◇任务实施

一、任务分析

T 检验是用 T 分布理论来推论差异发生的概率，从而比较两个平均数的差异是否显著，有单样本、独立样本、摘要独立样本、成对样本等类型的 T 检验。

二、任务实施

（1）进入 SPSS 界面，选择"文件"→"新建"→"数据"选项，具体操作流程如图 2-39 所示。

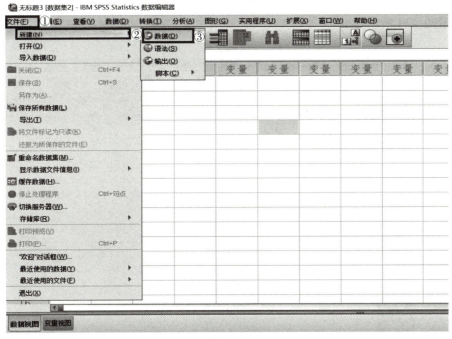

图 2-39

（2）新建文件完毕之后单击 SPSS 界面左下角的"变量视图"按钮，具体操作流程如图 2-40 所示。

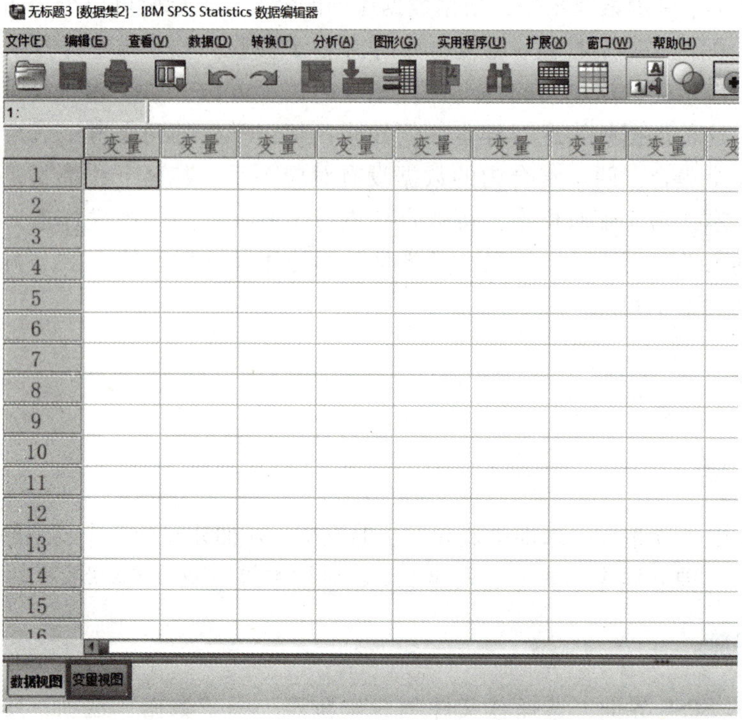

图 2－40

（3）单击"名称"栏下的输入框，依次输入"姓名""身高""体重"，具体操作流程如图 2－41 所示。

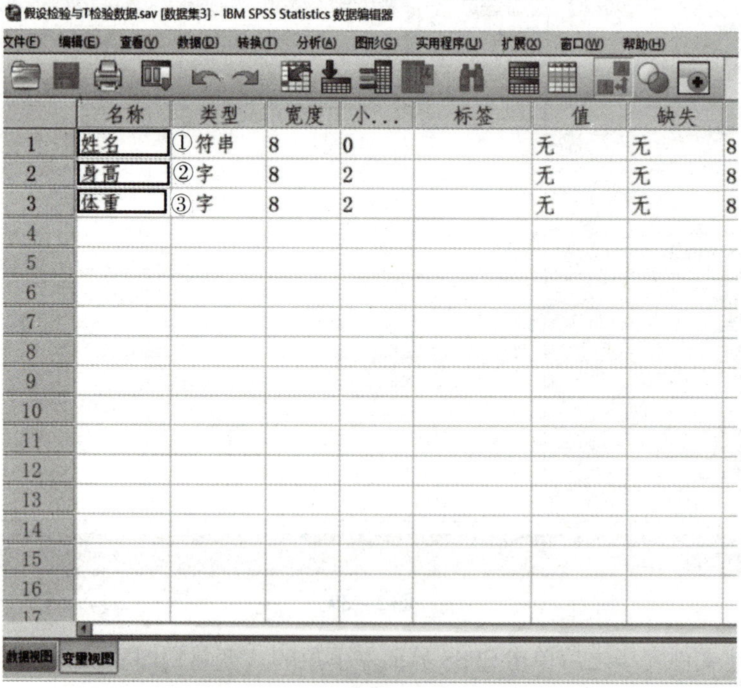

图 2－41

(4) 单击 SPSS 界面左下角的"数据视图"按钮，返回数据编辑界面，具体操作流程如图 2-42 所示。

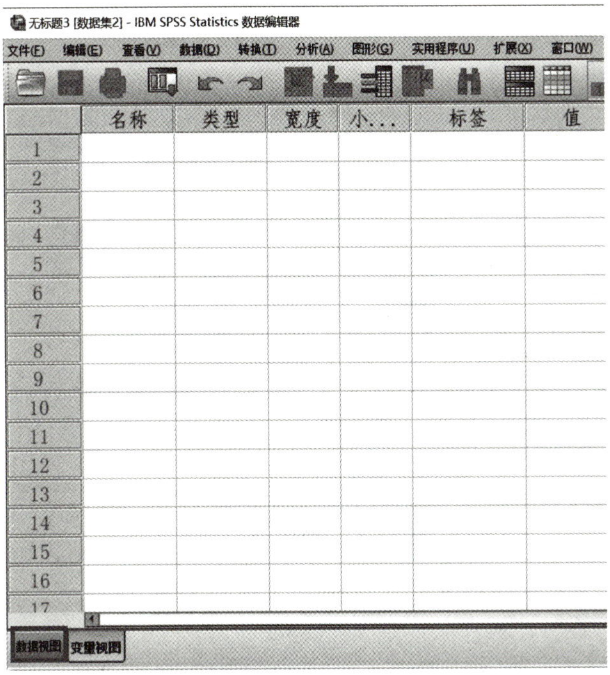

图 2-42

(5) 在"姓名"栏当中输入所需处理的名字，在"身高""体重"栏中输入对应的数据变量（注意小数位数），具体操作流程如图 2-43 所示。

	姓名	身高	体重	变量
1	张一	177.00	70.00	
2	张二	175.00	69.00	
3	张三	165.00	58.00	
4	张四	167.00	67.00	
5	张五	177.00	65.00	
6	张六	158.00	64.00	
7	张七	178.00	66.00	
8	张八	180.00	63.00	
9	张九	176.00	65.00	
10	张十	166.00	68.00	
11	李一	167.00	71.00	
12	李二	168.00	69.00	
13	李三	165.00	71.00	
14	李四	166.00	70.00	
15	李五	176.00	66.00	
16	李六	167.00	67.00	
17	李七	186.00	56.00	
18	李八	168.00	59.00	
19	李九	180.00	58.00	
20	李十	179.00	57.00	
21				

图 2-43

(6) 分析数据操作。在 SPPS 界面的数据编辑窗口中选择"分析"→"比较平均值"→"成对样本 T 检验（P）"选项，具体操作流程如图 2-44 所示。

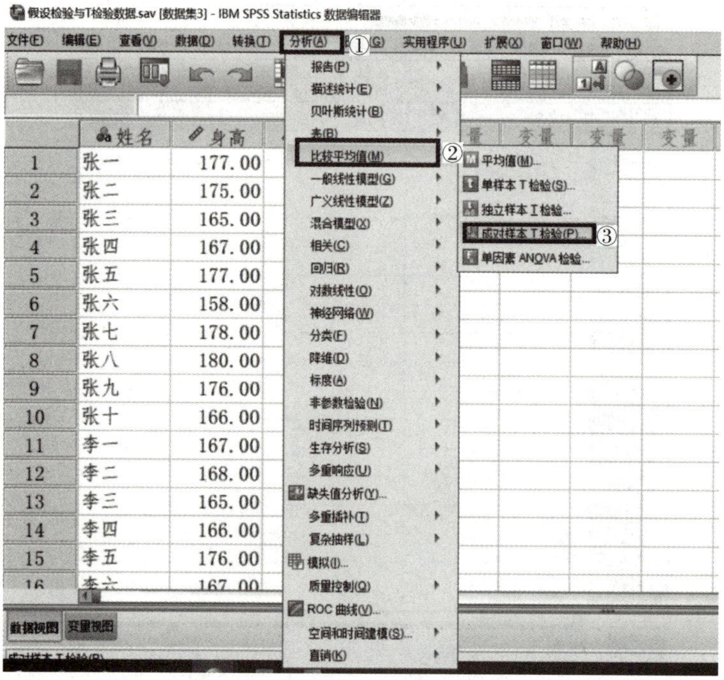

图 2-44

(7) 打开"成对样本 T 检验"对话框，将"身高"变量选入右边"变量1"栏，再将"体重"变量选入右边"变量2"栏（单击图中①、②，显示结果为③，再单击④、②，显示结果为⑤），具体操作流程如图 2-45 所示。

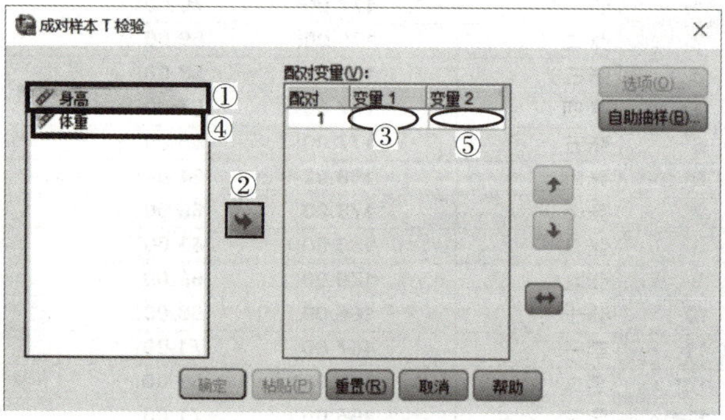

图 2-45

(8) 上面的操作完毕之后单击"选项"按钮，如图 2-46 所示。

(9) 打开"成对样本 T 检验：选项"对话框，输入置信区间百分比的值，单击"按具体分析排除个案"单选按钮，然后单击"继续"按钮退出"成对样本 T 检验：选项"对话框，具体操作流程如图 2-47 所示。

(10) 回到"成对样本 T 检验"对话框，单击"确认"按钮，具体操作流程如图 2-48 所示。

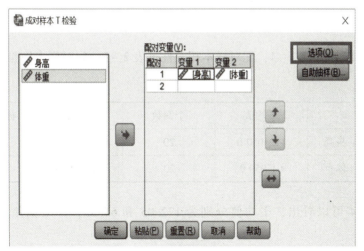

图 2-46

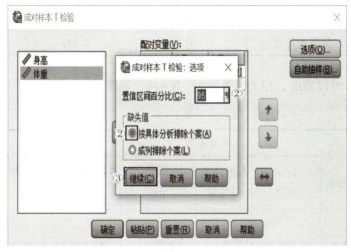

图 2-47

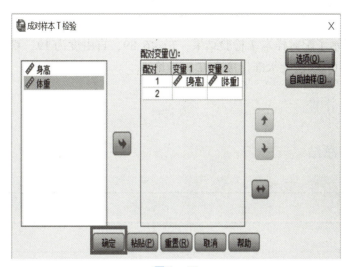

图 2-48

三、运行结果

配对样本统计见表 2-4，配对样本相关性见表 2-5，配对样本检验见表 2-6。

表 2-4

数据		平均值	个案数	标准偏差	标准误差平均值
配对 1	身高	172.050 0	20	7.155 97	1.600 12
	体重	64.950 0	20	4.904 08	1.096 59

由表 2-4 可以看出，平均值分别为 172.05 和 64.95，标准偏差为 7.155 97 和 4.904 08。

表 2-5

数据		个案数	相关性系数	显著性
配对 1	身高 & 体重	20	-0.414	0.070

由表 2-5 可以看出，相关性系数为 -0.414，显著性为 0.070。

表 2-6

数据		配对差值					T	自由度	Sig（双尾）
		平均值	标准偏差	标准误差平均值	差值95%置信区间				
					下限	上限			
配对 1	身高 & 体重	107.1	10.212 99	2.283 7	102.320 17	111.879 83	46.898	19	0

表 2-6 显示了配对样本 T 检验结果，$T=46.89$，自由度为 19，双侧检验为 $P=0$，$P<0.05$，按照 0.05 检验水准，接受 H_0，拒绝 H_1。

◇ 任务反馈及评价

一、个人学习总结

二、学习活动综合评价

自我评价			小组评价			教师评价		
8~10分	6~7分	1~5分	8~10分	6~7分	1~5分	8~10分	6~7分	1~5分

任务 2.6 非参数检验与卡方检验

◇任务描述

（1）新建 1 个数据集并为其新建 2 个数字型小数位数为 0 的变量"年份"及"月份"，新建 1 个数字型小数位数为 2 的变量"销售额"。

（2）为变量以月为单位添加任意两年的 24 条记录并自定义填写每月的销售额，合理即可。

（3）对变量"年份"及"销售额"进行卡方检验。

◇支撑知识

一、非参数检验

非参数检验不依赖总体分布的具体形式和检验分布（如位置）是否相同。其优点是应用范围广、简便、易掌握；其缺点是若对符合参数检验条件的资料使用非参数检验，则检验效率低于参数检验。如无效假设是正确的，非参数检验与参数检验一样好，但如果无效假设是错误的，则非参数检验效果较差，如需检验出同样大小的差异往往需要较多资料。另外，非参数检验统计量是近似服从某一部分，检验的界值表也是近似的（如配对秩和检验），因此其结果有一定的近似性。

二、非参数检验的适用范围

（1）等级顺序资料。

（2）偏态资料。当观察资料呈偏态或极度偏态分布而未经变量变换，或虽经变量变换但仍未达到正态或近似正态分布时，宜用非参数检验。

（3）未知分布型资料，或资料的样本数太少（$N \leqslant 6$）而使分布状况尚未显示出来。

（4）要比较的各组资料变异度相差较大，方差不齐，且不能变换达到齐性。

（5）初步分析。有些医学资料由于统计工作量过大，可采用非参数统计方法进行初步分析，挑选其中有意义者再进一步分析（包括参数统计内容）。

（6）对于一些特殊情况，如从几个总体所获得的数据，往往难以对其原有总体分布做出估计，在这种情况下可用非参数统计方法。

三、SPSS 中的非参数检验

（一）针对单样本

1. 卡方检验

（1）根据样本数据推断总体的分布与某个已知分布是否有显著差异，适用于具有明显分类特征的数据。

（2）方法选择。

渐进方法要求足够大的样本容量，如果样本容量偏小，该方法将失效。

① "Monte Carlo" 一般应用于不满足渐近分布假设的巨量数据。需要输入相应的置信水平和样本数。

② "精确" 适用于小样本，可以得到精确的显著性水平，其缺点是计算量过大。用户可以设置相应的计算时间，如果超出该时间，SPSS 将自动停止计算并输出结果。

2. 二项分布（式）检验

二项分布（式）检验根据收集到的样本数据而非频数数据，推断总体分布是否服从某个指定的二项分布。

在样本数小于或等于30时，按照计算二项分布概率的公式进行计算；在样本数大于30时，计算的是 Z 统计量，认为在零假设下，Z 统计量服从正态分布。Z 统计量的计算公式如下。

SPSS 自动计算 Z 统计量，并给出相应的相伴概率。如果相伴概率小于或等于用户的显著性水平 α，则应拒绝零假设 H_0，认为样本所来自的总体分布形态与指定的二项分布存在显著差异。注：检验比例的设置对象为实验组。

3. 游程检验

游程是样本序列中连续出现的变量值的次数。游程检验的目的是判断观察值的顺序是否随机。检验变量必须为数值型分类变量。

4. 单样本 K–S 检验

单样本 K–S 检验是拟合优度检验，研究样本观察值的分布和设定的理论分布是否吻合，通过对两个分布差异的分析确定是否有理由认为样本的观察结果来自所假定的理论分布总体。单样本 K–S 检验适用于探索连续型随机变量的分布形态。

单样本 K–S 检验可以将一个变量的实际频数分布与正态分布（Normal）、均匀分布（Uniform）、泊松分布（Poisson）、指数（Exponential）分布进行比较。

（二）针对两个或多个独立样本

1. 两个独立样本的非参数检验

通过对两个独立样本的分布情况直接进行对比，分析两个总体分布状况差异的大小。这种检验过程是通过分析两个独立样本的均值、中位数、离散趋势、偏度等描述性统计量之间的差异来实现的。

检验方法选择：Mann – Whitney U 检验常用于判别两个独立样本所属的总体是否具有相同分布，Moses 检验和 K – S 检验主要用于检验两个样本是否来自相同的总体。每种检验方法得到的结论可能不同，需要根据不同方法的纬度进行分析，也可以结合图形直观地参考而得出结论。

2. 多个独立样本的非参数检验

当检验多个独立样本的总体是否相同，而不能满足正太假设和方差齐性条件时，可使用该检验。用得最多的方法是 Kruskal – Wallis H 检验。

（三）针对两个或多个配对（相关）样本

1. 两个配对样本的非参数检验

它是判断两个相关的样本是否来自相同分布的总体或两个相关配对总体是否具有显著差异所进行的检验。

方法：Wilcoxon 配对符秩检验用得最多；符号检验是一种利用正、负号的数目对某种假设做出判定的非参数检验方法；McNemar 变化显著性检验要求数据必须为两分类数据；边际齐性检验是 McNemar 变化显著性检验从两分类数据向多分类数据的推广。

2. 多配对样本的非参数检验

它是检验多个相关样本是否来自相同分布的总体或多个配对样本是否具有显著差异所进行的检验。

方法：Friedman 双向评秩方差检验与 Kruskal – Wallis H 检验的思路相似，但还考虑到区组的影响；Kendall'W 协同系数检验的思想是考察多次评价中的排序是否随机；Cochran Q 检验用于处理二分类数据。

◇ 任务实施

一、任务分析

卡方检验用于检验两组数据的一致性，常用于预测值相对于实际值的检验。

二、任务实施

（1）进入 SPSS 界面，选择"文件"→"新建"→"数据"选项，具体操作流程如图 2 – 49 所示。

（2）新建文件完毕之后单击 SPSS 界面左下角的"变量视图"按钮，具体操作流程如图 2 – 50 所示。

■ 高职数学建模项目教程

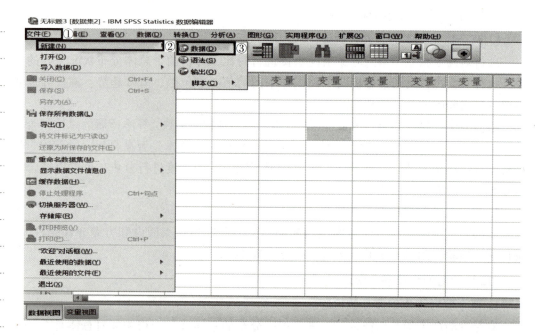

图 2-49

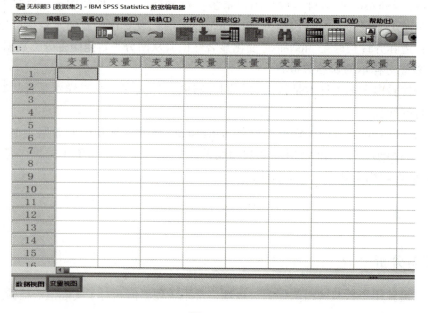

图 2-50

（3）在变量视图中，单击"名称"栏，依次输入"年份""月份""销售额"，具体操作流程如图 2-51 所示。

（4）在属性栏中找到"小数位数"栏，单击"年份"行的方框中输入"0"，依次在下面的"月份"行方框中也输入"0"，具体操作流程如图 2-52 所示。

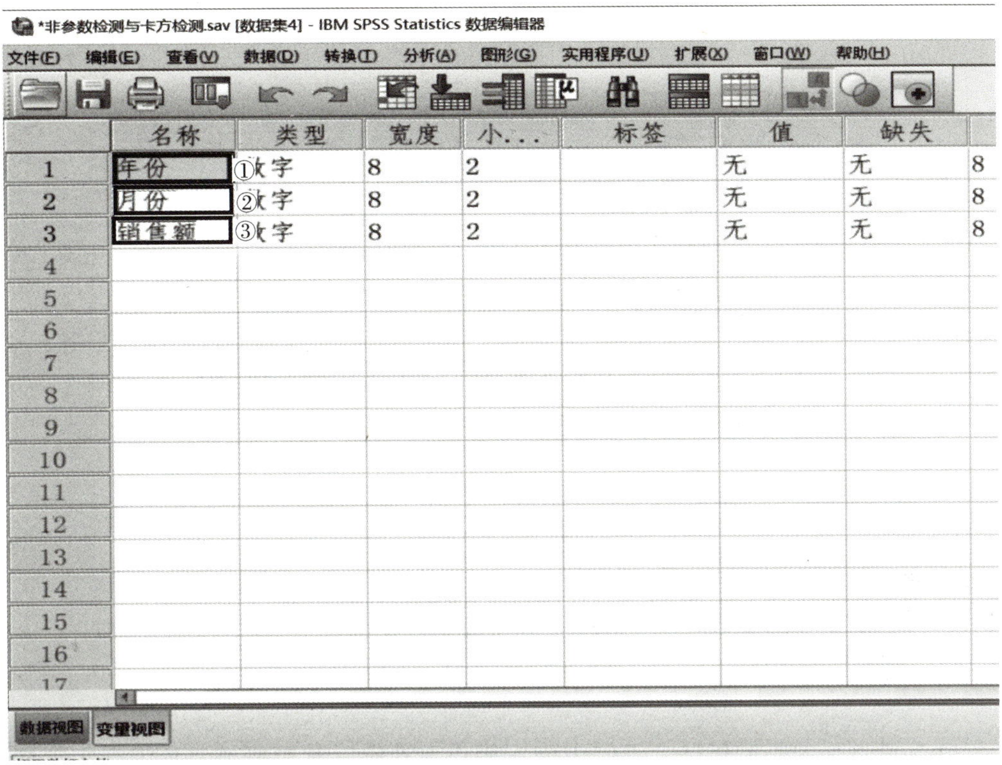
*非参数检测与卡方检测.sav [数据集4] - IBM SPSS Statistics 数据编辑器
文件(F) 编辑(E) 查看(V) 数据(D) 转换(T) 分析(A) 图形(G) 实用程序(U) 扩展(X) 窗口(W) 帮助(H)
名称 类型 宽度 小... 标签 值 缺失
1 年份 ①数字 8 2 无 无 8
2 月份 ②数字 8 2 无 无 8
3 销售额 ③数字 8 2 无 无 8
数据视图 变量视图

图 2-51

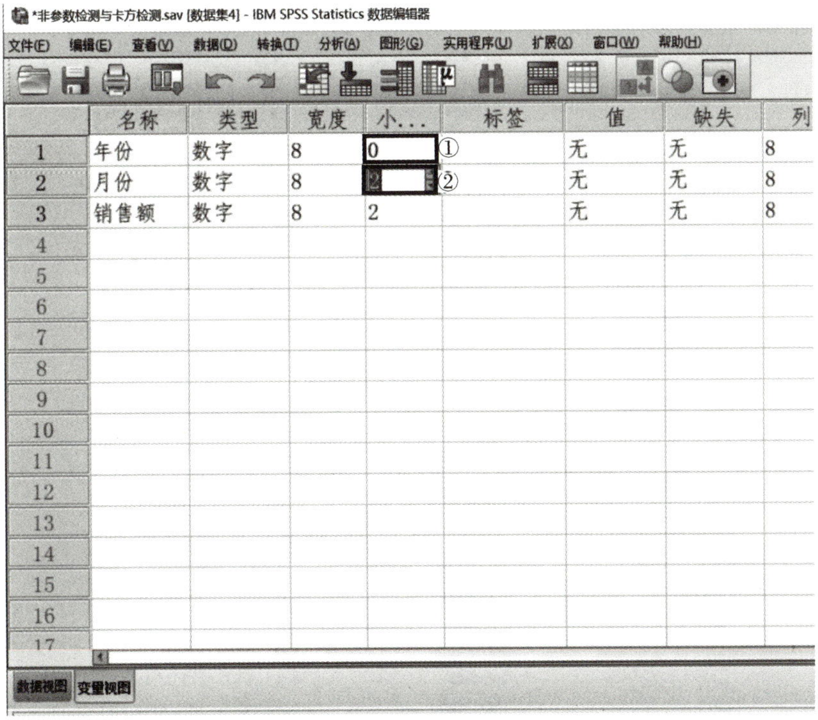
*非参数检测与卡方检测.sav [数据集4] - IBM SPSS Statistics 数据编辑器
文件(F) 编辑(E) 查看(V) 数据(D) 转换(T) 分析(A) 图形(G) 实用程序(U) 扩展(X) 窗口(W) 帮助(H)
名称 类型 宽度 小... 标签 值 缺失 列
1 年份 数字 8 0 ① 无 无 8
2 月份 数字 8 2 ② 无 无 8
3 销售额 数字 8 2 无 无 8
数据视图 变量视图

图 2-52

(5) 单击 SPSS 界面左下角的"数据视图"按钮,返回数据编辑界面,具体操作流程如图 2-53 所示。

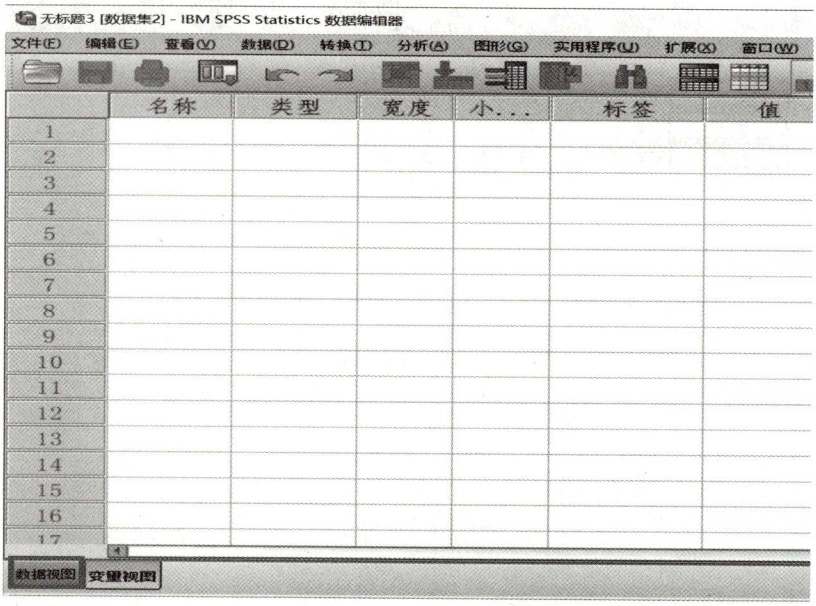

图 2-53

(6) 按照任务要求在每个方框中输入年份、月份以及销售额,具体操作流程如图 2-54 所示。

	年份	月份	销售额
1	2019	1	10000.00
2	2019	2	10100.00
3	2019	3	10150.00
4	2019	4	10100.00
5	2019	5	10010.00
6	2019	6	10090.00
7	2019	7	11000.00
8	2019	8	10010.00
9	2019	9	10000.00
10	2019	10	11000.00
11	2019	11	10100.00
12	2019	12	10500.00
13	2020	1	10700.00
14	2020	2	10900.00
15	2020	3	11000.00
16	2020	4	10080.00
17	2020	5	12000.00
18	2020	6	10300.00
19	2020	7	99000.00
20	2020	8	98000.00
21	2020	9	10100.00
22	2020	10	11000.00
23	2020	11	10300.00
24	2020	12	10200.00

图 2-54

(7) 在 SPSS 主界面的功能栏中单击"分析"→"非参数检验"→"旧对话框"→"卡方 (C)"选项,具体操作流程如图 2-55 所示。

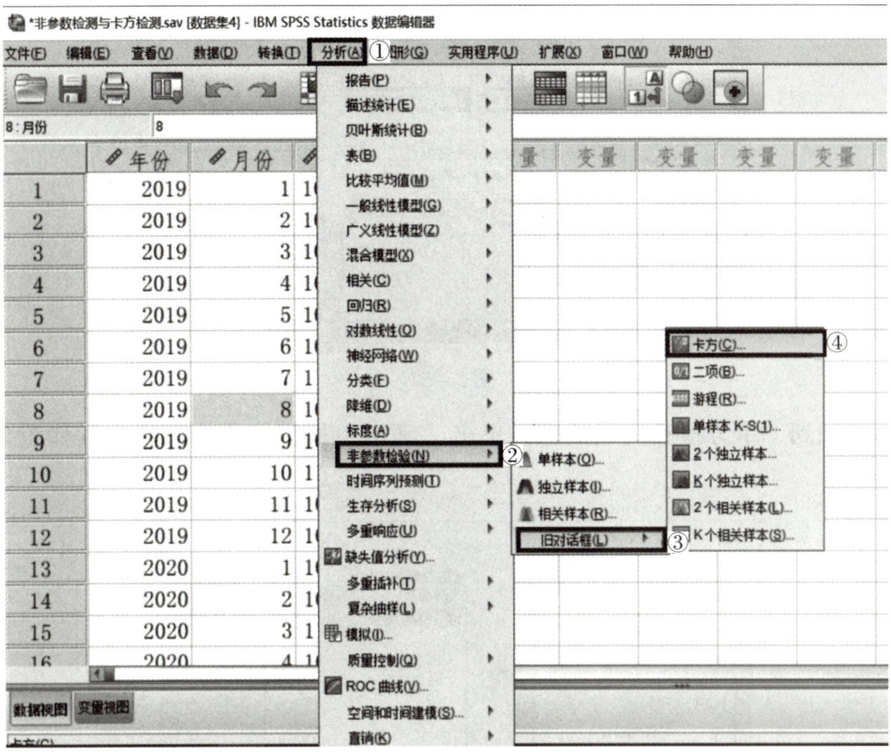

图 2-55

(8) 打开"卡方检验"对话框,选择变量"月份"和"销售额",把这两个变量放入"检验变量列表"框,再单击"选项"按钮,具体操作流程如图 2-56 所示。

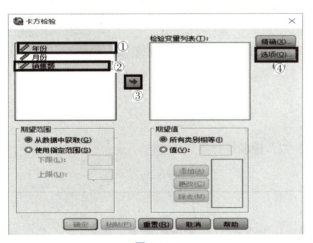

图 2-56

(9) 打开"卡方检验:选项"对话框,勾选"描述"和"四分位数"复选框,单击"继续"按钮,具体操作流程如图 2-57 所示。

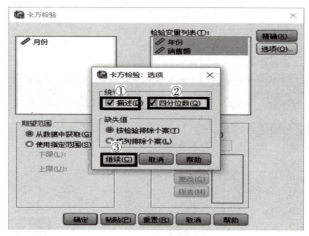

图 2-57

（10）回到"卡方检验"对话框，单击"确定"按钮，具体操作流程如图 2-58 所示。

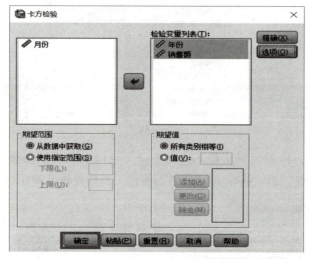

图 2-58

三、运行结果

描述统计见表 2-7，检验统计见表 2-8。

表 2-7

变量	个案数	平均值	标准偏差	最小值	最大值	百分位数		
						第 25 个	第 50 个（中位数）	第 75 个
年份	24	2019.50	0.511	2019	2020	2019.00	2019.50	2020.00
销售额	24	17 776.666 7	24 867.833 36	10 000.00	99 000.0	10 092.500	10 250.000 0	11 000.000

由表 2-7 可以得出销售额的平均值为 1776.666 7，其中最小值为 10 000，最大值为 99 000，中位数为 10 250。

表 2-8

参数值	年份	销售额
卡方值	0.000[a]	9.750[b]
自由度	1	14
渐近显著性	1.000	0.780

a. 0 个单元格（0.0%）的期望频率低于 5。最低的期望频率为 12.0。

b. 15 个单元格（100.0%）的期望频率低于 5。最低的期望频率为 1.6。

由表 2-8 可以看出，卡方检验的显著性为 0.78，这说明存在显著性差异。

◇ 任务反馈及评价

一、个人学习总结

二、学习活动综合评价

自我评价			小组评价			教师评价		
8~10 分	6~7 分	1~5 分	8~10 分	6~7 分	1~5 分	8~10 分	6~7 分	1~5 分

任务 2.7 相关分析与回归案例

◇ **任务描述**

利用我国煤产量和铁路总货运量（表2-9），使用 SPSS 软件进行线性回归分析。

表 2-9

年份	煤产量 /百万吨	铁路总货运量 /百万吨	年份	煤产量 /百万吨	铁路总货运量 /百万吨
1950	43	99.83	1971	392	764.71
1951	53	110.83	1972	410	808.73
1952	66	132.17	1973	417	831.11
1953	70	161.31	1974	413	787.72
1954	84	192.88	1975	482	889.55
1955	93	193.76	1976	483	840.66
1956	110	246.05	1977	550	853.09
1957	131	247.21	1978	618	1 101.19
1958	270	381.09	1979	635	1 118.93
1959	369	544.1	1980	620	1 112.73
1960	397	672.19	1981	622	1 076.73
1961	278	449.89	1982	666	1 134.95
1962	220	352.61	1983	715	1 118.78
1963	217	364.18	1984	789	1 240.74
1964	215	417.86	1985	872	1 307.09
1965	232	491	1986	894	1 356.35
1966	252	549.91	1987	928	1 406.53
1967	206	430.89	1988	980	1 449.48
1968	220	420.95	1989	1 054	1 514.89
1969	266	531.2	1990	1 080	1 506.81
1970	354	681.32	—	—	—

◇ 支撑知识

一、相关性分析

相关性分析一般用来简单地分析数据之间的相关性关系，研究连续性的数值变量或者量表的数据，只能分析出每两个变量之间的相关性关系。相关性分析一般是用在回归分析之前，用于对于数据进行简单的相关性探讨，回归分析说明的是数据之间的因果关系。

（一）相关关系的类型

相关关系可大致分为线性相关关系和非线性相关关系。

线性相关关系的图像是一条直线，包括正相关、负相关、不相关；非线性相关关系的图像不是一条直线，它表示两个变量有关联，但是以散点图呈现的相关关系不是直线形状。

（二）相关性强度

变量与变量之间的相关程度是有强弱之分的，一般常用相关系数（用字母 r 表示）表示相关性强度。

相关系数的取值范围一般为 [-1,1]，相关系数的绝对值越接近1，表示两个变量的相关程度越强；反之，相关系数的绝对值越接近0，表示两个变量的相关程度越弱。通过散点图看，当散点图中的点呈现一条上升的直线时，相关系数是正的并接近1；当所有的点呈现为一条下降的直线时，相关系数是负的并接近-1；当点的分布接近一条水平直线时，表明两个变量不相关，相关系数接近0。

注意：相关方向的分析只局限于定序或定距变量，因为这些变量有高低或者多少之分，而对于定类变量，由于变量只有类别之分而无高低或者数量的区别，所以定类变量与其他变量的相关不能有正负方向，即其相关系数取值范围只能为 [0,1]。

在社会科学中，一般把衡量相关程度是否强的切分点设定成绝对值0.7。之所以设定成绝对值0.7，是因为0.7的平方是0.49，而0.49意味着当根据一个变量在各个个体的值猜测另一个变量在各个个体的值时，可以把仅根据变量的平均值做猜测所出现的总误差减少49%。

（三）相关关系的方向

相关关系不仅有强弱之分，还有方向的区别，可以分为正和负两个方向（定类变量除外）。当一个变量随着另一个变量的增大而增大时，这种相关关系称为正相关；当一个变量随着另一个变量的增大而减小时，这种相关关系称为负相关。

（四）相关关系的测量

在统计学中，变量之间的相关关系可以以一个统计值进行度量，这个统计值即相关系数 r。相关性的强弱、方向等，相关系数 r 都可以直接表现出来。

那么如何测量相关性呢？

相关性测量方法有很多种，如皮尔逊相关性分析方法、古德曼相关性分析方法等，应该如何选择？

相关性测量方法的选择主要考虑以下两个条件。

(1) 变量的测量层次，如定类、定序、定距等，属于不同测量层次的变量，需要使用到不同的相关性测量方法。

(2) 变量之间的关系是否对称。

一般来说，在相关关系中，如果能确定自变量的变化会导致因变量的变化，但因变量不会影响自变量，这种情况下的相关关系就称为不对称关系。相反，如果不确定或者无法区分谁是因谁是果时，这种情况下的相关关系就称为对称关系。比如研究人与人之间交往的多少与他们的互爱程度是否有关系时，很难说明哪个是自变量哪个是因变量，因为交往的多少会影响互爱程度，而互爱程度也会影响交往的多少。

对于相关性测量来说，有些相关性测量方法会假定变量与变量之间是对称关系，即不区分自变量和因变量，有些则假定变量之间是不对称关系，即某个变量是自变量，另一个变量是因变量。

注意：在采用相同的相关性测量方法的情况下才能进行相关系数的比较，因为不同的相关性测量方法的逻辑不同，所求得的相关系数的代表性也不同，所以没有可比性。

二、相关性测量方法的选择

基于以上两个条件，相关性测量方法的选择如下。

(一) 两个变量的相关性测量

1. Lambda 相关性测量方法

该方法同时适用于对称性相关关系和不对称性相关关系。

2. 古德曼和古鲁斯卡的 tau – y 系数

该方法只适用于不对称相关关系。

(二) 两个定序变量的相关性测量

1. Gamma 相关性测量方法

该方法只适用于对称性相关关系。

2. dy 相关性测量方法

该方法只适用于不对称相关关系。

(三) 两个定距变量的相关性测量

主要使用皮尔逊的积矩相关系数（简写为 r）进行测量。

(四) 定类变量和定距变量的相关性测量

主要使用相关比率进行测量。相关比率又称为 eta 平方系数，简写为 E^2。

（五）定类变量和定序变量的相关性测量

由于定序测量层次具有定类测量层次的数学特征，因此大部分社会学研究都采用定类变量的相关性测量方法 Lambda 或 tau – y 系数来测量一个定类变量与一个定序变量的相关关系。

（六）定序变量和定距变量的相关性测量

大多数社会学研究在测量定序变量和定距变量的相关关系时，会将定序变量看作定类变量，从而使用相关比率测量相关关系。

1. 回归案例

回归分析就是建立变量的数学模型，建立衡量数据联系强度的指标，并通过指标检验其符合的程度。在线性回归分析中，如果仅有一个自变量，则可以建立一元线性模型；如果存在多个自变量，则需要建立多元线性回归模型。线性回归的过程就是把各个自变量和因变量的个案值代入回归方程，通过逐步迭代与拟合，最终找出回归方程式中的各个系数，构造出一个能够尽可能体现自变量与因变量关系的函数式。在一元线性回归中，回归方程的确立就是逐步确定唯一自变量的系数和常数，并使回归方程能够符合绝大多数个案的取值特点。在多元线性回归中，除了要确定各个自变量的系数和常数外，还要分析回归方程的每个自变量是否是真正必需的，从而把回归方程中的非必需自变量剔除。

2. 观测值

观测值是参与回归分析的因变量的实际取值。对参与线性回归分析的多个个案来说，它们在因变量上的取值就是观测值。观测值是一个数据序列，也就是线性回归分析过程中的因变量。

3. 回归值

把每个个案的自变量取值带入回归方程后，通过计算所获得的数值即回归值。在回归分析中，针对每个个案，都能获得一个回归值。因此，回归值也是一个数据序列，回归值的数量与个案数的数量相同。在线性回归分析中，回归值也常被称为预测值或者期望值。

4. 残差

残差是观测值与回归值的差。残差反映的是依据回归方程所获得的计算值与实际测量值的差距。在线性回归中，残差应该满足正态分布，而且全体个案的残差之和为 0。

5. 回归效果评价

在回归分析的评价中，通常使用全部残差的平方和表示残差的量度，而以全体回归值的平方和表示回归的量度。通常有以下几个评价指标。

1）判定系数

为了能够比较客观地评价回归方程的质量，引入判定系数 R 方的概念。

判定系数 R 方的值为 0~1，其值越接近 1，表示残差的比例越低，即回归方程的拟合程度越高，回归值越能贴近观测值，越能体现观测数据的内在规律。在一般的应用中，R 方大于 0.6 就表示回归方程有较好的质量。

2）F 值

F 值是回归分析中反映回归效果的重要指标，它以回归均方和与残差均方和的比值表示，即 $F =$ 回归均方和/残差均方和。在一般的线性回归中，F 值应该在 3.86 以上。

3）T 值

T 值是回归分析中反映每个自变量的作用力的重要指标。在回归分析时，每个自变量都有自己的 T 值，T 值以相应自变量的偏回归系数与其标准误差的比值来表示。在一般的线性回归分析中，T 值的绝对值应该大于 1.96。如果某个自变量的 T 值的绝对值小于 1.96，表示这个自变量对回归方程的影响很小，应该尽可能把它从回归方程中剔除。

4）检验概率（Sig 值）

回归方程的检验概率共有两种类型：整体 Sig 值和针对每个自变量的 Sig 值。整体 Sig 值反映了整个回归方程的影响力，而针对每个自变量的 Sig 值则反映了该自变量在回归方程中没有作用的可能性。只有 Sig 值小于 0.05，才表示有影响力。

◇ 任务实施

一、任务分析

进行回归分析。

二、任务实施

（1）新建 Excel 文件，将所给的数据复制粘贴至 Excel 表格中，如图 2-59 所示。

	A	B	C	D	E	F
1	年份	煤产量	铁路总货运量	年份	煤产量	铁路总货运量
2	1950	43	99.83	1971	392	764.71
3	1951	53	110.83	1972	410	808.73
4	1952	66	132.17	1973	417	831.11
5	1953	70	161.31	1974	413	787.72
6	1954	84	192.88	1975	482	889.55
7	1955	93	193.76	1976	483	840.66
8	1956	110	246.05	1977	550	853.09
9	1957	131	247.21	1978	618	1101.19
10	1958	270	381.09	1979	635	1118.93
11	1959	369	544.1	1980	620	1112.73
12	1960	397	672.19	1981	622	1076.73
13	1961	278	449.89	1982	666	1134.95
14	1962	220	352.61	1983	715	1118.78
15	1963	217	364.18	1984	789	1240.74
16	1964	215	417.86	1985	872	1307.09
17	1965	232	491	1986	894	1356.35
18	1966	252	549.91	1987	928	1406.53
19	1967	206	430.89	1988	980	1449.48
20	1968	220	420.95	1989	1054	1514.89
21	1969	266	531.2	1990	1080	1506.81
22	1970	354	681.32			

图 2-59

（2）选择右边重复的属性值，把所选属性值剪切到左下方空框内［图 2 – 60 （a）］，把其他多余内容删除［图 2 – 60（b）］，具体操作流程如图 2 – 60 所示。

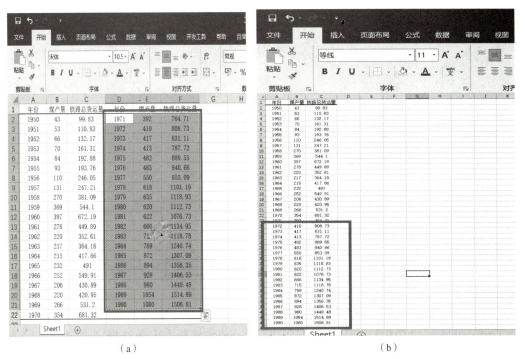

图 2 – 61

（3）单击 Excel 左上方的"保存"图标［图 2 – 61（a）］，出现图 2 – 61（b）所示界面之后选择"浏览"选项，具体操作流程如图 2 – 61 所示。

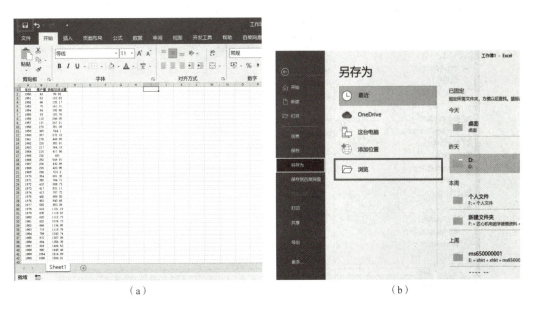

图 2 – 61

(4) 打开"另存为"对话框,选择"桌面"为保存路径,输入文件名称,单击"保存"按钮保存文件,具体操作流程如图 2-62 所示。

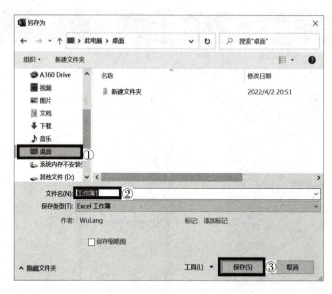

图 2-62

(5) 将 Excel 文件导入 SPSS 数据集中。在 SPPS 界面左上角选择"文件"→"导入数据"→"Excel…"选项,具体操作流程,如图 2-63 所示。

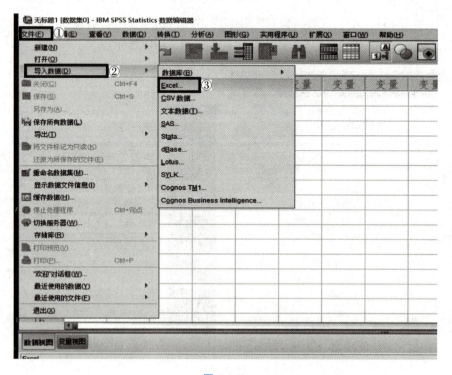

图 2-63

(6) 在"查找位置"下拉列表中选择"Desktop"选项,选择之前编辑好的 Excel 文件,单击"打开"按钮,具体操作流程如图 2-64 所示。

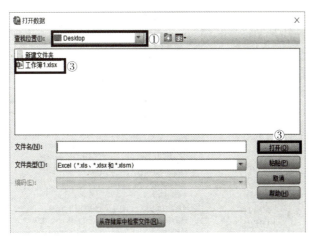

图 2-64

(7) 基于上面的操作,单击"确定"按钮即可导入选中的 Excel 文件,具体操作流程如图 2-65 所示。

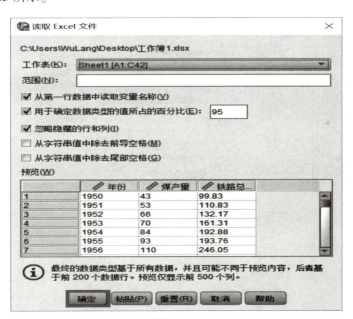

图 2-65

(8) 在 SPSS 界面的工具栏中选择"分析"→"回归"→"线性"选项,具体操作流程如图 2-66 所示。

(9) 打开"线性回归"对话框,选择"煤产量",选入"因变量"框,选择"铁路总货运量",选入"自变量"框,再单击"图"按钮(单击①、②,显示结果为③,单击④、⑤,显示结果为⑥),具体操作流程如图 2-67 所示。

(10) 勾选"直方图""正态概率图"复选框,具体操作流程如图 2-68 所示。

81

■ 高职数学建模项目教程

图 2-66

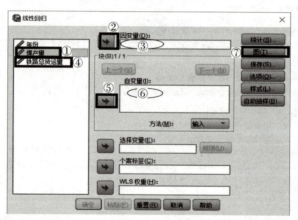

图 2-67

图 2-68

（11）回到"线性回归"对话框，单击"保存"按钮，具体操作流程如图2-69所示。

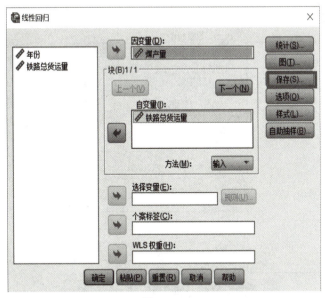

图2-69

（12）打开"线性回归：保存"对话框，在"预测值"区域勾选"未标准化""标准化"复选框，在"残差"区域勾选"未标准化""标准化"复选框，在"距离"区域勾选"马氏距离"复选框，在"影响统计"区域勾选"标准化DfBeta"复选框，在"预测区间"勾选"平均值"复选框，最后单击"确定"按钮，具体操作流程如图2-70所示。

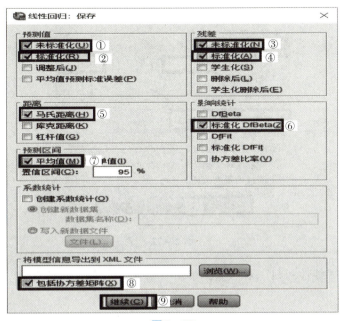

图2-70

(13) 在"线性回归"对话框中，单击"选项"按钮，如图 2–71 所示。

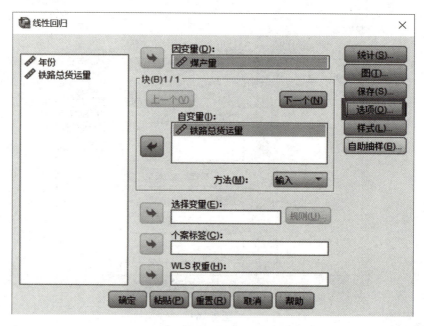

图 2–71

(14) 打开"线性回归：选项"对话框，单击"使用 F 的概率"单选按钮并输入值，勾选"在方程中包括常量"复选框，单击"继续"按钮，具体操作流程如图 2–72 所示。

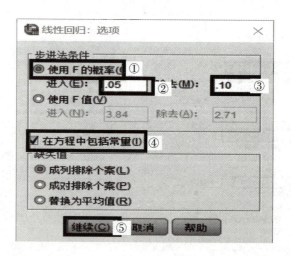

图 2–72

(15) 回到"线性回归"对话框，单击"确定"按钮，操作完成，具体操作流程如图 2–73 所示。

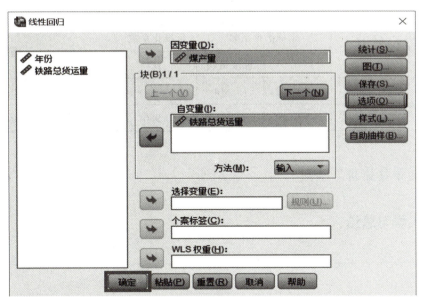

图 2-73

三、运行结果

模型摘要（因变量：煤产量）见表 2-10，方差分析［预测变量（常量）：铁路货运总量］见表 2-11，系数（因变量：煤产量）见表 2-12。

表 2-10

模型	R	R^2	调整后 R^2	标准估算的错误	德宾-沃森
1	0.986[a]	0.971	0.970	51.385	0.371

a. 预测变量（常量）：铁路总货运量。

由表 2-10 可见，判定系数 R^2 值为 0.971，表示回归方程有很好的质量。

表 2-11

模型		平方和	自由度	均方	F	显著性
1	回归	3 474 085.273	1	3 474 085.273	1 315.716	0.000[a]
	残差	102 977.605	39	2 640.451	—	—
	总计	3 577 062.878	40	—	—	—

a. 预测变量（常量）：铁路总货运量。

由表 2-11 可见，显著性为 0.000，小于 0.05，表示回归方程具有很好的影响力，能够很好地表达煤产量和铁路总货运量的控制关系。

由表 2-12 可见，常量的未标准化系数为 -60.962，铁路总货运量的未标准化系数为 0.678，所以回归方程为

$$Y = 0.678X - 60.692$$

表 2–12

模型		未标准化系数		标准化系数	T	显著性
		B	标准错误	β		
1	常量	−60.962	15.814	—	−3.855	0.000
	铁路总货运量	0.678	0.019	0.986	36.273	0.000

◇ 任务反馈及评价

一、个人学习总结

二、学习活动综合评价

自我评价			小组评价			教师评价		
8~10分	6~7分	1~5分	8~10分	6~7分	1~5分	8~10分	6~7分	1~5分

任务 2.8 方差分析

◇ 任务描述

某灯泡厂用 4 种不同材料的灯丝生产了 4 批灯泡,在每批灯泡中随机抽取若干只观测其使用寿命(单位:小时)。观测数据见表 2–13。

表 2-13

品种	甲灯丝	乙灯丝	丙灯丝	丁灯丝
寿命/小时	1 600.00	1 580.00	1 540.00	1 510.00
	1 610.00	1 649.00	1 550.00	1 520.00
	1 650.00	1 640.00	1 600.00	1 530.00
	1 680.00	1 700.00	1 620.00	1 570.00
	1 700.00	1 750.00	1 640.00	1 600.00
	1 720.00	1 730.00	1 660.00	1 680.00
	1 800.00	1 700.00	1 740.00	1 680.00
	1 720.00	1 650.00	1 820.00	1 700.00
	1 770.00	1 660.00	1 800.00	1 710.00
	1 730.00	1 670.00	1 790.00	1 600.00
	1 720.00	1 700.00	1 770.00	1 560.00
	1 800.00	1 690.00	1 800.00	1 600.00
	1 670.00	1 660.00	1 810.00	—

问：这四种灯丝生产的灯泡的使用寿命有无显著差异（$\alpha = 0.05$）？

◇ 支撑知识

一、方差分析的基本思想

方差分析通过分析研究不同变量的变异对总变异的贡献大小，确定控制变量对研究结果影响的大小。

如果控制变量的不同水平对结果产生了显著影响，那么它和随机变量共同作用，必然使结果有显著的变化。

如果控制变量的不同水平对结果没有显著影响，那么结果的变化主要由随机变量起作用，和控制变量关系不大。

二、方差分析的前提条件

（1）独立：各组数据相互独立，互不相关；
（2）正态：各组数据符合正态分布；
（3）方差齐性：各组方差相等。

方差分析通常使用 F 统计量检验。

在 SPSS 中经常使用方差齐性检验（都是 levene 检验）。

一般情况下，只要 Sig 值大于 0.05，就认为方差齐性的假设成立，因此方差分析的结果应该值得信赖；如果 Sig 值小于或等于 0.05，方差齐性的假设就值得怀疑，导致方差分析的结果也值得怀疑。

SPSS 会自动计算 F 统计量，F 服从 $(k-1, n-k)$ 自由度的 F 分布（k 是水平数，n 为个案数），SPSS 依据 F 分布表给出相应的相伴概率值。

如果相伴概率值小于显著性水平（一般为 0.05），则拒绝零假设，认为控制变量不同水下各总体均值有显著差异；反之，则认为控制变量不同水平下各总体均值没有显著差异。

三、分析方法

（一）单因素方差分析

单因素方差分析测试某个控制变量的不同水平是否给观察变量造成了显著差异和变动。

（二）随机区组设计方差分析

随机区组设计方差分析又称配伍组设计。在进行统计分析时，将区组变异离均差平方和从完全随机设计的组内离均差平方和中分离出来，从而减小组内平方和（误差平方和），提高统计检验效率。

（三）析因设计方差分析

析因设计（Factorial Design）是将两个或两个以上因素的各种水平进行排列组合、交叉分组的实验设计，是对影响因素的作用进行全面分析的设计方法，可以研究两个或者两个以上因素多个水平的效应，也可以研究各因素之间是否有交互作用并找到最佳组合。

常见析因设计有：2×2 析因设计、$I \times J$ 两因素析因设计、$I \times J \times K$ 三因素析因设计。

（四）交叉设计方差分析

交叉设计（Cross-Over Design）是一种特殊的自身对照设计，它按事先设计好的实验次序，在各个时期对受试对象先后实施各种处理，以比较处理组间的差异。受试对象可以采用完全随机分为两组或分层随机化的方法来安排。

（五）拉丁方设计方差分析

拉丁方设计（Latin Square Design）是从横行和直列两个方向进行双重局部控制，使横行和直列两向皆成单位组，它是比随机单位组设计多一个单位组的设计。

（六）协方差分析

协方差分析是将那些很难控制的因素作为协变量，在排除协变量影响的条件下，分析控制变量对观察变量的影响，从而更加准确地对控制因素进行评价。协方差分析要求协变量应是连续数值型，多个协变量互相独立，且与控制变量也没有交互影响。单因素方差分析和多因素方差分析中的控制变量都是一些定性变量，而协方差分析既包含定性变量（控制变量），又包含定量变量（协变量）。

（七）嵌套设计方差分析

嵌套设计也被称为巢式设计（Nested Design），有些教科书上称这类资料为组内又分亚组的分类资料。根据因素数的不同，嵌套设计可分为二因素（二级）、三因素（三级）等设计。将全部 k 个因素按主次排列，依次称为 1 级，2 级…，k 级因素，再将总离差平方和及自由度进行分解，其基本思想与一般方差分析相同。所不同的是嵌套设计的分解法有明显的区别，它侧重于主要因素，并且，第 i 级因素显著与否，是分别用第 i 级与第 $i+1$ 级因素的均方为分子和分母来构造 F 统计量，并以 F 检验为其理论根据的。

（八）重复测量方差分析

重复测量资料由在不同时间点上对同一对象的同一观察指标进行多次测量所得，重复测量设计是在科研工作中常见的设计方法，常用来分析在不同时间点上某个指标的差异。重复测量设计最主要的优点就是提高了处理组间的精确度，因为它可以通过对同一个体数据的分析估计出实验误差的大小。

◇任务实施

一、任务分析

通过方差可以直观地看出数据的离散情况，方差越大，数据越离散，反之数据越集中。

二、任务实施

（1）将数据复制到 Excel 表格中并在左侧插入类型，把每种灯丝设置为类型"1""2""3""4"，依次把各数据剪切到左下方。具体操作流程如图 2 - 74 所示。

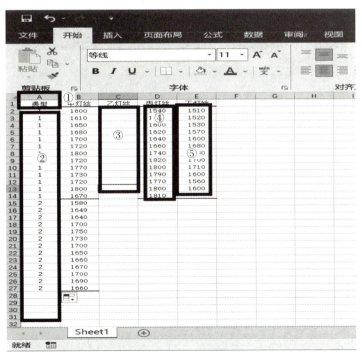

图 2 - 74

(2) 处理完数据的样式如图 2-75 所示。

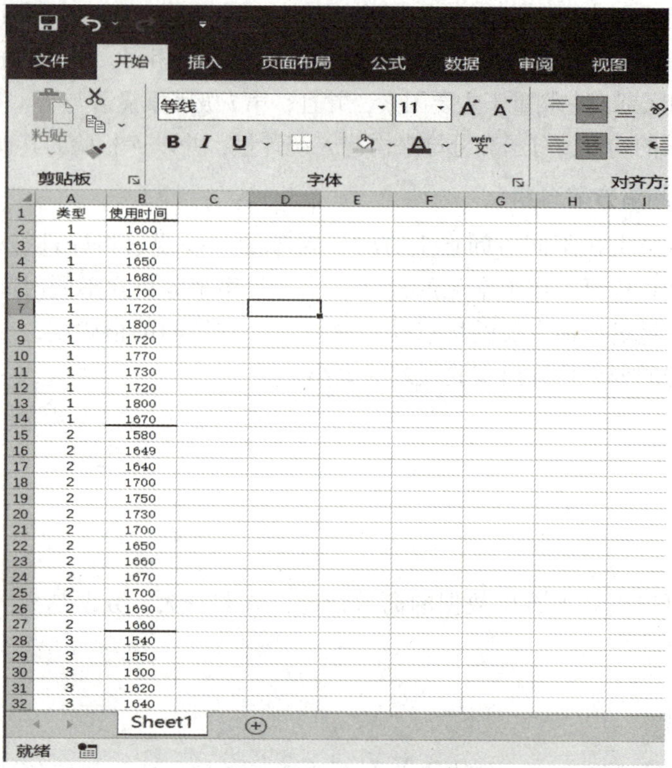

图 2-75

(3) 单击左上方的"保存"按钮,注意检查数据,具体操作流程如图 2-76 所示。

图 2-76

(4) 进入保存界面，选择"另存为"→"浏览"选项（找到保存的路径），在"另存为"对话框左侧选择"桌面"选项，输入文件名称，单击"保存"按钮即可。具体操作流程如图 2–77 所示。

图 2–77

(5) 在 SPPS 界面选择"文件"→"导入数据"→"Excel"选项，具体操作流程如图 2–78 所示。

(6) 打开"打开数据"对话框，在"查找位置"下拉列表中选择"桌面"选项，选择"工作簿 1.xlsx"，再单击右下角的"打开"按钮，具体操作流程如图 2–79 所示。

(7) 打开"读取 Excel 文件"对话框，勾选"从第一行数据中读取变量名称""用于确定数据类型的值所占的百分比""忽略隐藏藏得行和列"3 个复选框，单击"确定"按钮，具体操作流程如图 2–80 所示。

(8) 在 SPSS 界面的工具栏中选择"分析"→"比较平均值"→"单因素 ANOVA 检验"选项，具体操作流程如图 2–81 所示。

(9) 打开"单因素 ANOVA 检验"对话框，将"类型"选入"因变量列表"框，将"使用时间【使用时间】"选入"因子"框，最后单击"确定"按钮，具体操作流程如图 2–82 所示。

■ 高职数学建模项目教程

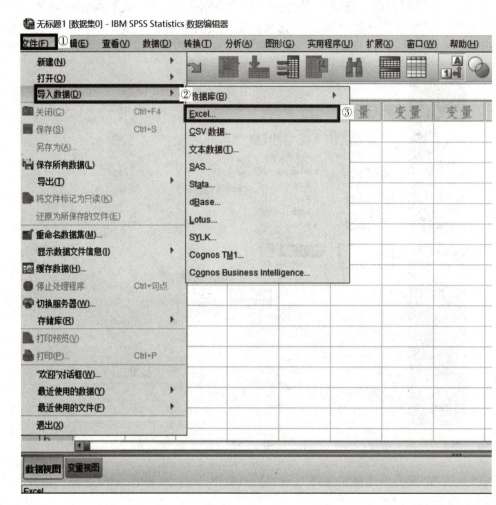

图 2–78

图 2–79

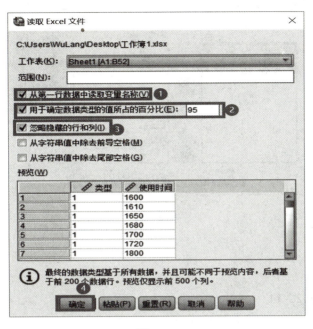

图 2-80

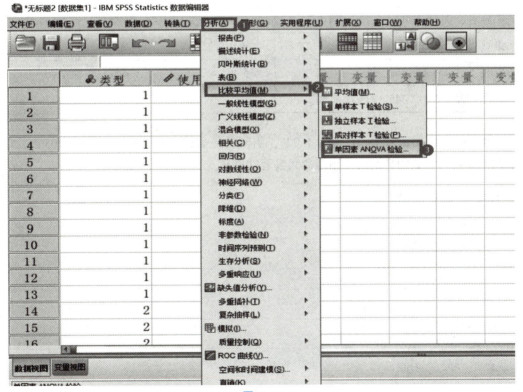

图 2-81

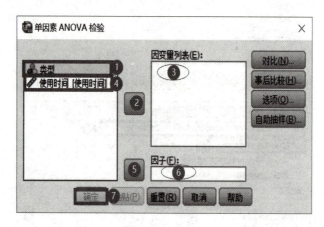

图 2 – 82

三、运行结果

方差分析见表 2 – 14。

表 2 – 14

类别	使用时间				
	平方和	自由度	均方	F	显著性
组间	80 937.976	3	26 979.325	4.906	0.005
组内	258 474.769	47	5 499.463	—	—
总计	339 412.745	50	—	—	—

由表 2 – 14 可以看出，F 值为 4.906，组间的显著性为 0.005，远小于 0.05。可以看出这 4 种灯丝做的灯泡的使用寿命无显著性差异。

◇ 任务反馈及评价

一、个人学习总结

二、学习活动综合评价

自我评价			小组评价			教师评价		
8~10分	6~7分	1~5分	8~10分	6~7分	1~5分	8~10分	6~7分	1~5分

任务 2.9 时间序列分析

◇ **任务描述**

表 2-15 所示为某品牌口香糖在某县的销售情况汇总，请预测其未来一年的销量。

表 2-15   万元

年份	2016	2017	2018	2019
一月	28.97	42.57	52.12	44.52
二月	39.02	93.91	48.04	44.19
三月	186.66	155.75	139.01	119.47
四月	135.34	242.23	205.01	116.12
五月	299.99	387.92	284.67	
六月	263.10	377.05	326.68	
七月	506.03	450.70	234.59	
八月	391.82	431.37	231.09	
九月	275.66	299.39	205.82	
十月	137.14	108.38	77.03	
十一月	85.27	70.83	62.49	
十二月	49.96	35.84	42.59	

◇ **支撑知识**

时间序列分析主要用于处理时间序列数据或进行趋势分析，其目的是通过建模产生可观察时间序列的随机机制,并基于该序列以及其他相关序列的历史趋势,预测类似条件下的未来数据。

目前,时间序列分析已被广泛应用于模式识别、计量经济学、金融学、天气预报等应用科学与工程学领域。

◇任务实施

一、任务分析

针对具有随时间变化而变化,存在季节性变化的数据,可以使用时间序列分析进行预测。

二、任务实施

(1)将数据复制粘贴为 Excel 文件,将"2016""2017""2018""2019"各栏中的数据一次性剪切至第一列下方,具体操作流程如图 2-83 所示。

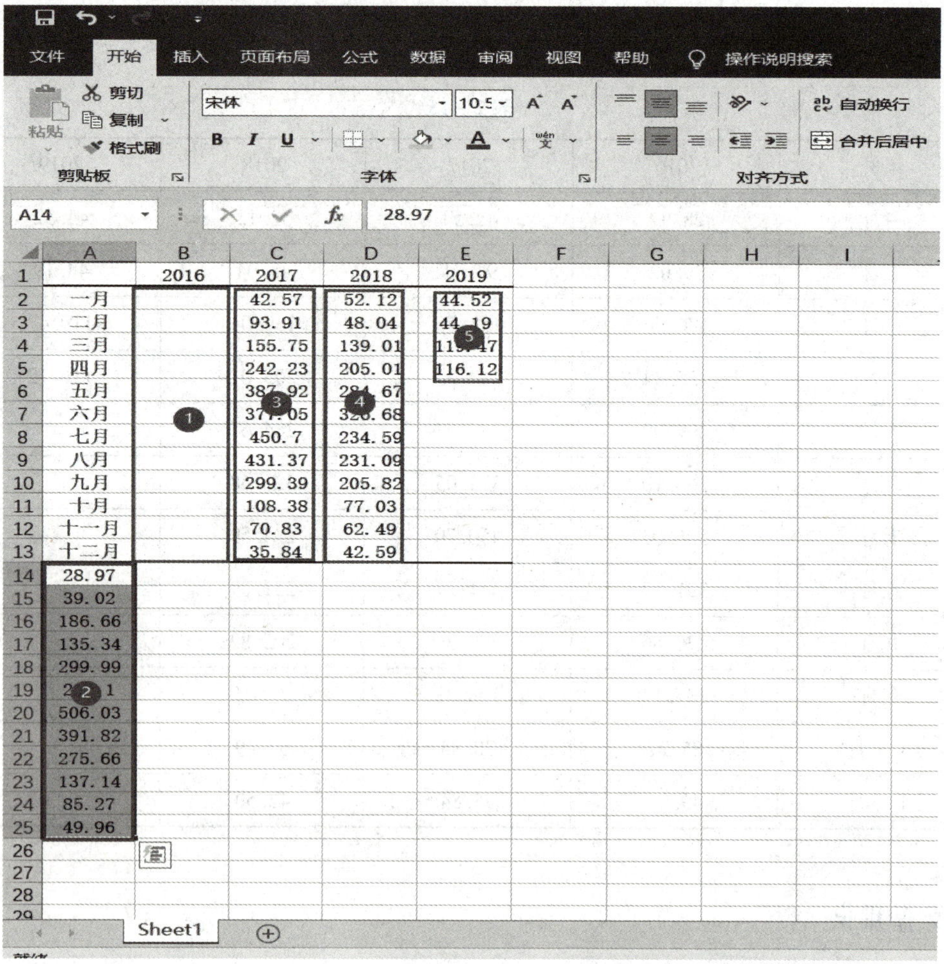

图 2-83

（2）选中多余部分，单击鼠标右键，选择"删除"选项，删除以上多余的数据。具体删除内容如图 2-84 所示。

图 2-84

（3）数据处理完毕之后单击"保存"按钮，具体操作流程如图 2-85 所示。

（4）进入保存界面之后选择"另存为"→"浏览"选项。此处的浏览表示保存的路径，具体操作流程如图 2-86 所示。

（5）在"另存为"对话框左侧找到保存位置，在"文件名"框中输入文件名，选择保存类型，单击"保存"按钮，具体操作流程如图 2-87 所示。

（6）将 Excel 文件导入 SPSS 数据集。选择"文件"→"导入数据"→"Excel"选项，具体操作流程如图 2-88 所示。

（7）在"打开数据"对话框中，在"查找位置"下拉列表中找到文件位置，选中文件，选择文件类型，单击"打开"按钮，具体操作流程如图 2-89 所示。

（8）在"读取 Excel 文件"对话框中选择工作表，勾选"确定数据类型值的百分比""忽略隐藏的行和列"复选框，单击"确定"按钮，具体操作流程如图 2-90 所示。

■ 高职数学建模项目教程

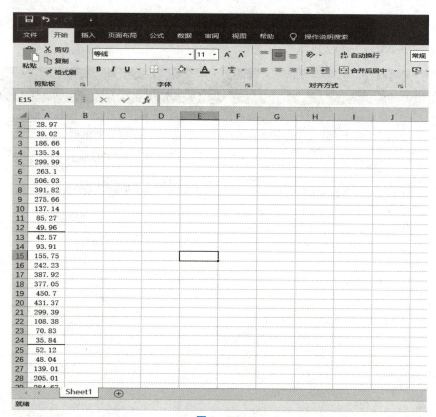

图 2-85

图 2-86

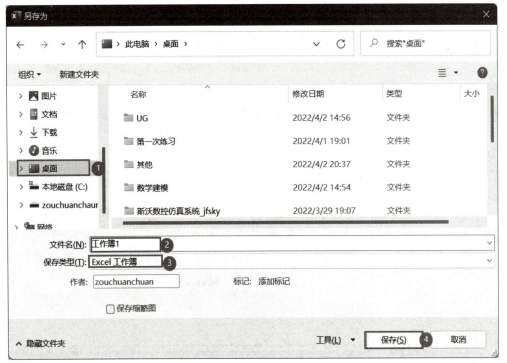

图 2-87

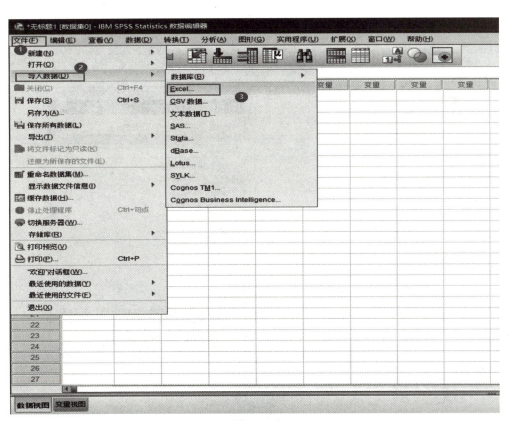

图 2-88

■ 高职数学建模项目教程

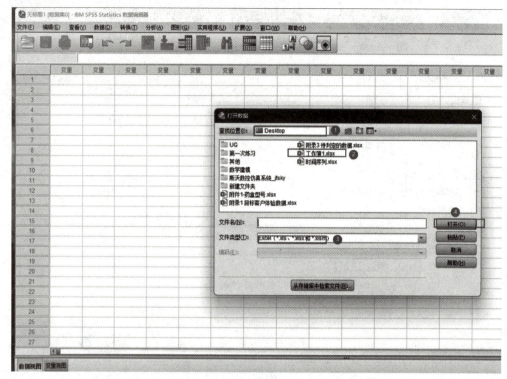

图 2–89

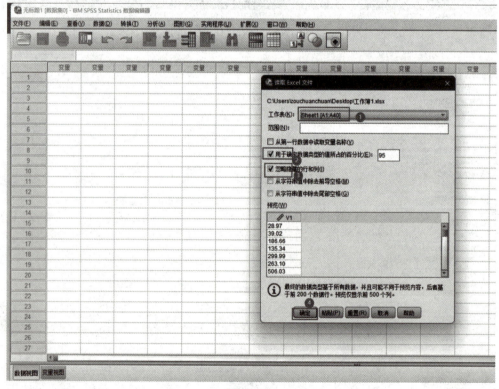

图 2–90

(9) 在数据编辑窗口中选择"数据"→"定义日期和时间"选项,具体操作流程如图 2-91 所示。

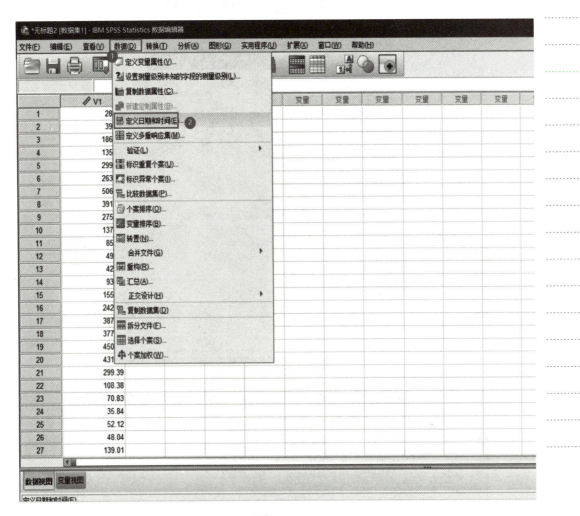

图 2-91

(10) 选择"年、月"选项,更改"年"为"2016",更改"月"为"1",单击"确定"按钮,具体操作流程如图 2-92 所示。

(11) 在数据编辑窗口中选择"分析"→"时间序列预测"→"创建传统模型"选项,具体操作流程如图 2-93 所示。

(12) 打开"时间序列建模器"对话框,在"变量"框中选择"V1"放入右边"因变量"框,单击"保存"选项卡,具体操作流程如图 2-94 所示。

(13) 勾选"预测值""置信区间下限""置信区间上限"选项,再单击"选项"选项卡,设置评估日期为 2020 年 4 月,单击"确定"按钮,具体操作流程如图 2-95、图 2-96 所示。

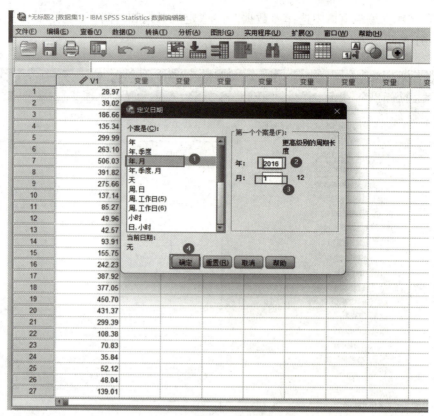

图 2－92

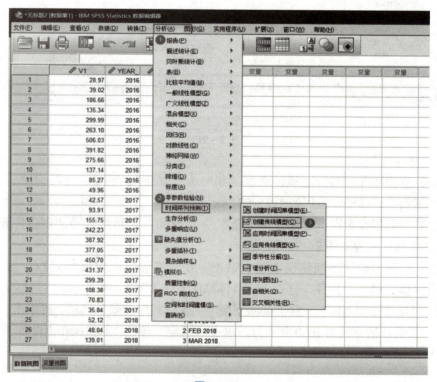

图 2－93

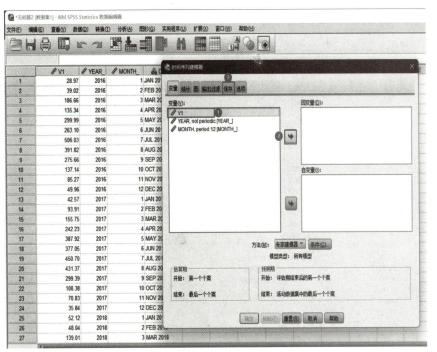

图 2-94

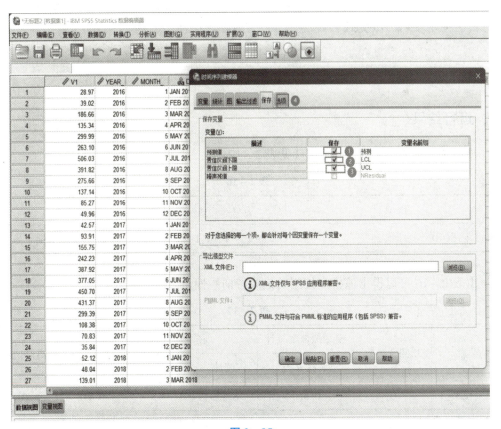

图 2-95

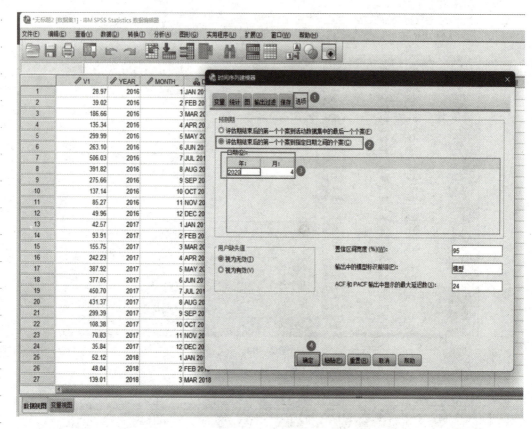

图 2-96

三、运行结果

模型描述见表 2-16，模型统计见表 2-17。

表 2-16

模型		模型类型
模型 ID	V1	模型_1	温特斯乘性

由表 2-16 可以得出该模型使用的是温特斯乘性。

表 2-17

模型	预测变量数	模型拟合度统计	杨-博克斯 Q（18）			离群值数
		平稳 R 方	统计	DF	显著性	
V1-模型_1	0	0.554	8.139	15	0.918	0

由表 2-17 可以得知，平稳 R 方为 0.554，该模型拟合较乐观，显著性为 0.918，该模型存在显著性差异。

由图 2-97 可知，红色线部分为实测数据，蓝色线部分为预测数据。

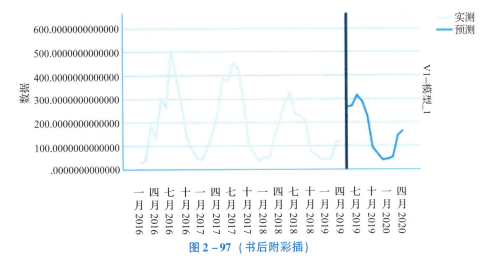

图 2-97（书后附彩插）

图 2-98 所示为 SPSS 预测未来一年每个月的销售额、置信区间下限 LCL 及置信区间上限 UCL。

YEAR_	MONTH_	DATE_	预测_V1_模型_1	LCL_V1_模型_1	UCL_V1_模型_1
2019	4	APR 2019	165.9885325	77.64730662	254.3297584
2019	5	MAY 2019	265.3206161	176.9793902	353.6618420
2019	6	JUN 2019	270.1329041	180.9900985	359.2757096
2019	7	JUL 2019	316.0709019	224.3046375	407.8371664
2019	8	AUG 2019	288.1568818	193.9074803	382.4062833
2019	9	SEP 2019	224.0933468	129.3521191	318.8345745
2019	10	OCT 2019	93.43059609	3.191438057	183.6697541
2019	11	NOV 2019	66.90331219	-23.2753149	157.0819393
2019	12	DEC 2019	40.88692249	-48.8118929	130.5927379
2020	1	JAN 2020	44.34524463	-47.4473766	136.1378658
2020	2	FEB 2020	52.25331243	-44.8722638	149.3788887
2020	3	MAR 2020	145.3763562	-24.6838286	315.4365510
2020	4	APR 2020	165.4883840	-55.7694744	386.7462423

图 2-98

时间序列预测得出该品牌口香糖在该县未来一年的销量见表 2-18。

表 2-18　　　　　　　　　　　　　　　　　　　　万元

2019 年				2020 年	
五月	265.321	九月	224.093	一月	44.345 2
六月	270.133	十月	93.430 6	二月	52.253 3
七月	316.071	十一月	66.903 3	三月	145.376
八月	288.157	十二月	40.886 9	四月	165.488

◇ **任务反馈及评价**

一、个人学习总结

二、学习活动综合评价

自我评价			小组评价			教师评价		
8~10分	6~7分	1~5分	8~10分	6~7分	1~5分	8~10分	6~7分	1~5分

任务 2.10　分类算法

◇ **任务描述**

为了研究 1991 年中国城镇居民月平均收入状况，按标准化欧氏平方距离、离差平方和聚类方法将 30 个省、市、自治区分为 3 种收入类型。试建立判别函数，判定广东、西藏分别属于哪个收入类型？观测数据见表 2-19。

表 2-19　　　　　　　　　　　　　　　　　　　　　元

分类	地名	X1	X2	X3	X4	X5	X6	X7	X8	X9
1	北京	170.03	110.2	59.76	8.38	4.49	26.80	16.44	11.90	0.41
1	天津	141.55	82.58	50.98	13.40	9.33	21.30	12.36	9.21	1.05
1	河北	119.40	83.33	53.39	11.00	7.52	17.30	11.79	12.00	0.70
1	上海	194.53	107.8	60.24	15.60	8.88	31.00	21.01	11.80	0.16

续表

分类	地名	X1	X2	X3	X4	X5	X6	X7	X8	X9
1	山东	130.46	86.21	52.30	15.90	10.50	20.61	12.14	9.61	0.47
1	湖北	119.29	85.41	53.02	13.10	8.44	13.87	16.47	8.38	0.51
1	广西	134.46	98.61	48.18	8.90	4.34	21.49	26.12	13.60	4.56
1	海南	143.79	99.97	45.60	6.30	1.56	18.67	29.49	11.80	3.82
1	四川	128.05	74.96	50.13	13.90	9.62	16.14	10.18	14.50	1.21
1	云南	127.41	93.54	50.57	10.50	5.87	19.41	21.20	12.60	0.90
1	新疆	122.96	101.4	69.70	6.30	3.86	11.30	18.96	5.62	4.62
2	山西	102.49	71.72	47.72	9.42	6.96	13.12	7.90	6.66	0.61
2	内蒙古	106.14	76.27	46.19	9.65	6.27	9.66	20.10	6.97	0.96
2	吉林	104.93	72.99	44.60	13.70	9.01	9.44	20.61	6.65	1.68
2	黑龙江	103.34	62.99	42.95	11.10	7.41	8.34	10.19	6.45	2.68
2	江西	98.09	69.45	43.04	11.40	7.95	10.59	16.50	7.69	1.08
2	河南	104.12	72.23	47.31	9.48	6.43	13.14	10.43	8.30	1.11
2	贵州	108.49	80.79	47.52	6.06	3.42	13.69	16.53	8.37	2.85
2	陕西	113.99	75.60	50.88	5.21	3.86	12.94	9.49	6.77	1.27
2	甘肃	114.06	84.31	52.78	7.81	5.44	10.82	16.43	3.79	1.19
2	青海	108.80	80.41	50.45	7.27	4.07	8.37	18.98	5.95	0.83
2	宁夏	115.96	88.21	51.85	8.81	5.63	13.95	22.65	4.75	0.97
3	辽宁	128.46	68.91	43.41	22.40	15.30	13.88	12.42	9.01	1.41
3	江苏	135.24	73.18	44.54	23.90	15.20	22.38	9.66	13.90	1.19
3	浙江	162.53	80.11	45.99	24.30	13.90	29.54	10.90	13.00	3.47
3	安徽	111.77	71.07	43.64	19.40	12.50	16.68	9.70	7.02	0.63
3	福建	139.09	79.09	44.19	18.50	10.50	20.23	16.47	7.67	3.08
3	湖南	124.00	84.66	44.05	13.50	7.47	19.11	20.49	10.30	1.76
3	广东	211.30	114.0	41.44	33.20	11.20	48.72	30.77	14.90	11.10
3	西藏	175.93	163.8	57.89	4.22	3.37	17.81	82.32	15.70	0.00

◇ 支撑知识

分类算法：决策树。

一、决策树（分析—分类—决策树）

"决策树"过程创建基于树的分类模型。它将个案分为若干组，或根据自变量（预测变量）的值预测因变量（目标变量）的值。此过程为探索性和证实性分类分析提供验证工具。

（1）分段。确定可能成为特定组成员的人员。

（2）层次。将个案指定为几个类别之一，如高风险组、中等风险组和低风险组。

（3）预测。创建规则并使用它们预测将来的事件，如某人将拖欠贷款或者车辆或住宅具有潜在转售价值的可能性。

（4）数据降维和变量筛选。从大的变量集中选择有用的预测变量子集，用于构建正式的参数模型。

（5）交互确定。确定仅与特定子组有关的关系，并在正式的参数模型中指定这些关系。

（6）类别合并和连续变量离散化。以最小的损失信息对组预测类别和连续变量进行重新码。

（7）示例。一家银行希望根据贷款申请人是否表现出合理的信用风险来对申请人进行分类。根据各种因素（包括过去客户的已知信用等级），可以构建模型以预测客户将来是否可能拖欠贷款。

二、增长方法（分析—分类—决策树）

（1）CHAID。CHAID 即卡方自动交互检测。在每一步，CHAID 选择与因变量有最强交互作用的自变量（预测变量）。如果每个预测变量的类别与因变量并非显著不同，则合并这些类别。

（2）穷举 CHAID。穷举 CHAID 是 CHAID 的一种修改版本，其检查每个预测变量所有可能的拆分。

（3）CRT。CRT 即分类和回归树。CRT 将数据拆分为若干尽可能与因变量同质的段。所有个案中因变量值都相同的终端节点是同质的"纯"节点。

（4）QUEST。QUEST 即快速、无偏、有效的统计树。它是一种快速方法，可避免其他方法对具有许多类别的预测变量的偏倚。只有在因变量是名义变量时才能指定QUEST。

三、验证（分析—分类—决策树—验证）

（一）交叉验证

交叉验证将样本分割为许多子样本（或样本群），然后生成树模型，并依次排除每个子样本中的数据。第一个树基于第一个样本群的个案之外的所有个案，第二个树基于第二个样本群的个案之外的所有个案，依此类推。对于每个树，估计其误分类风险的方法是将树应用于生成它时所排除的子样本。

（1）最多可以指定 25 个样本群。该值越大，每个树模型中排除的个案数就越少。

（2）交叉验证生成单个最终树模型。最终树经过交叉验证的风险估计计算所有树的风险的平均值。

（二）分割样本验证

对于分割样本验证，模型是使用训练样本生成的，并在延续样本上进行测试。

（1）可以指定训练样本大小（表示为样本总大小的百分比），或将样本分割为训练样本和测试样本的变量。

（2）如果使用变量定义训练样本和测试样本，则将变量值为 1 的个案指定给训练样本，并将所有其他个案指定给测试样本。该变量不能是因变量、权重变量、影响变量或强制的自变量。

（3）可以同时显示训练样本和测试样本的结果，或者仅显示测试样本的结果。

（4）对于小的数据文件（个案数很少的数据文件），应该谨慎使用分割样本验证。训练样本很小可能导致很差的模型，因为在某些类别中，可能没有足够的个案使树充分生长。

四、判别式

（一）定义

判别分析又称为"分辨法"，是在分类确定的条件下，根据某一研究对象的各种特征值判别其类型归属问题的一种多变量统计分析方法。

（二）判别分析的一般形式

$y = a_1 x_1 + a_2 x_2 + \cdots + a_n x_n$（$a_1$ 为系数，x_n 为变量）。事先非常明确共有几个类别，目的是从已知样本中训练出判别函数。

（三）前提假设（类似多重回归分析）

（1）各自变量为连续性或有序分类变量；

（2）自变量和因变量符合线性假设；

（3）各组的协方差矩阵相等，类似方差分析中的方差齐性；

（4）变量间独立，无共线性。

注：违反条件影响也不大，主要看预测是否准确，若预测准确则违反条件也无所谓。

（四）用途

（1）对客户进行信用预测；

（2）寻找潜在客户等。

（五）判别分析常用判别方法

1. 最大似然法

最大似然法适用于自变量均为分类变量的情况，算出这些情况的概率组合，基于这些组合大小进行判别。

2. 距离判别法

距离判别对新样品求出它们离各个类别重心的距离，适用于自变量均为连续变量的情况，对变量分布类型无严格要求。

3. Fisher 判别法

Fisher 判别法与主成分分析有关，对分布、方差等没有限制，按照类别与类别差异最大原则提取公因子然后使用公因子判别。

4. 贝叶斯判别法

贝叶斯判别法的强项是进行多类判别，要求总体呈多元正态分布。它是利用贝叶斯公式和概率分布逻辑衍生出来的一种判别方法，它计算样本落入类别的概率，概率最大就被归为一类。

在 SPSS 中一般用 Fisher 判别法即可，在需要考虑概率及误判损失最小时使用贝叶斯判别法，但变量较多时，一般先进行逐步判别筛选出有统计意义的变量，但通常在判别分析前已经做了相关的预分析，所以不推荐使用逐步判别分析（采用步进法让自变量逐个尝试进入函数式，如果进入函数式的自变量符合条件，则保留在函数式中，否则，从函数式中剔除）。

五、最近邻元素

（一）最近邻元素分析（分析—分类—最近邻元素）

1. 概念

根据个案的相似性对个案进行分类。类似个案相互靠近，而不同个案相互远离。因此，通过两个个案之间的距离可以测量它们的相似性。相互靠近的个案称为"邻元素。"当出现新个案（保持）时，将计算它与模型中每个个案的距离。计算得出最相似个案最近邻元素的分类，并将新个案放入包含最多最近邻元素的类别中。

2. 变量（分析—分类—最近邻元素—变量）

1）目标（可选）

如果未指定目标（因变量或响应），则过程仅查找 k 个最近邻元素，而不会执行任何分类或预测。

2）标准化特征

标准化特征具有相同的值范围，这可改进估计算法的性能。要使用经调整的标准化值 $[2*(xmin)/(max\ min)]$。

调整后的标准化值介于 -1 和 1 之间。

3）焦点个案标识（可选）

它可以标记感兴趣的个案。例如，研究员希望确定学区的测验分数是否与类似学区的测验分数相当。可以使用最近邻元素分析来查找在给定特征组方面最相似的学区。然后，将焦点学区的测验分数与最近邻学区的测验分数进行比较。

4）个案标签（可选）

在特征空间图表、对等图表和象限图中使用这些值来标记个案。

3. 相邻元素（分析—分类—最近邻元素—相邻元素）

1）最近邻元素的数目（k）

指定最近邻元素的数目。注意，使用大量的最近邻元素不一定得到更准确的模型。

2）距离计算

它用于指定在测量个案相似性中使用的距离度规。

（1）Euclidean 度规。两个个案 x 和 y 之间的距离，为个案值之间的平方差在所有维度上和的平方根。

（2）城市街区度规。两个个案之间的距离是个案值之间绝对差在所有维度上的和，又称为 Manhattan 距离。

4. 特征（分析—分类—最近邻元素—特征）

如果在"变量"选项卡中指定了目标，使用"特征"选项卡可以为特征选择请求或指定选项。在默认情况下，特征选择会考虑所有特征，但可以选择特征子集以强制纳入模型。

中止准则如下。在每一步上，如果添加特征可以使误差最小（计算为分类目标的误差率和刻度目标的平方和误差），则考虑将其纳入模型。继续向前选择，直到满足指定的条件。

（1）指定的特征数目。除了那些强制纳入模型的特征外，算法还会添加固定数目的特征。指定一个正整数时，减少所选择的数目值可以创建更简约的模型，但存在缺失重要特征的风险；增加所选择的数目值可以涵盖所有重要特征，但存在因特征添加而增加模型误差的风险。

（2）绝对误差比率的最小变化。当绝对误差比率变化表明无法通过添加更多特征来进一步改进模型时，算法会停止。指定一个正数时，减小最小变化值将倾向于包含更多特征，但存在包含对模型价值不大的特征的风险；增大最小变化值将倾向于排除更多特征，但存在丢失对模型较重要的特征的风险。最小变化的"最佳"值取决于数据和具体应用。参见输出中的"特征选择误差日志"，它有助于评估哪些特征最重要。

5. 分区（分析—分类—最近邻元素—分区）

使用"分区"选项卡可以将数据集划分为训练和坚持集，并在适当时候将个案分配给交叉验证折。

1）训练和坚持分区

此组指定将活动数据集划分为训练样本或坚持样本的方法。训练样本包含用于训练最近邻元素模型的数据记录。数据集中的某些个案百分比必须分配给训练样本以获得一个模型。坚持样本是用于评估最终模型的独立数据记录。坚持样本的误差给出一个模型预测能力的"真实"估计值，因为坚持个案不用于构建模型。

（1）随机分配个案到分区。指定分配给训练样本的个案百分比。其余的分配给坚持样本。

（2）使用变量分配个案。指定一个将活动数据集中的每个个案分配到训练样本或坚持样本中的数值变量。变量为正值的个案被分配到训练样本中，值为 0 或负值的个案被分配到坚持样本中。具有系统缺失值的个案会从分析中被排除。分区变量的任何用户缺失值始终视为有效。

2）交叉验证折

V 折交叉验证用于确定"最佳"最近邻元素数目。因性能原因，它无法与特征选择结合使用。交叉验证将样本划分为许多子样本或折，然后生成最近邻元素模型，并依次排除每个子样本中的数据。第一个模型基于第一个样本折的个案之外的所有个案，第二个模型基于第二个样本折的个案之外的所有个案，依此类推。对于每个模型，估计其错误的方法是将模型应用于生成它时所排除的子样本。"最佳"最近邻元素数目为在折中产生最小误差的数量。

（1）随机分配个案到折。指定应当用于交叉验证的折数。该过程将个案随机分配到折，从 1 编号到 V（折数）。

（2）使用变量分配个案。指定一个将活动数据集中的每个个案分配到折中的数值变量。变量必须为数值，其值为从 1 到 V 的数字。如果此范围中的任何值缺失，且位于任何拆分文件中（如果拆分文件有效），将导致误差。

3）为 Mersenne 扭曲器设置种子

设置种子允许复制分析。使用此控件类似于将 Mersenne 扭曲器设为活动生成器并在"随机数生成器"对话框中指定固定起始点。两者的重大差别在于在此对话框中设置种子会保留随机数生成器的当前状态并在分析完成后恢复该状态。

（二）结果说明（运行后的结果解释）

1. 模型视图

在"输出"选项卡中选择图表和表时，过程会在查看器中创建"最近邻元素模型"对象。激活（双击）该对象，可获得模型的交互式视图。此模型视图有 2 个面板窗口：①第一个面板显示模型概览，称为主视图；②第二个面板显示两种视图类型之一。

2. 特征空间

"特征空间"图是有关特征空间（如果存在 3 个以上特征，则为子空间）的交互式图形。每条轴代表模型中的某个特征，图中的点位置显示个案的这些特征在培训和坚持分区中的值。

3. 变量重要性

通常，需要将建模工作专注于最重要的变量，并考虑删除或忽略那些最不重要的变量。变量重要性图表可以在模型估计中指示每个变量的相对重要性，从而帮助用户实现这一点。由于它们是相对值，因此显示的所有变量值的总和为 1.0。变量重要性与模型精度无关，只与每个变量在预测中的重要性有关，而不涉及预测是否精确。

4. 对等

该图显示焦点个案及其在每个特征和目标上 k 个最近邻元素。它仅在"特征空间"图表中选择了焦点个案时可用。

5. 最近邻元素距离

该表只显示焦点个案的 k 个最近邻元素与距离。它仅当在"变量"选项卡中指定了焦点个案标识符时可用,且仅显示由此变量标识的焦点个案。

6. 象限图

该图显示焦点个案及其在散点图(点图,取决于目标的测量级别)上 k 个最近邻元素。目标在 y 轴上,刻度特征在 x 轴上,按特征划分面板。它仅当存在目标,且在"特征空间"图表中选择了焦点个案时可用。

7. 特征选择误差日志

对于该图上的点,其 y 轴值为模型的误差(误差率或平方和误差,取决于目标的测量级别),x 轴上列出模型的特征(加上 x 轴左侧的所有特征)。该图表仅当存在目标,且特征选择有效时可用。

8. k 选择误差日志

对于该图上的点,其 y 轴值为模型的误差(误差率或平方和误差,取决于目标的测量级别),x 轴上为最近邻元素数目(k)。该图仅当存在目标,且 k 选择有效时可用。

9. 分类表

该表显示按分区对目标观察与预测值的交叉分类。它仅当存在分类目标时可用。坚持分区中的(缺失)行包含在目标上具有缺失值的坚持个案。这些个案对"坚持样本:整体百分比"有贡献,但对"正确百分比"无影响。

◇ 任务实施

一、任务分析

分类分析是在已有分类的基础上对新的记录进行分类的一种分析方法。

二、任务实施步骤

(1)将数据复制粘贴到 Excel 表格中,单击左上角的"保存"按钮(①为显示结果,②为"保存"按钮),具体操作流程如图 2-99 所示。

(2)将复制过来的数据保存到桌面。选择"另存为"→"浏览"选项,选择保存路径为"桌面",最后单击"保存"按钮,具体操作流程如图 2-100 所示。

(3)*此数据在任务 2.11 中会使用到,请注意保存。在 SPPS 界面选择"文件"→"导入数据"→"Excel"选项,具体操作流程如图 2-101 所示。

(4)在"打开数据"对话框的"查找位置"下拉列表中选择"桌面"选项,选择"工作簿 1.xlsx"文件,再单击右下角的"打开"按钮,具体操作流程如图 2-102 所示。

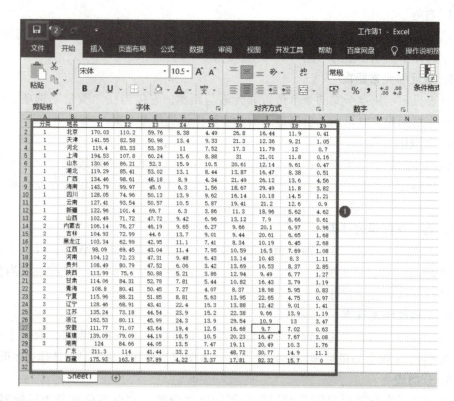

图 2-99

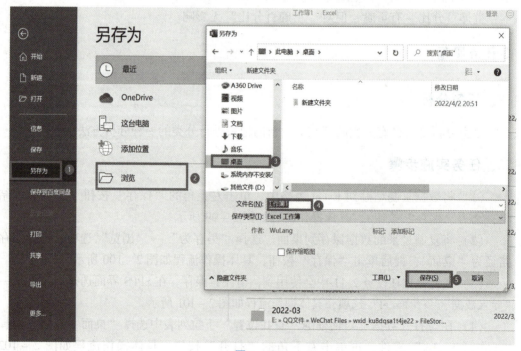

图 2-100

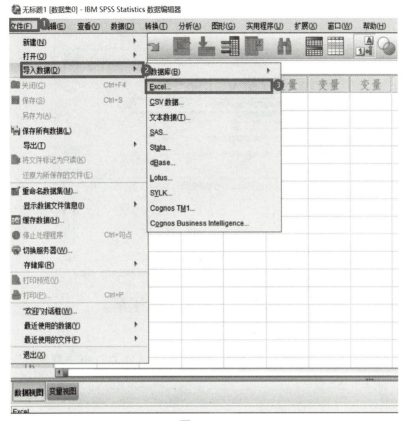

图 2–101

图 2–102

（5）打开"读取 Excel 文件"对话框，勾选"从第一行数据中读取变量名称""用于确定数据类型的值所占的百分比""忽略隐藏藏得行和列"3 个复选框，单击"确定"按钮，具体操作流程如图 2–103 所示。

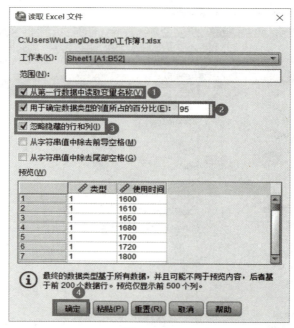

图 2-103

（6）在 SPSS 界面的工具栏中选择"分析"→"分类"→"判别式"选项，具体操作流程如图 2-104 所示。

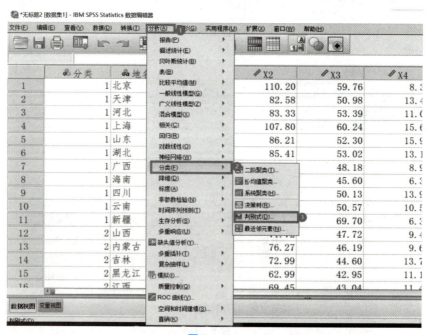

图 2-104

（7）打开"判别分析"对话框，将"分类"选入"分组变量"框，连续选中"X1"~"X9"并选入"自变量"框，再单击右侧的"保存"按钮，具体操作流程如图 2-105 所示。

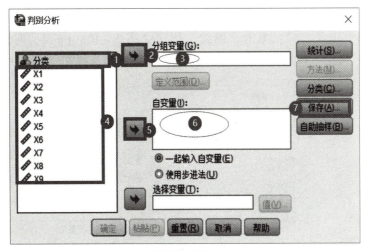

图 2-105

（8）在"判别分析：保存"对话框中勾选"预测组成员"复选框，单击"继续"按钮，具体操作流程如图 2-106 所示。

图 2-106

（9）回到"判别分析"对话框，单击中间的"定义范围"按钮，具体操作流程如图 2-107 所示。

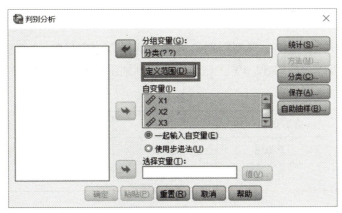

图 2-107

(10) 在"判别分析：定义范围"对话框中，在"最小值"框中输入"1"，在"最大值"框中输入"8"，单击"继续"按钮［图2–108（a）］，回到"判别分析"对话框单击"确定"按钮［图2–108（b）］，具体操作流程如图2–108所示。

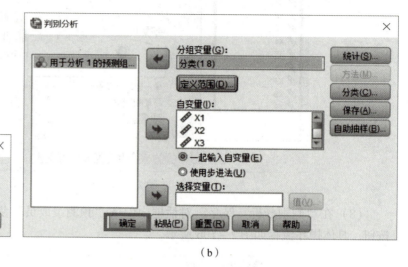

（a） （b）

图2–108

三、运行结果

特征值见表2–20，威尔克Lambda见表2–21，标准化典型判别函数系数见表2–22，组的先验概率见表2–23。

表2–20

典型判别函数	特征值	方差百分比/%	累积百分比	典型相关性
1	5.082[a]	60.7	60.7	0.914
2	3.296[a]	39.3	100.0	0.876

a. 在分析中使用了前两个典则判别函数。

由表2–20可以看出，典型判别函数1能解释方差变异的60.7%，而典型判别函数2只能解释方差差异的39.3%，这说明典型判别函数1大体解释了所有方差变异。

表2–21

函数检验	威尔克Lambda	卡方	自由度	显著性
1 直至 2	0.038	68.523	18	0.000
2	0.233	30.611	8	0.000

由表2–21可以看出，两个变量的显著性均为0.000，因此无显著性。

表 2－22

变量	典型判别函数	
	1	2
X1	－0. 515	0. 214
X2	3. 381	1. 050
X3	－1. 109	0. 244
X4	2. 446	－3. 031
X5	－0. 834	3. 313
X6	－1. 227	－0. 456
X7	－1. 817	0. 186
X8	0. 363	1. 004
X9	0. 474	0. 079

根据典则判别函数系数可以得到以下函数式。

函数式 1 ＝－0. 515＋3. 381－1. 109＋2. 446－0. 834－1. 227－1. 817＋0. 363＋0. 474
＝1. 162

函数式 2 ＝0. 214＋1. 050＋0. 224－3. 031＋3. 313－0. 456＋0. 186＋1. 004＋0. 079
＝2. 603

表 2－23

分类	先验概率	在分析中使用的个案	
		未加权	加权
1	0. 333	11	11. 000
2	0. 333	11	11. 000
3	0. 333	6	6. 000
总计	1. 000	28	28. 000

由表 2－23 的“先验概率”一列可以看出使用了等概率分类，故各分类的先验概率均为 1/3。

由判别分析得出广东属于第 3 类，西藏属于第 1 类，如图 2－109 所示。

24	3	江苏	135.240	73.18	44.54	23.90	15.20	22.380	9.661	13.90	1.19	3
25	3	浙江	162.530	80.11	45.99	24.30	13.90	29.540	10.900	13.00	3.47	3
26	3	安徽	111.770	71.07	43.64	19.40	12.50	16.680	9.698	7.02	.63	3
27	3	福建	139.090	79.09	44.19	18.50	10.50	20.230	16.470	7.67	3.08	3
28	3	湖南	124.000	84.66	44.05	13.50	7.47	19.110	20.490	10.30	1.76	3
29	.	广东	211.300	114.00	41.44	33.20	11.20	48.720	30.770	14.90	11.10	3
30		西藏	175.930	163.80	57.89	4.22	3.37	17.810	82.320	15.70	.00	1

图 2－109

◇ 任务反馈及评价

一、个人学习总结

_____
_____
_____
_____
_____
_____
_____

二、学习活动综合评价

自我评价			小组评价			教师评价		
8~10分	6~7分	1~5分	8~10分	6~7分	1~5分	8~10分	6~7分	1~5分

任务2.11 聚类算法

◇ 任务描述

为了研究1991年中国城镇居民月平均收入状况,请使用合理的分类方法将30个省、市、自治区分为4种收入类型。观测数据见表2-24。

表2-24　　　　　　　　　　　　　　　　　　　　　　　　元

地名	X1	X2	X3	X4	X5	X6	X7	X8	X9
北京	170.03	110.20	59.76	8.38	4.49	26.80	16.44	11.90	0.41
天津	141.55	82.58	50.98	13.40	9.33	21.30	12.36	9.21	1.05
河北	119.40	83.33	53.39	11.00	7.52	17.30	11.79	12.00	0.70
上海	194.53	107.80	60.24	15.60	8.88	31.00	21.01	11.80	0.16
山东	130.46	86.21	52.30	15.90	10.50	20.61	12.14	9.61	0.47

续表

地名	X1	X2	X3	X4	X5	X6	X7	X8	X9
湖北	119.29	85.41	53.02	13.10	8.44	13.87	16.47	8.38	0.51
广西	134.46	98.61	48.18	8.90	4.34	21.49	26.12	13.60	4.56
海南	143.79	99.97	45.60	6.30	1.56	18.67	29.49	11.80	3.82
四川	128.05	74.96	50.13	13.90	9.62	16.14	10.18	14.50	1.21
云南	127.41	93.54	50.57	10.50	5.87	19.41	21.20	12.60	0.90
新疆	122.96	101.40	69.70	6.30	3.86	11.30	18.96	5.62	4.62
山西	102.49	71.72	47.72	9.42	6.96	13.12	7.90	6.66	0.61
内蒙古	106.14	76.27	46.19	9.65	6.27	9.66	20.10	6.97	0.96
吉林	104.93	72.99	44.60	13.70	9.01	9.44	20.61	6.65	1.68
黑龙江	103.34	62.99	42.95	11.10	7.41	8.34	10.19	6.45	2.68
江西	98.09	69.45	43.04	11.40	7.95	10.59	16.50	7.69	1.08
河南	104.12	72.23	47.31	9.48	6.43	13.14	10.43	8.30	1.11
贵州	108.49	80.79	47.52	6.06	3.42	13.69	16.53	8.37	2.85
陕西	113.99	75.60	50.88	5.21	3.86	12.94	9.49	6.77	1.27
甘肃	114.06	84.31	52.78	7.81	5.44	10.82	16.43	3.79	1.19
青海	108.80	80.41	50.45	7.27	4.07	8.37	18.98	5.95	0.83
宁夏	115.96	88.21	51.85	8.81	5.63	13.95	22.65	4.75	0.97
辽宁	128.46	68.91	43.41	22.40	15.30	13.88	12.42	9.01	1.41
江苏	135.24	73.18	44.54	23.90	15.20	22.38	9.66	13.90	1.19
浙江	162.53	80.11	45.99	24.30	13.90	29.54	10.90	13.00	3.47
安徽	111.77	71.07	43.64	19.40	12.50	16.68	9.70	7.02	0.63
福建	139.09	79.09	44.19	18.50	10.50	20.23	16.47	7.67	3.08
湖南	124.00	84.66	44.05	13.50	7.47	19.11	20.49	10.30	1.76
广东	211.30	114.00	41.44	33.20	11.20	48.72	30.77	14.90	11.10
西藏	175.93	163.80	57.89	4.22	3.37	17.81	82.32	15.70	0.00

◇ **支撑知识**

聚类算法介绍如下。

一、两阶聚类

两阶聚类算法的特点如下。

（1）用于聚类的变量可以是连续变量，也可以是离散变量。不需要在聚类之前对离散变量进行连续化。

（2）相比其他聚类算法，两阶聚类算法占用内存资源少，对大数据处理快。

（3）真正利用统计量作为距离指标进行聚类，根据一定的统计标准自动确定最佳的类别数，结果更有保障。

两阶聚类算法的步骤如下。

（1）预聚类，即对案例进行初步归类，也允许最大类别数由使用者决定。

（2）正式聚类，对步骤（1）的出局类别再进行聚类，并确定最终的聚类方案，并根据一定的统计标准确定聚类的类别数量。

二、k-均值聚类

（一）k-均值聚类

k-均值聚类是聚类算法中最常用的一种，该算法最大的特点是简单、好理解、运算速度快、可人为指定初始位置，适用于大样本聚类分析。

其缺点为：只能对样本聚类，不能对变量聚类；参数（聚类个数）需要提前指定，变量之间相关性都不高，只能应用于连续型的数据。

k-均值聚类算法的过程如下。为了尽量不用数学符号，所以描述得不是很严谨，其过程可描述为"物以类聚、人以群分"。

（1）输入 k 的值，即希望将数据集经过聚类得到 k 个分组。

（2）从数据集中随机选择 k 个数据点作为初始"大哥"（质心，Centroid）。

（3）对集合中的每一个"小弟"，计算它与每一个"大哥"的距离（距离的含义后面会讲），离哪个"大哥"距离近，就跟定哪个"大哥"。

（4）这时每一个"大哥"手下都聚集了若干"小弟"，召开会议，每一群选出新的"大哥"（其实是通过算法选出新的质心）。

（5）如果新"大哥"和老"大哥"之间的距离小于某一个设置的阈值（表示重新计算的质心的位置变化不大，趋于稳定，或者说收敛），可以认为所进行的聚类已经达到期望的结果，算法终止。

（6）如果新"大哥"和老"大哥"距离变化很大，需要迭代步骤（3）～（5）。

（二）系统聚类

系统聚类常称为层次聚类、分层聚类，它也是聚类分析中使用广泛的一种方法。它有两种类型，一种是对研究对象的本身进行分类，称为 Q 型聚类；另一种是对研究对象的观察指标进行分类，称为 R 型聚类。同时根据聚类过程的不同，系统聚类算法又分为分解法和凝聚法。

系统聚类算法的特点如下。

（1）样本和变量都可以聚类，变量可以为连续或分类变量（变量虽然可以为连续型或者分类型，但是二者不能混用）。

（2）不局限于参数选择，将所有观测指标纳入系统，结果形成树形图，适用于样本大的情况，但计算速度慢。

（3）一旦记录/变量被划定类别，其分类结果就不会再进行更改。

（4）提供的距离测量方法非常丰富。

（5）运算速度较慢。

◇任务实施

一、任务分析

系统聚类算法是聚类分析的一种方法。其做法是开始时把每个样品作为一类，然后把最靠近的样品（即距离最小的样品）首先聚为小类，再将已聚合的小类按其类间距离再合并，不断继续下去，最后把一切子类都聚合到一个大类，从而将所有地区分成所需要分类。

二、任务实施步骤

（1）*本任务使用任务2.10中保存的数据。在SPPS界面选择"文件"→"导入数据"→"Excel"选项，具体操作流程如图2-110所示。

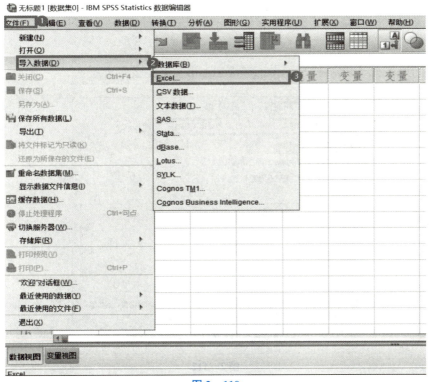

图2-110

（2）在"打开数据"对话框的"查找位置"下拉列表中选择"桌面"选项，选择"工作簿1.xlsx"，再单击右下角的"打开"按钮，具体操作流程如图2-111所示。

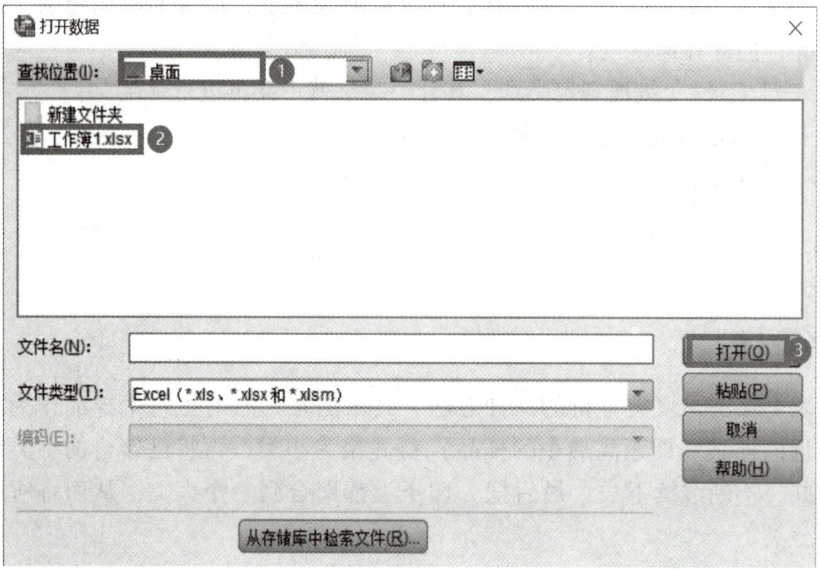

图 2-111

（3）打开"读取Excel文件"对话框，勾选"从第一行数据中读取变量名称""用于确定数据类型的值所占的百分比""忽略隐藏的行和列"3个复选框，单击"确定"按钮，具体操作流程如图2-112所示。

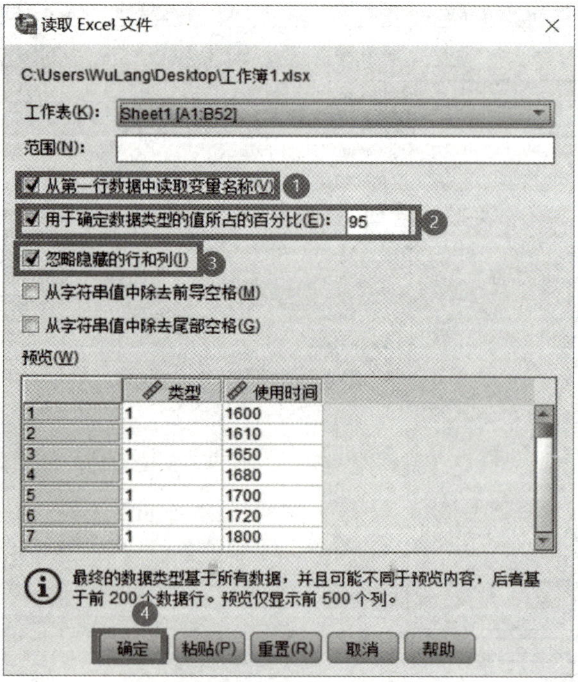

图 2-112

(4) 在 SPSS 界面的工具栏中选择"分析"→"分类"→"系统聚类"选项,具体操作流程如图 2-113 所示。

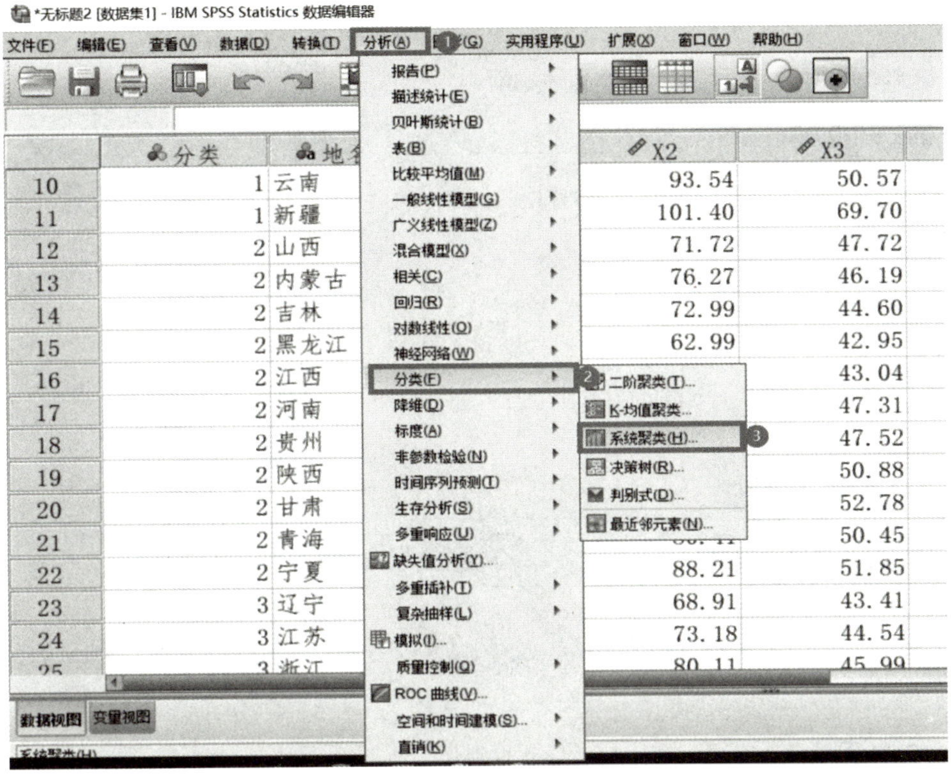

图 2-113

(5) 打开"系统聚类分析"对话框,将"地名"选入"个案标注依据"框,选中"X1"~"X9"并选入"变量"框,单击"图"按钮,具体操作流程如图 2-114 所示。

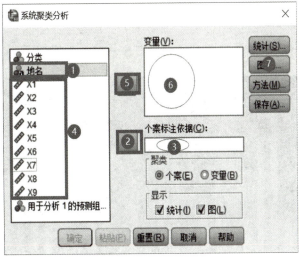

图 2-114

(6) 打开"系统聚类分析：图"对话框，勾选"谱系图"复选框，单击"继续"按钮［图 1 – 115（a）］，回到"系统聚类分析"对话框，单击"确定"按钮即可［图 1 – 115（b）］，具体操作流程如图 2 – 115 所示。

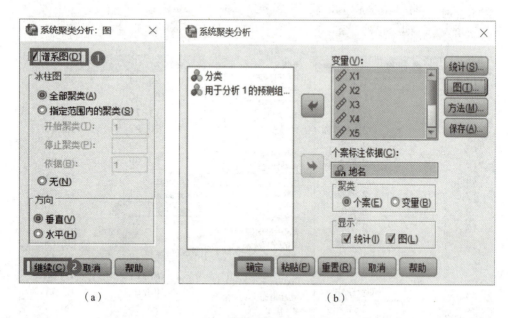

图 2 – 115

三、运行结果

由图 2 – 116（冰柱图）、图 2 – 117（树状图）可知，将 30 个省、市、自治区分为 4 种收入类型，可以从标度 5 分割，得出西藏及广东各自单独为一类，浙江、上海及北京为一类，其余为一类。

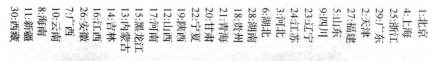
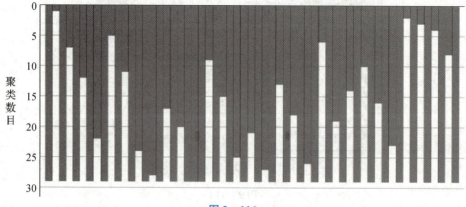

图 2 – 116

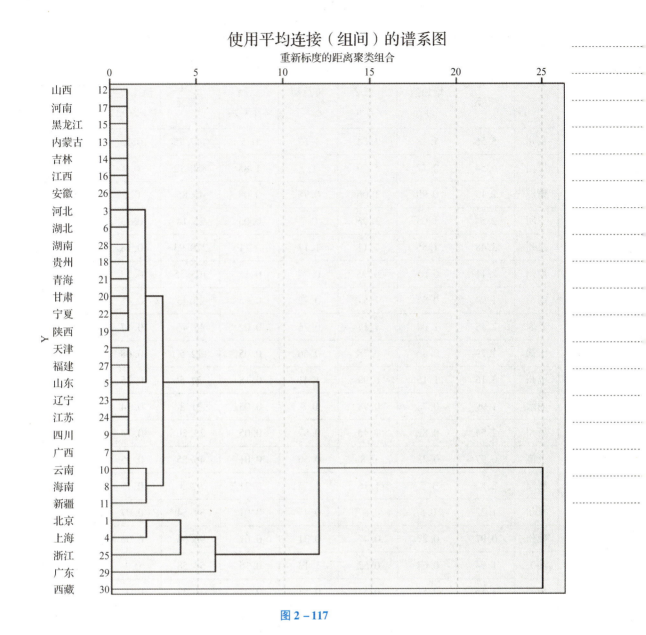

图 2-117

任务 2.12 降维方法研究

◇任务描述

用 x_1，x_2，…，x_8 表示表 2-25（原始数据）各个经济指标。试建立因子分析模型，并对地区经济发展水平进行排序。

表 2-25

地区	人均地区生产总值/万元	人均规模以上工业增加值/万元	人均全社会固定资产投资/万元	人均社会消费品零售总额/万元	人均海关进出口总额/万美元	人均实际利用外资/美元	人均地方财政一般预算收入/万元	GDP增长率/%
福州	5.56	1.18	1.84	1.67	0.5	147.75	0.25	12.6
厦门	6.54	2.77	5.79	1.7	1.85	850.12	0.9	13
莆田	2.15	0.99	1.06	0.75	0.08	45.85	0.1	11.1
三明	2.54	1.05	1.95	0.7	0.05	25.14	0.13	15
泉州	3.48	1.55	1.11	1.17	0.11	218.95	0.18	14.2
潭州	2.11	0.65	0.95	0.77	0.11	105.55	0.13	14.1
南平	1.94	0.55	1.57	0.72	0.05	20.45	0.11	15.6
龙岩	2.45	1.04	1.17	0.76	0.02	48.46	0.17	14.1
宁德	1.79	0.46	0.78	0.66	0.05	12.5	0.08	14.5
温州	3.16	1.15	0.99	1.41	0.18	34.5	0.25	14.6
丽水	1.99	0.78	0.98	0.8	0.05	31.8	0.14	8.5
衢州	2.54	0.82	1.45	0.87	0.05	23.56	0.14	11.8
上饶	0.97	0.28	0.8	0.56	0.01	46.55	0.05	15
鹰潭	2.52	1.5	1.16	0.55	0.21	92.3	0.15	14.2
抚州	1.22	0.5	0.87	0.45	0.01	39.54	0.07	14.2
赣州	0.97	0.27	0.47	0.31	0.01	96.66	0.06	15.2
汕头	1.94	0.64	0.52	1.13	0.15	58.58	0.1	10.5
梅州	1.16	0.51	0.54	0.55	0.02	31.32	0.07	10.2
潮州	1.75	0.51	0.6	0.67	0.09	27.38	0.05	12
揭阳	1.27	0.58	0.46	0.46	0.04	55.6	0.06	16

◇ 支撑知识

降维方法包括因子分析法和对应分析法。因子分析法是一种常用的统计分析方法，它主要基于降维的思想，通过探索变量之间的相关系数矩阵，根据变量的相关性大小对变量进行分组，使同组内变量的相关性较强，不同组变量的相关性较弱，而代表每组数据基本结构的新变量称为公共因子。

一、因子分析的适用条件

(1) 样本量不能太少,至少为变量数的 5 倍。

(2) 各变量间应该具有相关性,如彼此独立,则无法提取公因子,可通过巴特利特球形度检验来判断。

(3) KMO 检验用于考察变量间的偏相关性,取值为 0~1。KMO 统计量越接近 1,变量间的偏相关性越强,因子分析法效果越好。一般 KMO 统计量在 0.7 以上时适合做因子分析;KMO 统计量 <0.5 则不适合做因子分析。

(4) 因子分析中的各公因子应该具有实际意义。

二、对应分析

对应分析的实质就是对交叉表中的频数数据做变换(通过降维的方法)以后,利用图示化(散点图)的方式,将抽象的交叉表信息形象化,直观地解释变量的不同类别之间的联系,它适用于多分类变量的研究。

(一) 简单对应分析(一般只涉及两个分类变量)

简单对应分析是分析某一研究事件两个分类变量间的关系,其基本思想是以点的形式在较低维的空间中表示联列表的行与列中各元素的比例结构,可以在二维空间中更加直观地通过空间距离反映两个分类变量间的关系。简单对应分析属于分类变量的典型相关分析。

(二) 多重对应分析(多于两个分类变量)

简单对应分析是分析两个分类变量间的关系,而多重对应分析则是分析一组属性变量之间的相关性。与简单对应分析一样,多重对应分析的基本思想也是以点的形式在较低维的空间中表示联列表的行与列中各元素的比例结构。

(三) 数值变量对应分析或均值对应分析(前两种均为分类变量的对应分析,较为常用)

与简单对应分析不同,由于单元格内的数据不是频数,因此不能使用标准化残差来表示相关强度,而只能使用距离(一般使用欧氏距离)来表示相关强度。

对应分析的注意事项如下。

(1) 对应分析不能用于相关关系的假设检验。它虽然可以揭示变量间的联系,但不能说明两个变量间的联系是否显著,所以在做对应分析前,可以用卡方统计量检验两个变量的相关性。

(2) 对应分析输出的图形通常是二维的,这是一种降维的方法,将原始的高维数据按一定规则投影到二维图形上,而投影可能引起部分信息的丢失。

(3) 对极端值敏感,应尽量避免极端值的存在。如有取值为零的数据存在,可视情况将相邻的两个状态取值合并。

（4）对原始数据进行无量纲化处理。运用对应分析法处理问题时，各变量应具有相同的量纲（或者均无量纲）。

◇任务实施

一、任务分析

本任务需要建立因子分析模型，来分析各地区的经济水平情况。

二、任务实施步骤

（1）将数据复制粘贴到 Excel 中，单击左上方的"保存"按钮，具体操作流程如图 2-118 所示。

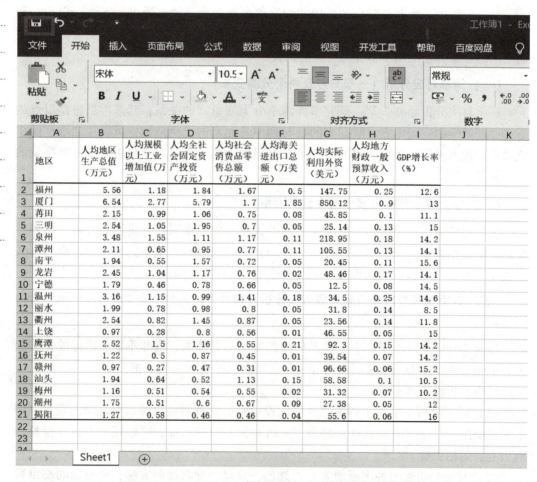

图 2-118

（2）将复制过来的数据保存到桌面。选择"另存为"→"浏览"选项，选择保存路径为"桌面"，最后单击"保存"按钮，具体操作流程如图 2-119 所示。

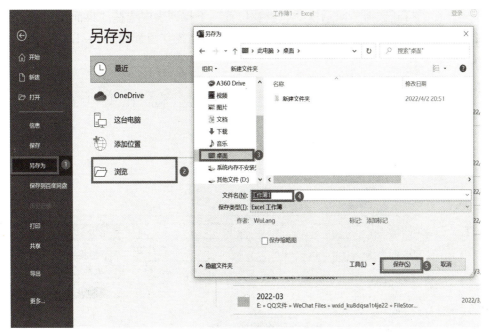

图 2–119

（3）在 SPPS 界面选择"文件"→"导入数据"→"Excel"选项，具体操作流程如图 2–120 所示。

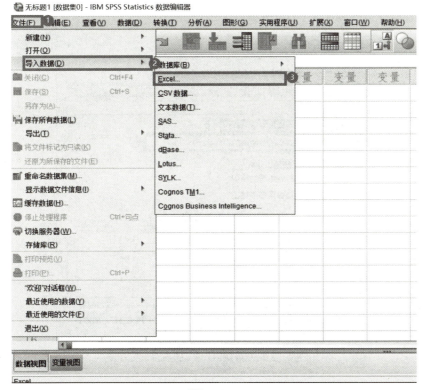

图 2–120

(4) 在"打开数据"对话框的"查找位置"下拉列表中选择"桌面"选项,选择"工作簿 1. xlsx",单击右下角的"打开"按钮。具体操作流程如图 2 – 121 所示。

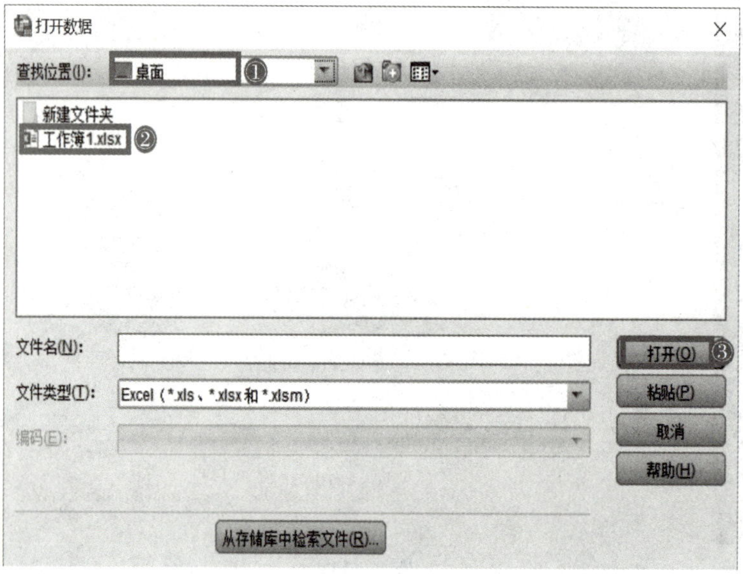

图 2 – 121

(5) 打开"读取 Excel 文件"对话框,勾选"从第一行数据中读取变量名称""用于确定数据类型的值所占的百分比""忽略隐藏的行和列"3 个复选框,单击"确定"按钮,具体操作流程如图 2 – 122 所示。

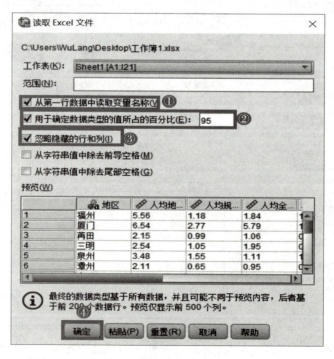

图 2 – 122

(6) 在 SPSS 界面的工具栏中选择"分析"→"降维"→"因子"选项,具体操作流程如图 2-123 所示。

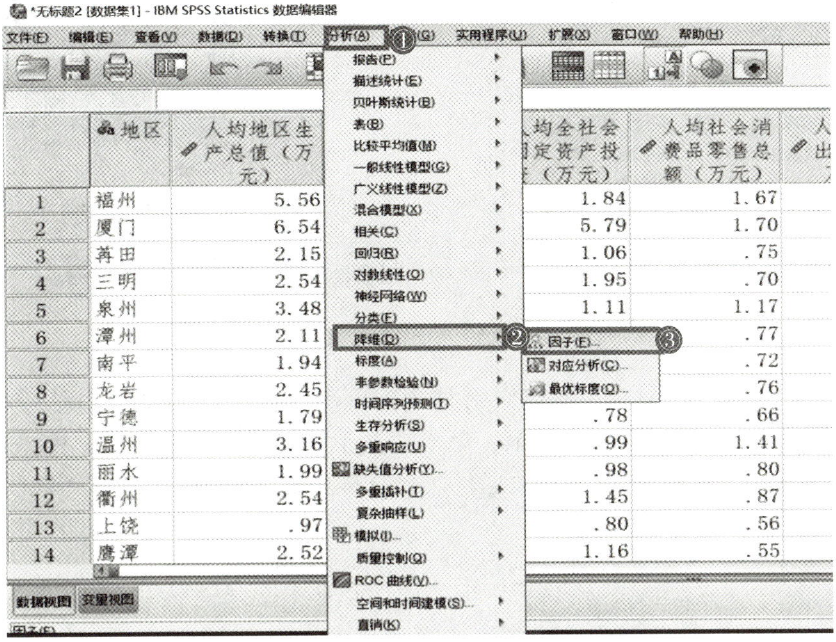

图 2-123

(7) 在"因子分析"对话框中把变量导入,单击"描述""旋转""得分""选项""提取"按钮,并按图 2-124 设置。把左边除"地区"选项以外的选项选入右边"变量"框,单击"描述"按钮,具体操作流程如图 2-124 所示。

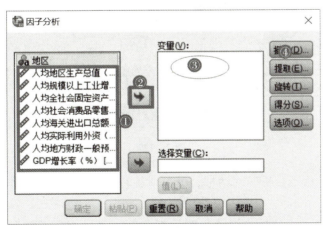

图 2-124

(8) 打开"因子分析:描述"对话框,勾选"单变量描述""初始解""KMO 和巴特利特球形度检验"复选框,具体操作流程如图 2-125 所示。

(9) 回到"因子分析"对话框,单击"提取"按钮,具体操作流程如图 2-126 所示。

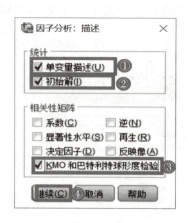
图 2-125

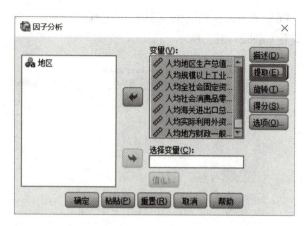
图 2-126

（10）打开"因子分析：提取"对话框，单击"相关性矩阵"单选按钮，勾选"未旋转因子解""碎石图"复选框，单击"基于特征值"单选按钮，在"特征值大于"框中输入"1"，在"最大收敛迭代次数"框中输入"25"，单击"继续"按钮，具体操作流程如图 2-127 所示。

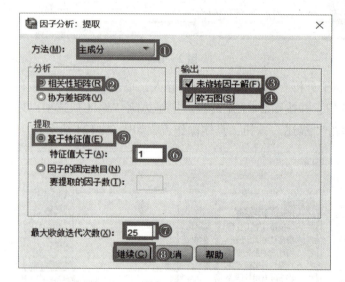
图 2-127

（11）回到"因子分析"对话框，单击"旋转"按钮，具体操作流程如图 2-128 所示。

（12）打开"因子分析：旋转"对话框，单击"最大方差法"单选按钮，勾选"旋转后的解""载荷图"复选框，单击"继续"按钮，具体操作流程如图 2-129 所示。

（13）回到"因子分析"对话框，单击"得分"按钮，具体操作流程如图 2-130 所示。

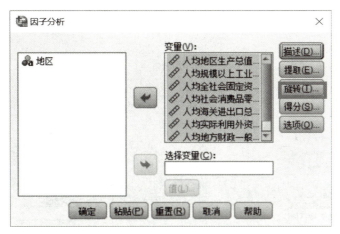

图 2-128

图 2-129

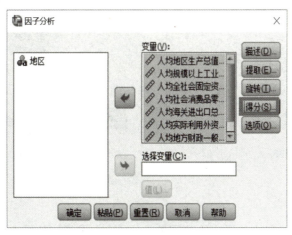

图 2-130

（14）打开"因子分析：因子得分"对话框，勾选"保存为变量"复选框，单击"巴特利特"单选按钮，勾选"显示因子得分系数矩阵"复选框，最后单击"继续"按钮，具体操作流程如图 2-131 所示。

(15) 回到"因子分析"对话框,单击"选项"按钮,具体操作流程如图 2-132 所示。

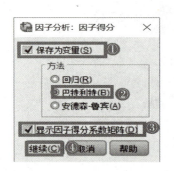

图 2-131

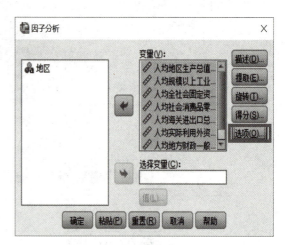

图 2-132

(16) 打开"因子分析:选项"复选框,单击"成列排除个案"单选按钮,勾选"按大小排序""排除小系数"复选框,在"绝对值如下"框中输入"0.3",单击"继续"按钮,具体操作流程如图 2-133 所示。

(17) 回到"因子分析"对话框,单击"确定"按钮即可得到结果解释,具体操作流程如图 2-134 所示。

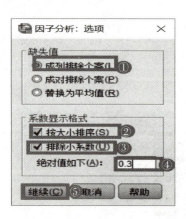

图 2-133

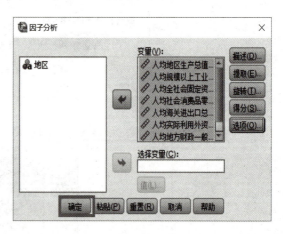

图 2-134

三、运行结果

KMO 检验和巴特利特球形度检验见表 2-26,主成分信息见表 2-27,变量的共同度见表 2-28,旋转前的因子负荷矩阵见表 2-29,旋转后的因子负荷矩阵见表 2-30,得分系数矩阵见表 2-31。

表 2-26

KMO 检验和巴特利特球形度检验			
KMO 取样适切性量数	0.764		
巴特利特球形度检验	近似卡方	216.061	
	自由度	28	
	显著性	0.000	

表 2-26 显示 $P=0.000$，KMO 值为 0.764，这说明原变量适合进行因子分析。

表 2-27

总方差解释										
成分	初始特征值			提取载荷平方和			旋转载荷平方和		
	总计	方差百分比/%	累积贡献率/%	总计	方差百分比/%	累积贡献率/%	总计	方差百分比/%	累积贡献率/%
1	6.007	75.089	75.089	6.007	75.089	75.089	5.983	74.787	74.787
2	1.063	13.285	88.374	1.063	13.285	88.374	1.087	13.587	88.374
3	0.555	6.932	95.306						
4	0.191	2.381	97.687						
5	0.102	1.281	98.968						
6	0.048	0.597	99.565						
7	0.023	0.292	99.857						
8	0.011	0.143	100.000						
提取方法：主成分分析法										

表 2-27 显示前两个主成分的初始特征值大于 1，但它们的累积贡献率仅为 88.374%。另外需注意其中的特征值。

表 2-28

公因子方差		
变量	初始	提取
人均地区生产总值 x_1/万元	1.000	0.869
人均规模以上工业增加值 x_2/万元	1.000	0.853

续表

公因子方差		
变量	初始	提取
人均全社会固定资产投资 x_3/万元	1.000	0.905
人均社会消费品零售总额 x_4/万元	1.000	0.726
人均海关进出口总额 x_5/万美元	1.000	0.929
人均实际利用外资 x_6/美元	1.000	0.886
人均地方财政一般预算收入 x_7/万元	1.000	0.966
GDP 增长率 x_8/%	1.000	0.936
提取方法：主成分分析法		

表 2-28 显示，每个变量的共性方差均在 0.5 以上，这说明 2 个公因子能很好地反映客观原变量的大部分信息。

表 2-29

成分矩阵[a]		
变量	因子	
	1	2
人均地方财政一般预算收入 x_7/万元	0.981	
人均海关进出口总额 x_5/万美元	0.963	
人均全社会固定资产投资 x_3/万元	0.942	
人均实际利用外资 x_6/美元	0.931	
人均地区生产总值 x_1/万元	0.928	
人均规模以上工业增加值 x_2/万元	0.923	
人均社会消费品零售总额 x_4/万元	0.803	
GDP 增长率 x_8/%		0.965
提取方法：主成分分析法。		

a. 提取了 2 个成分。

根据 0.5 原则（数值 >0.5），表 2-29 显示，因子 1 在绝大多数原始变量上有很大负荷，因子 2 只在 x_8 上有很大负荷。

表 2-30

旋转后的成分矩阵[a]		
变量	成分	
	1	2
人均地方财政一般预算收入 x_7/万元	0.983	
人均海关进出口总额 x_5/万美元	0.964	
人均全社会固定资产投资 x_3/万元	0.949	
人均实际利用外资 x_6/美元	0.938	
人均规模以上工业增加值 x_2/万元	0.923	
人均地区生产总值 x_1/万元	0.920	
人均社会消费品零售总额 x_4/万元	0.781	-0.342
GDP 增长率 x_8/%		0.967
提取方法：主成分分析法； 旋转方法：凯撒正态化最大方差法		

a. 旋转在 3 次迭代后已收敛。

根据表 2-30，即可得到目标因子模型，详见后文。

表 2-31

成分得分系数矩阵		
变量	成分	
	1	2
人均地区生产总值 x_1/万元	0.149	-0.090
人均规模以上工业增加值 x_2/万元	0.155	0.009
人均全社会固定资产投资 x_3/万元	0.165	0.114
人均社会消费品零售总额 x_4/万元	0.114	-0.278
人均海关进出口总额 x_5/万美元	0.163	0.036
人均实际利用外资 x_6/美元	0.164	0.119
人均地方财政一般预算收入 x_7/万元	0.167	0.043
GDP 增长率 x_8/%	0.051	0.906
提取方法：主成分分析法； 旋转方法：凯撒正态化最大方差法。 组件得分。		

结合在 SPSS 中所得到的数据，下面在 Excel 中计算各主成分得分 $C1$、$C2$ 以及最终的综合指数 CI（下面的步骤较为烦琐，其实直接用 F 值乘以对应权重即可）。

(1) 根据离差标准化公式

$$x' = \frac{x - \min}{\max - \min}$$

将表 2–25 的原始数据进行标准化。

(2) 根据旋转后的因子负荷矩阵（表 2–30），可以看出因子 1 有 x_1，x_2，x_3，x_4，x_5，x_6，x_7，因子 2 只有 x_8。

(3) 根据成分得分系数矩阵（表 2–31），将成分 1 中的 x_1，x_2，x_3，x_4，x_5，x_6，x_7 对应的得分系数值分别与标准化后的单个地区的各指标值（x_1，x_2，x_3，x_4，x_5，x_6，x_7）相乘并求和，依次得出所有地区对应的 $C1$。同理，将成分 2 中的 x_8 对应的得分系数值与标准化后的单个地区的指标值（x_8）相乘，依次得到所有地区的 $C2$。

(4) 将总方差解释中的初始特征值分别与已求出的对应的 C_1，C_2 相乘并求和、排序，即可得到该因子模型下的地区经济发展水平的顺序以及本任务所求的模型（$F1$ 为因子 1，$F2$ 为因子 2）。

◇任务反馈及评价

一、个人学习总结

二、学习活动综合评价

自我评价			小组评价			教师评价		
8~10 分	6~7 分	1~5 分	8~10 分	6~7 分	1~5 分	8~10 分	6~7 分	1~5 分

项目 3　Lingo 基础入门学习

任务 3.1　Lingo 介绍

◇任务描述

（1）什么是 Lingo？
（2）使用 Lingo 能够求解什么样的问题？
（3）如何安装 Lingo？
（4）如何使用 Lingo？

◇支撑知识

Lingo 是美国芝加哥大学的 Linus Scharge 教授在 1980 年开发的，专门用于求解最优化的问题，一般解决方法有线性规划（LP）、二次规划（QP）以及非线性规划。Lingo 的最大特色在于可以允许决策变量是整数，而且执行速度很快。Lingo 实际上还是一种建模的语言。

◇任务实施

一、任务分析

学习 Lingo，首先要学会安装 Lingo，清楚 Lingo 可以做什么、用来解决什么问题、如何使用、在使用过程中应该注意什么问题。这就是本任务需要解决的问题。

二、任务

（一）安装 Lingo

（1）Lingo 的安装比较简单，这里不做叙述。温馨提示：解压和安装前先关闭 360、电脑管家等所有杀毒软件，且 Windows10 操作系统需要添加安装包文件夹信任，以防止误杀文件，导致安装失败。

（2）打开 Lingo18.0 软件，其英文版界面如图 3-1 所示。

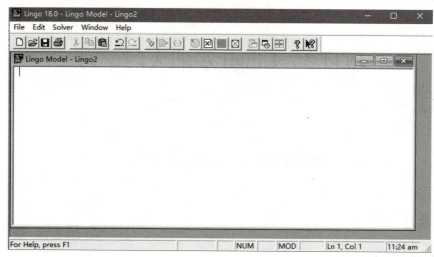

图 3-1

三、关于 Lingo 的基本用法的注意事项

（1）Lingo 程序以"model:"开始，以"end"结束。

（2）Lingo 程序中变量不区分大小写，变量名可以超过 8 个，不能超过 32 个，需以字母开头。

（3）用 Lingo 解优化模型时已假定所有变量非负（除非用限定变量范围的函数 @free 或 @bnd 另行说明）。

（4）变量可以放在约束条件右端，同时数字也可以放在约束条件左边。

（5）Lingo 模型语句由一系列语句组成，每个语句都必须以";"结尾。

（6）Lingo 中以"!"开始的是说明语句，说明语句也以";"结尾，可跨多行。

（7）变量与系数间应有运算符" * "。

（8）表达式中不应含有括号"( )"和逗号","等任何符号。

四、Lingo 的使用介绍

（一）窗口介绍

Lingo 界面包括菜单栏和模型栏，菜单栏包括一些工具，模型栏是建立模型输入程序的位置，具体如图 3-2 所示。

（二）使用过程

（1）新建程序，选择"File"→"New"选项，具体操作流程如图 3-3 所示。

（2）弹出"File New"对话框，选择"1. Lingo Modle（ * . lg4）"选项，单击"OK"按钮，具体操作流程如图 3-4 所示。

（3）在模型栏内输入程序，具体操作流程如图 3-5 所示。

（4）单击 图标，弹出运行窗口，单击"Close"按钮，具体操作流程如图 3-6 所示。其中运行窗口中相关变量的含义见表 3-1。

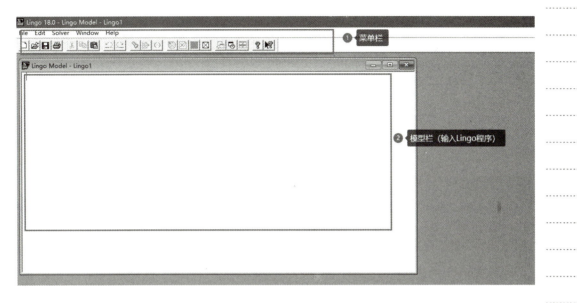

图 3-2

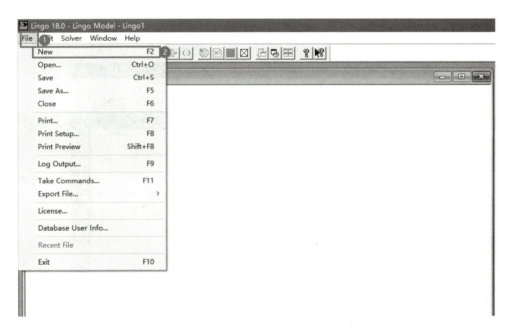

图 3-3

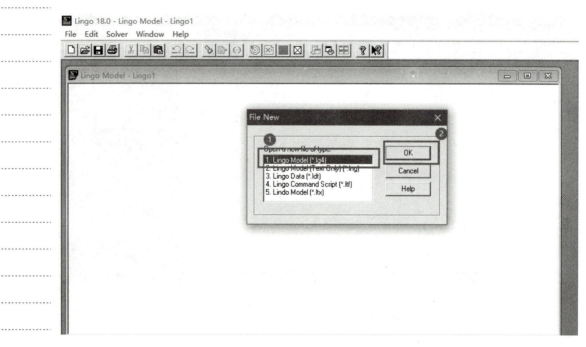

图 3-4

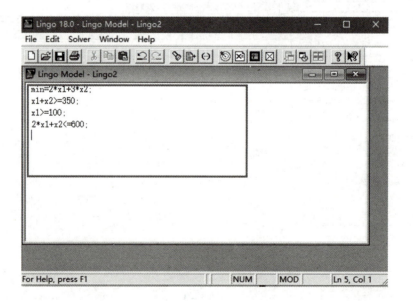

图 3-5

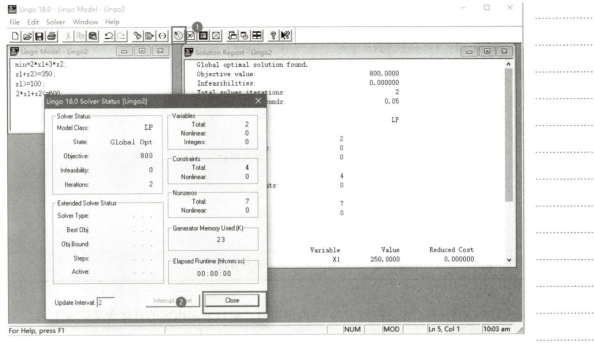

图 3-6

表 3-1

域名	含义	可能的显示
Model Class	当前模型的类型	LP, QP, ILP, IQP, PILP, PIQP, NLP, INLP, PINLP (以 I 开头表示 IP, 以 PI 开头表示 PIP)
State	当前解的状态	"Global Optimum", "Local Optimum", "Feasible", "Infeasible"（不可行）, "Unbounded"（无界）, "Interrupted"（中断）, "Undetermined"（未确定）
Objective	当前解的目标函数值	实数
Infeasibility	当前约束不满足的总量（不是不满足的约束的个数）	实数（即使该值 = 0，当前解也可能不可行，因为这个量中没有考虑用上、下界形式给出的约束）
Iterations	目前为止的迭代次数	非负整数
Solver Type	使用的特殊求解程序	B-and-B（分枝定界法） Global（全局最优求解） Multistart（用多个初始点求解）
Best Obj	目前为止找到的可行解的最佳目标函数值	实数

145

续表

域名	含义	可能的显示
Obj Bound	目标函数值的界	实数
Steps	特殊求解程序当前运行步数： 分枝数（对 B – and – B 程序）； 子问题数（对 Global 程序）； 初始点数（对 Multistart 程序）	非负整数
Active	有效步数	非负整数

（5）上一步结束，得到图 3 – 7 所示窗口，窗口显示内容的具体含义见表 3 – 2。

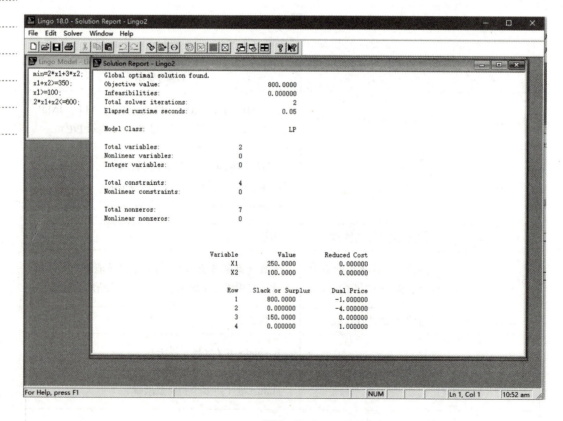

图 3 – 7

表 3-2

序号	变量名	含义
1	Global Optimal Solution Found.	表示找到全局最优解
2	Objective value:	表示最优目标值
3	Total solver iterations:	表示用单纯行法进行了两次迭代
4	Variable	表示变量，运行结果中有两个变量为 x1, x2
5	Value	给出最优解中变量的值
6	Reduced Cost	与最优单纯形表中的检验数相差一个符号的数。为了使某个变量在解中的数值增加一个单位，目标函数必须付出的代价（增大或减小 Reduced Cost 的值）
7	Slack or Surplus	表示接近等于的程度，在约束条件中是 <=，叫作松弛变量；在约束条件中是 >=，叫作过剩变量；在约束条件中是 =，值为 0，该约束为一个紧约束（或有效约束），如果一个约束条件错误，作为一个不可行约束；Slack or Surplus 为负数，表示的是约束离相等还差多少
8	Dual Price	给出对偶价格的值，表示每增加一个单位（约束右边的常数），目标值改变的数量（在最大化问题中目标函数是增加的，反之是减小的）。 例如在本例中，约束条件的 Dual Price 为 1，表示 2 * x1 + x2 <= 600 增加一个单位到 2 * x1 + x2 <= 601 使目标值增加到 -1（目标函数的 Dual Price 为 -1），则 Objective value 就变为 799，对偶价格也叫作影子价格，这是由于它表示可以用多高的价格去购买单位资源

（6）将文件保存在计算机的文件夹中，更改文件名，单击"保存"按钮，Lingo 程序就已经建立并且保存好，具体操作流程如图 3-8 所示。

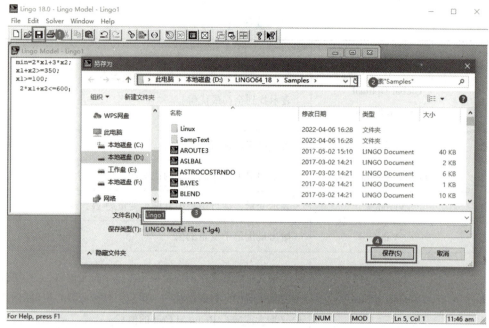

图 3-8

◇任务反馈及评价

一、个人学习总结

二、学习活动综合评价

自我评价			小组评价			教师评价		
8~10分	6~7分	1~5分	8~10分	6~7分	1~5分	8~10分	6~7分	1~5分

任务 3.2　Lingo 中集的使用

◇ **任务描述**

某企业有 6 个生产分厂和 8 个销售点，已知各生产分厂的生产能力、各销售点的需求量、任意生产分厂和销售点之间的单位运费见表 3 – 3，根据所给数据建立集，同时为集赋值。

表 3 – 3

某企业	B1	B2	B3	B4	B5	B6	B7	B8	产量
A1	6	2	6	7	4	2	5	9	60
A2	4	9	5	3	8	5	8	2	55
A3	5	2	1	9	7	4	3	3	51
A4	7	6	7	3	9	2	7	1	43
A5	2	3	9	5	7	2	6	5	41
A6	5	5	2	2	8	1	4	3	52
销量	35	37	22	32	41	32	43	38	—

◇ **支撑知识**

对实际问题建模的时候，总会遇到一群或多群互相联系的对象，比如工厂、消费者群体、交通工具和雇工等。Lingo 允许把这些互相联系的对象聚合成集（set）。一旦把对象聚合成集，就可以利用集来最大限度地发挥 Lingo 建模语言的优势。

一、使用集的原因

集是 Lingo 建模语言的基础，是程序设计最强有力的基本构件。借助集，能够用一个单一的、长的、简明的复合公式表示一系列相似的约束，从而可以快速方便地表达规模较大的模型。

二、集的概念

集是一群互相联系的对象，这些对象也称为集的成员。一个集可能是一系列产品、若干辆卡车或若干名雇员。每个集成员可能有一个或多个与之有关联的特征，这些特征称为属性。属性值可以预先给定，也可以是未知的，有待于 Lingo 求解。例如，产品集中的每个产品可以有一个价格属性；卡车集中的每辆卡车可以有一个牵引力属性；雇员集中的每名雇员可以有一个薪水属性，也可以有一个生日属性等。

Lingo 有两种类型的集：原始集（primitive set）和派生集（derived set）。一个原始集是由一些最基本的对象组成的。一个派生集是用一个或多个其他集来定义的，也就是说，它的成员来自其他已存在的集。

三、模型的集部分

集部分是 Lingo 模型的一个可选部分。在 Lingo 模型中使用集之前，必须在集部分事先定义。集部分以关键字"sets:"开始，以"endsets"结束。一个模型可以没有集部分，或有一个简单的集部分，或有多个集部分。一个集部分可以放置于模型的任何位置，但是一个集及其属性在模型约束中被引用之前必须先定义。

（一）定义原始集

为了定义一个原始集，必须详细声明：
（1）集名（结构体）；
（2）成员（结构体成员）；
（3）属性，即成员的特征（结构体实例）。
定义一个原始集的语法格式如下。

```
setname[/member_list/][:attribute_list];
```

注意：用"[ ]"表示该部分内容可选。setname 是标记集的名字，最好具有较强的可读性。集名字必须严格符合标准命名规则：以英文字母或下划线（_）为首字符，其后由英文字母（A~Z）、下划线、阿拉伯数字（0，1，…，9）组成的总长度不超过 32 个字符的字符串，且不区分大小写。

注意：该命名规则同样适用于集成员和属性等的命名。member_list 是集成员列表。如果集成员放在集定义中，那么对它们可采取显式罗列和隐式罗列两种方式。如果集成员不放在集定义中，那么可以在随后的数据部分定义它们。

（1）当显式罗列成员时，必须为每个成员输入一个不同的名字，中间用空格或逗号分隔，允许混合使用。

例 3.1 可以定义一个名为 students 的原始集，它具有成员 John，Jill，Rose 和 Mike，属性有 sex 和 age。语法格式如下。

```
sets:
   students/John  Jill,Rose  Mike/:sex,age;
endsets
```

（2）当隐式罗列成员时，不必罗列出每个集成员。可采用如下语法格式。

```
setname/member1..memberN/[:attribute_list];
```

这里的 member1 是集的第一个成员名，memberN 是集的最末一个成员名。Lingo 自动产生中间的所有成员名。Lingo 也接受一些特定的首成员名和末成员名，用于创建一些特殊的集，见表3-4。

表3-4

隐式成员列表格式	示例	所产生集成员
1..N	1..5	1，2，3，4，5
StringM..StringN	Car2..Car14	Car2，Car3，Car4，…，Car14
DayM..DayN	Mon..Fri	Mon，Tue，Wed，Thu，Fri
MonthM..MonthN	Oct..Jan	Oct，Nov，Dec，Jan
MonthYearM..MonthYearN	Oct2001..Jan2002	Oct2001，Nov2001，Dec2001，Jan2002

（3）集成员可以不放在集定义中，而在随后的数据部分定义。

例3.2

```
!集部分;
sets:
   students:sex,age;
endsets
!数据部分;
data:
   students,sex,age = John 1 16
                      Jill 0 14
                      Rose 0 17
                      Mike 1 13;
enddata
```

注意：开头用感叹号（!），末尾用分号（;）表示注释，可跨多行。

在集部分只定义了一个集students，并未指定成员。在数据部分罗列了集成员John、Jill、Rose和Mike，并对属性sex和age分别给出了值。

集成员无论用何种字符标记，它的索引都是从1开始连续计数。在attribute_list可以指定一个或多个集成员的属性，属性之间必须用逗号隔开。

可以把集、集成员和集属性同C语言中的结构体进行类比，如下：

集　　　⟷　　结构体
集成员　⟷　　结构体的域
集属性　⟷　　结构体实例

Lingo内置的建模语言是一种描述性语言，用它可以描述现实世界中的一些问题，然后借助Lingo求解器求解。因此，集属性的值一旦在模型中被确定，就不可能再更改。在Lingo中，只有在初始部分给出的集属性值在以后的求解中才可更改。这与前面并不矛盾，因为初始部分是Lingo求解器的需要，并不是描述问题所必需的。

(二) 定义派生集

为了定义一个派生集,必须详细声明:
(1) 集的名字;
(2) 父集的名字;
(3) 集成员 (可选);
(4) 集成员的属性 (可选)。

可用下面的语法格式定义一个派生集:

```
setname(parent_set_list)[/member_list/][:attribute_list];
```

这里 setname 是集的名字。parent_set_list 是已定义的集的列表,有多个时必须用逗号隔开。如果没有指定成员列表,那么 Lingo 会自动创建父集成员的所有组合作为派生集的成员。派生集的父集既可以是原始集,也可以是其他派生集。

例 3.3

```
sets:
    product/A B/;
    machine/M N/;
    week/1..2/;
    allowed(product,machine,week):x;
endsets
```

这里 Lingo 生成了 3 个父集的所有组合(共 8 组)作为 allowed 集的成员,见表 3-5。

表 3-5

编号	成员	编号	成员
1	(A, M, 1)	5	(B, M, 1)
2	(A, M, 2)	6	(B, M, 2)
3	(A, N, 1)	7	(B, N, 1)
4	(A, N, 2)	8	(B, N, 2)

成员列表被忽略时,派生集成员由父集成员的所有组合构成,这样的派生集称为稠密集。如果限制派生集的成员,使它成为父集成员所有组合构成的集合的一个子集,这样的派生集称为稀疏集。同原始集一样,派生集成员的声明也可以放在数据部分。一个派生集的成员列表有两种方式生成:①显式罗列;②设置成员资格过滤器。当采用方式①时,必须显式罗列出所有要包含在派生集中的成员,并且罗列的每个成员必须属于稠密集。使用前面的例子,显式罗列派生集的成员,语法格式如下:

```
allowed(product,machine,week)/A M 1,A N 2,B N 1/;
```

如果需要生成一个大的、稀疏的集，那么显式罗列就很麻烦，幸运地是许多稀疏集的成员都满足一些条件以和非成员相区分。可以把这些逻辑条件看作过滤器，在 Lingo 生成派生集的成员时把使逻辑条件为假的成员从稠密集中过滤掉。

例 3.4

```
sets:
  !学生集:性别属性 sex,1 表示男性,0 表示女性;年龄属性 age;
  students/John,Jill,Rose,Mike/:sex,age;
  !男学生和女学生的联系集:友好程度属性 friend,为[0,1]范围内的数;
  linkmf(students,students)|sex(&1) #eq# 1 #and# sex(&2) #eq# 0: friend;
  !男学生和女学生的友好程度大于 0.5 的集;
  linkmf2(linkmf) |friend(&1,&2) #ge# 0.5 : x;
endsets
data:
  sex,age = 1 16
            0 14
            0 17
            0 13;
  friend = 0.3 0.5 0.6;
enddata
```

用竖线（|）来标记一个成员资格过滤器的开始。"#eq#" 是逻辑运算符，用来判断是否"相等"；"&1"可看作派生集的第 1 个原始父集的索引，它取遍该原始父集的所有成员；"&2"可看作派生集的第 2 个原始父集的索引，它取遍该原始父集的所有成员；"&3""&4"等依此类推。注意：如果派生集 B 的父集是另外的派生集 A，那么上面所说的原始父集是派生集 A 向前回溯到最终的原始集，其顺序保持不变，并且派生集 A 的过滤器对派生集 B 仍然有效。因此，派生集的索引个数是最终原始父集的个数，索引的取值是从原始父集到当前派生集所做限制的总和。

总的来说，Lingo 可识别的集只有两种类型：原始集和派生集。

在一个模型中，原始集是基本的对象，不能再被拆分成更小的组分。原始集可以通过显式罗列和隐式罗列两种方式来定义。当使用显式罗列方式时，需在集成员列表中逐个输入每个成员。当使用隐式罗列方式时，只需在集成员列表中输入首成员和末成员，而中间的成员由 Lingo 产生。

另一方面，派生集是由其他的集来创建的。这些集被称为该派生集的父集（原始集或其他派生集）。一个派生集既可以是稀疏的，也可以是稠密的。稠密集包含了父集成员的所有组合（有时也称为父集的笛卡儿乘积）。稀疏集仅包含父集的笛卡儿乘积的一个子集，可通过显式罗列和成员资格过滤器这两种方式来定义。显式罗列方式就是逐个罗列稀疏集的成员。成员资格过滤器方式是通过使用稀疏集成员必须满足的逻辑条件从稠密集成员中过滤出稀疏集的成员。

◇任务实施

一、任务分析

本任务要求求出总运费最少的方案，运用 Lingo 编程来实现。根据任务要求，有 6 个生产分厂、8 个销售点，生产分厂与销售点之间要建立运输通道，表 3 - 3 中给出的数据是生产分厂的产量、销售点的销量、生产分厂与销售点之间的单位运费，需要建立 3 个集，分别为 fact（工厂集）、vend（需求集）、Links（运费集）。

二、任务实施步骤

（1）单击桌面上的 Lingo 图标，打开 Lingo 软件，新建 Lingo 程序，如图 3 - 9 所示。

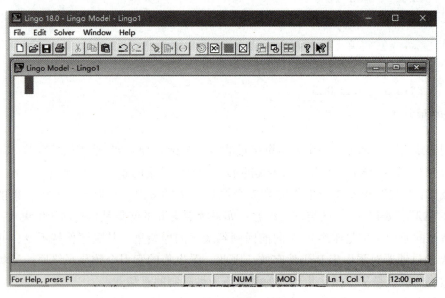

图 3 - 9

（2）根据任务要求，需要建立 3 个集（工厂集、需求集、运费集），内容为"fact/fa1..fa6/:capacity;"，表示每个生产分厂的加工能力；"vend/ve1..ve8/:demand;"，表示每个销售点的销售需求；"links(fact,vend):cost,x;"，表示每个生产分厂对应销售点的运费。具体如图 3 - 10 所示。

（3）为建立的集赋值，赋值采用"DATA：;ENDDATA"，具体如下。

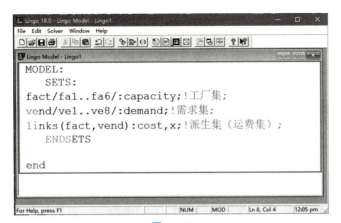

图 3 - 10

```
DATA:
    capacity = 60 55 51 43 41 52;
    demand = 35 37 22 32 41 32 43 38;
    cost = 6 2 6 7 4 2 9 5
           4 9 5 3 8 5 8 2
           5 2 1 9 7 4 3 3
           7 6 7 3 9 2 7 1
           2 3 9 5 7 2 6 5
           5 5 2 2 8 1 4 3;
ENDDATA
```

将所赋值输入 Lingo 模型栏内,具体如图 3-11 所示。

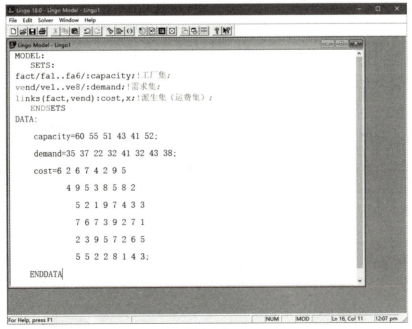

图 3 - 11

三、结果

根据前面输入的程序，运行该程序，得出结果，至此，相关的 3 个集已经完成，如图 3-12 所示。

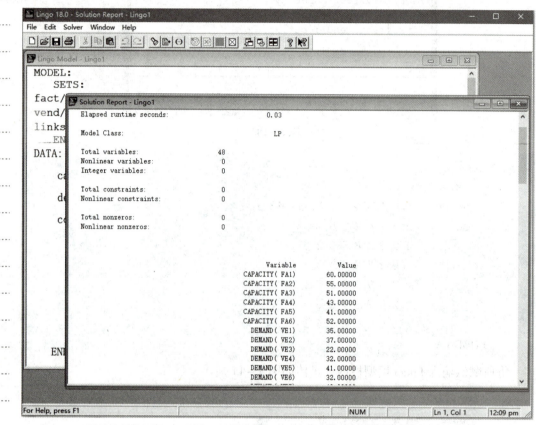

图 3-12

◇任务反馈及评价

一、个人学习总结

二、学习活动综合评价

自我评价			小组评价			教师评价		
8~10分	6~7分	1~5分	8~10分	6~7分	1~5分	8~10分	6~7分	1~5分

任务 3.3　Lingo 的运算符与函数

◇ **任务描述**

根据任务 3.2 的数据，求使总运费最少的商品运输方案。

◇ **支撑知识**

一、Lingo 的运算符

Lingo 的算术运算符有加、减、乘、除、乘幂 5 种。Lingo 的逻辑运算符有 9 种：#AND#（与）、#OR#（或）、#NOT#（非）、#EQ#（等于）、#NE#（不等于）、#GT#（大于）、#GE#（大于等于）、#LT#（小于）、#LE#（小于等于）。关系运算符表示数与数之间的大小关系，有 3 种：<（小于等于）、=（等于）、>（大于等于）。Lingo 运算符的优先级见表 3-6，其运算规律是先左后右，先括号内，后括号外。

表 3-6

优先级	高→低							
Lingo 运算符	#NOT#, -（负号）	^	*/	+, -	#EQ#, #NE#, #GT#, #GE#, #LT#, #LE#	#AND#, #OR#	<, =, >

二、基本的数学函数

Lingo 提供了大量的标准数学函数，常用的基本数学函数具体见表 3-7。

表 3-7

序号	函数	作用
1	@abs(x)	返回 x 的绝对值
2	@sin(x)	返回 x 的正弦值，x 采用弧度制
3	@cos(x)	返回 x 的余弦值
4	@tan(x)	返回 x 的正切值
5	@exp(x)	返回常数 e 的 x 次方
6	@log(x)	返回 x 的自然对数
7	@lgm(x)	返回 x 的 gamma 函数的自然对数
8	@sign(x)	如果 x<0，返回 -1；否则，返回 1
9	@floor(x)	返回 x 的整数部分。当 x≥0 时，返回不超过 x 的最大整数；当 x<0 时，返回不小于 x 的最大整数。
10	@smax(x1,x2,…,xn)	返回 x1，x2，…，xn 中的最大值
11	@smin(x1,x2,…,xn)	返回 x1，x2，…，xn 中的最小值

三、变量界定函数

变量界定函数实现对变量取值范围的附加限制，共 4 种。

(1) @bin(x)：限制 x 为 0 或 1；

(2) @bnd(L,x,U)：限制 L≤x≤U；

(3) @free(x)：取消对变量 x 的默认下界为 0 的限制，即 x 可以取任意实数；

(4) @gin(x)：限制 x 为整数。

在默认情况下，Lingo 规定变量是非负的，也就是说下界为 0，上界为 +∞。@free(x) 取消了默认的下界为 0 的限制，使变量也可以取负值。@bnd(x) 用于设定一个变量的上、下界，它也可以取消默认下界为 0 的限制。

四、集循环函数

集循环函数是指对集中的元素（下标）进行循环操作的函数。其一般用法如下。

@function(setname[(set_index_list)[|conditional_qualifier]]:expression_list);

@function 相应于下面罗列的 4 个集循环函数之一（@for,@sum,@max,@min）；

setname 是要遍历的集；

set_index_list 是集索引列表；

conditional_qualifier 用来限制集循环函数的范围,当集循环函数遍历集的每个成员时,Lingo 都要对 conditional_qualifier 进行评价,若结果为真,则对该成员执行@function 操作,否则跳过,继续执行下一次循环。

expression_list 是被应用到每个集成员的表达式列表,当用的是@for 函数时,expression_list 可以包含多个表达式,其间用逗号隔开。这些表达式将被作为约束加入模型。当使用其余的 3 个集循环函数时,expression_list 只能有一个表达式。如果省略 set_index_list,那么在 expression_list 中引用的所有属性的类型都是 setname 集。

(一) @for

@for (集合 (下标):关于集合的属性的约束关系式) 对冒号":"前面的集的每个元素 (下标),冒号":"后面的约束关系式都要成立。

```
model:
sets:
  number/1..5/:x;! 定义 number 集
endsets
  @for(number(I): x(I) = I^2);! 利用循环给 number 集的属性赋值
end
```

(二) @sum

该函数返回遍历指定的集成员的一个表达式的和,语法格式为:
@SUM (集合 (下标):集合表达式)

```
model:
data:
  N = 6;
enddata
sets:
  number/1..N/:x;
endsets
data:
  x = 5 1 3 4 6 10;
enddata
  s = @sum(number(I) |I #le# 5: x);! 循环给 number 集的属性赋值,然后
将 number 集的属性值相加,直到 i 小于等于 5
End
```

(三) @min 和@max

@min 和@max 返回指定的集成员的一个表达式的最小值或最大值,语法格式为:
@MIN (集合 (下标):集合表达式)

@MAX（集合（下标）：集合表达式）

```
model:
data:
  N=6;
enddata
sets:
  number/1..N/:x;
endsets
data:
  x = 5 1 3 4 6 10;
enddata
  minv = @min(number(I) | I #le# 5: x);! 求 number 集的属性值的最小值
  maxv = @max(number(I) | I #ge# N-2: x);! 求 number 集的后 3 个属性值的最大值
end
```

◇ 任务实施

一、任务分析

本任务要求求出总运费最少的商品运输方案。首先需要将约束整理出来，然后导入 Lingo。本任务模型的建立过程在这里不做叙述，后续有专门介绍模型建立的内容。本任务的具体模型如下。

$$\min z = \sum_{i=1}^{6}\sum_{j=1}^{8} c_{ij}x_{ij}$$

$$\text{s.t.} \sum_{j=1}^{8} x_{ij} = a_i, i = 1,2,\cdots,6$$

$$\sum_{i=1}^{6} x_{ij} = b_j, j = 1,2,\cdots,8$$

$$x_{ij} \geq 0 \text{ 且为整数}$$

式中，c_{ij}——第 i 个生产分厂到第 j 个销售点的单位运费；

a_i——第 i 个生产分厂的产量；

b_j——第 j 个销售点的销量；

x_{ij}——第 i 个生产分厂到第 j 个销售点的运输量。

二、任务实施

（1）打开任务 3.2 中建立的程序，如图 3-13 所示。

图 3-13

（2）根据本任务的目标函数和约束要求，编写相关的 Lingo 程序。

①编写目标函数程序，目标是求总运费最少的商品运输方案，所用的函数是求最小值函数，即 @min。程序如下：

> min = @sum(links: cost * x);

②编写约束程序。约束即产量约束和销量约束。其中产量约束共有 6 个，根据模型的约束公式进行编程。程序如下：

> @for(warehouses(I):@sum(vendors(J): volume(I,J)) <= capacity(I));

其中销量约束有 8 个，根据模型的约束公式进行编程。程序如下：

> @for(vendors(J):@sum(warehouses(I): volume(I,J)) = demand(J));

③将编写的目标函数程序和约束程序写入 Lingo 模型栏，如图 3-14 所示。

④运行该程序，得出结果，如图 3-15 所示。

三、结果分析

根据所得的运行结果，目标值为 664，即总运费最少为 664 元。其中所求 z 的值见表 3-8。

Lingo 18.0 - Lingo Model - Lingo1
File Edit Solver Window Help
Lingo Model - Lingo1
model:
sets:
factory/fa1..fa6/:capacity;!工厂集;
vend/ve1..ve8/:demand;!需求集;
links(factory,vend):cost,x;!派生集（运费集）;
endsets
!目标函数;
min=@sum(links: cost*x);
!销量约束;
@for(vend(J):
@sum(factory(I): x(I,J))=demand(J));
!产量约束;
@for(factory(I):
@sum(vend(J): x(I,J))<=capacity(I));
data:
capacity=60 55 51 43 41 52;
demand=35 37 22 32 41 32 43 38;
cost=6 2 6 7 4 2 9 5
4 9 5 3 8 5 8 2
5 2 1 9 7 4 3 3
7 6 7 3 9 2 7 1
2 3 9 5 7 2 6 5
5 5 2 2 8 1 4 3;
enddata
end
For Help, press F1
NUM
MOD
Ln 7, Col 7
9:49 am

图 3－14

Lingo 18.0 - Solution Report - Lingo1
File Edit Solver Window Help
Global optimal solution found.
Objective value: 664.0000
Infeasibilities: 0.000000
Total solver iterations: 17
Elapsed runtime seconds: 0.05
Model Class: LP
Total variables: 48
Nonlinear variables: 0
Integer variables: 0
Total constraints: 15
Nonlinear constraints: 0
Total nonzeros: 144
Nonlinear nonzeros: 0
Variable Value Reduced Cost
CAPACITY(FA1) 60.00000 0.000000
CAPACITY(FA2) 55.00000 0.000000
CAPACITY(FA3) 51.00000 0.000000
CAPACITY(FA4) 43.00000 0.000000
CAPACITY(FA5) 41.00000 0.000000
CAPACITY(FA6) 52.00000 0.000000
DEMAND(VE1) 35.00000 0.000000
DEMAND(VE2) 37.00000 0.000000
DEMAND(VE3) 22.00000 0.000000
DEMAND(VE4) 32.00000 0.000000
DEMAND(VE5) 41.00000 0.000000
DEMAND(VE6) 32.00000 0.000000
DEMAND(VE7) 43.00000 0.000000
DEMAND(VE8) 38.00000 0.000000
Lingo 18.0 Solver Status [Lingo1]
Solver Status
Model Class: LP
State: Global Opt
Objective: 664
Infeasibility: 0
Iterations: 17
Extended Solver Status
Solver Type:
Best Obj:
Obj Bound:
Steps:
Active:
Variables
Total: 48
Nonlinear: 0
Integers: 0
Constraints
Total: 15
Nonlinear: 0
Nonzeros
Total: 144
Nonlinear: 0
Generator Memory Used (K)
34
Elapsed Runtime (hh:mm:ss)
00:00:00
Update Interval: 2
Close
For Help, press F1
NUM
Ln 1, Col 1
9:51 am

图 3－15

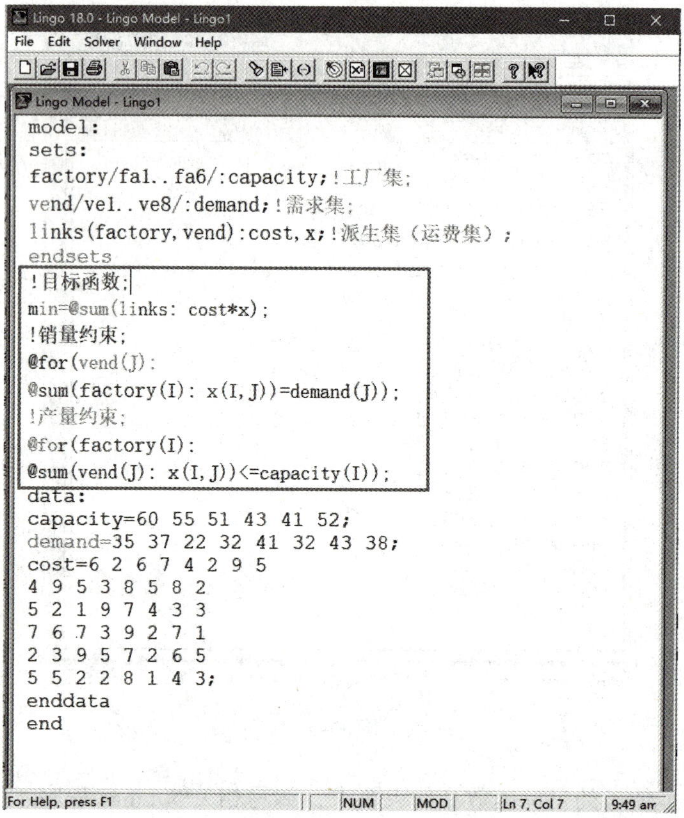

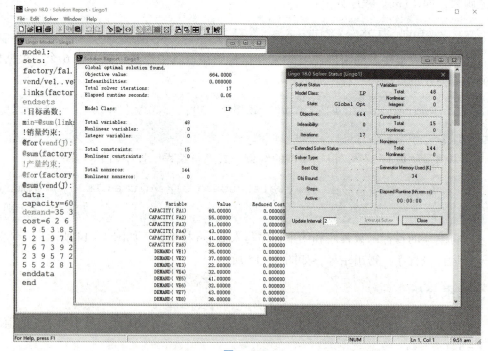

表 3-8

x_{ij}	1	2	3	4	5	6	7	8	Σ
1	0	19	0	0	41	0	0		60
2	1	0	0	32	0	0	0		33
3	0	11	0	0	0	0	40		51
4	0	0	0	0	0	5	0	38	43
5	34	7	0	0	0	0	0		41
6	0	0	22	0	0	27	3		52
Σ	35	37	22	32	41	32	43	38	

◇ 任务反馈及评价

一、个人学习总结

二、学习活动综合评价

自我评价			小组评价			教师评价		
8~10分	6~7分	1~5分	8~10分	6~7分	1~5分	8~10分	6~7分	1~5分

任务 3.4 Lingo 软件与外部数据的连接

◇ **任务描述**

继续任务 3.3 的问题，将产量、销量、运费 3 个数据做成 3 个不同的 Excel 表格文件数据，利用 Lingo 读取 Excel 表格数据来对 3 个集的数据赋值，从而完成任务 3.3 的问题，将结果输出为 Excel 文件。

◇ **支撑知识**

输入和输出函数可以把模型和外部数据如文本文件、数据库和电子表格等连接起来。输入和输出函数可以分为如下几种。

一、@file 函数

@file 函数用从外部文件中输入数据，可以放在模型中的任何位置。该函数的语法格式为 @file('FILENAME')。这里 FILENAME 是文件名，可以采用相对路径和绝对路径两种表示方式。@file 函数对同一文件的两种表示方式的处理和对两个不同的文件处理是一样的，这一点必须注意。

二、@text 函数

@text 被用在数据部分，用来把解输出至文本文件中。它可以输出集成员和集属性值。其语法格式为 @text(['FILENAME'])。这里 FILENAME 是文件名，可以采用相对路径和绝对路径两种表示方式。如果忽略 FILENAME，那么数据就被输出到标准输出设备（大多数情形下是屏幕）。@text 函数仅能出现在模型数据部分的一条语句的左边，右边是集名（用来输出该集的所有成员名）或集属性名（用来输出该集属性的值）。把用接口函数产生输出的数据声明称为输出操作。输出操作仅当求解器求解完模型后才执行，执行次序取决于其在模型中出现的先后顺序。

三、@ole 函数

@ole 函数是从 Excel 中引入或输出数据的接口函数，当使用 @ole 函数时，Lingo 先装载 Excel，再通知 Excel 装载指定的电子数据表，最后从电子数据表中获得 RANGES。为了使用 @ole 函数，必须有 Excel 5 及其以上版本。@ole 函数可在数据部分和初始部分引入数据。

@ole 函数的引入数据模式为：NAME = @ole('路径','NAME')。输出数据模式为：@ole('路径','NAME') = X。

@ole 函数可以同时读集成员和集属性，集成员最好用文本格式，集属性最好用数值格式。原始集的每个集成员需要一个单元（Cell），而对于 N 元的派生集每个集成员需要 N 个单元,这里第一行的 N 个单元对应派生集的第一个集成员,第二行的 N 个单元对应派生集的第二个集成员,依此类推。

@ole 函数只能读一维或二维的 RANGES [在单个的 Excel 工作表(Sheet)中],但不能读间断的或三维的 RANGES。RANGES 是自左而右、自上而下来读的。

◇任务实施

一、任务分析

在本任务中,将已知数据放入 3 个 Excel 文件,利用 Lingo 与 Excel 进行数据的交互,获取基础数据,并将程序结果数据存入 Excel 文件。

二、任务实施步骤

(1) 打开任务 3.3 的程序,将原先给数据赋值的内容删除,如图 3-16 所示。

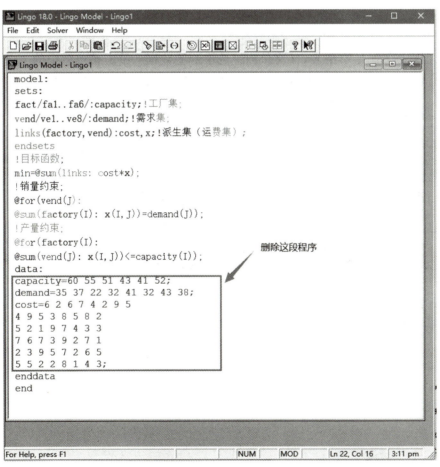

图 3-16

(2) 新建 Excel 文件。

①在计算机的文件夹内新建 4 个文件,文件名分别为"capacity""vend""demand"

"x"。其中"capacity"文件存放生产分厂的产量,"vend"文件存放运费,"demand"文件存放销售点销量,"x"文件存放企业销售点之间的运输量。具体如图3-17所示。

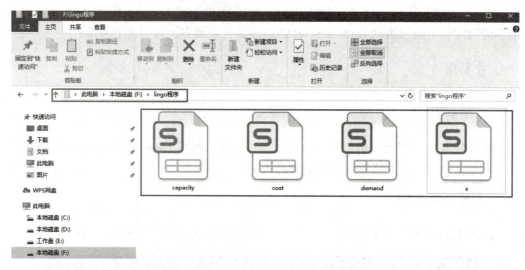

图 3-17

②把数据复制粘贴在 Excel 文件内,选中这些数据,单击菜单栏中的"公式"→"名称管理器"按钮,以一个新建的"vend"文件为例,具体如图 3-18 所示。

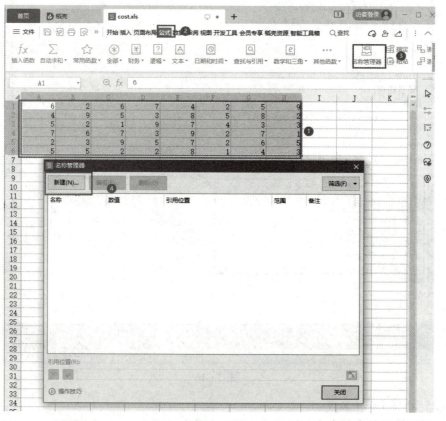

图 3-18

③在弹出的"新建名称"对话框的"名称"框中输入名称,名称与后面的程序内容需要对应起来,单击"确定"按钮,具体操作流程如图 3 – 19 所示。

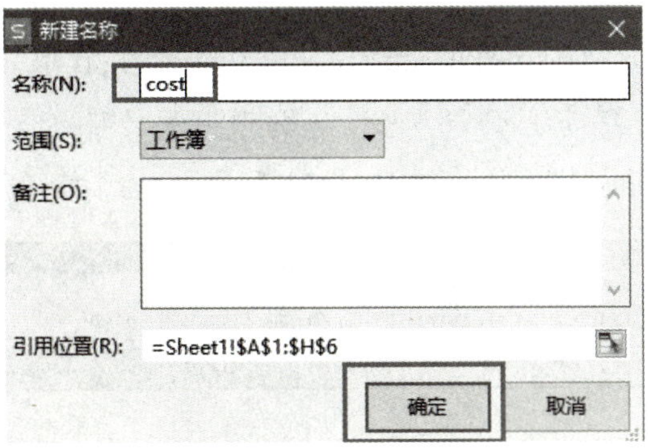

图 3 – 19

④在弹出的"名称管理器"对话框中单击"关闭"按钮,如图 3 – 20 所示。至此,Excel 文件建成,其他 3 个文件按同样的方式建立。

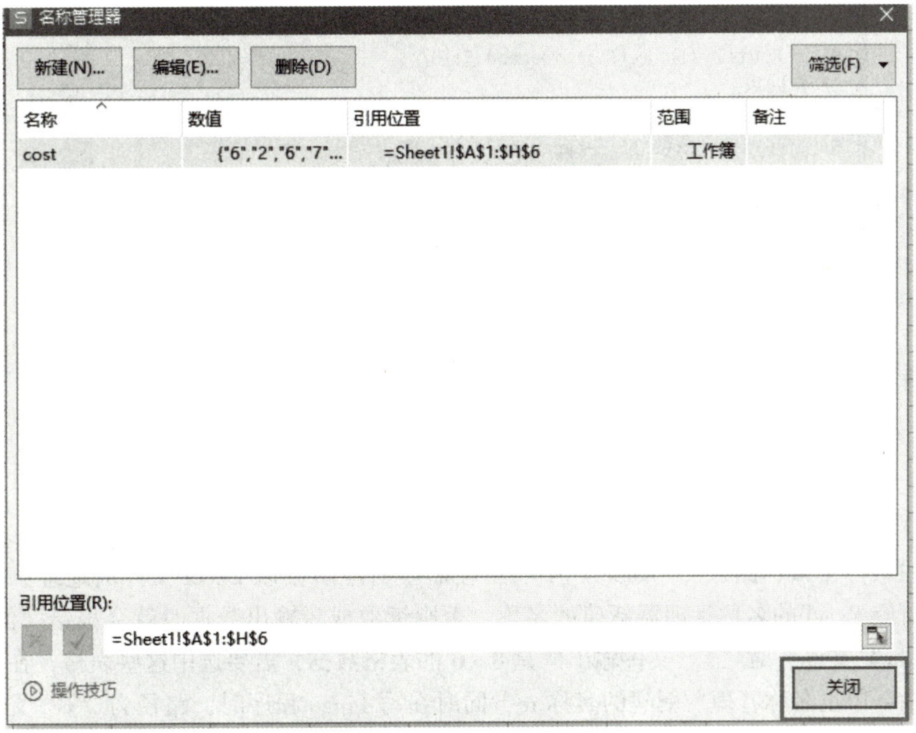

图 3 – 20

(3) Excel 文件建成后,读取"capacity""vend""demand"文件的内容,将结果输出到新建的"x"文件内,Lingo 程序如下。

> capacity = @ole('F:\lingo 程序\capacity.xls',' capacity');读取 capacity 数据
> demand = @ole('F:\lingo 程序\demand.xls','demand');读取 demand 数据
> cost = @ole('F:\lingo 程序\cost.xls','cost');读取 cost 数据
> @ole('F:\lingo 程序\x.xls','re') = x;输出 x 数据

将所编程序写入 Lingo 模型栏,如图 3-21 所示。

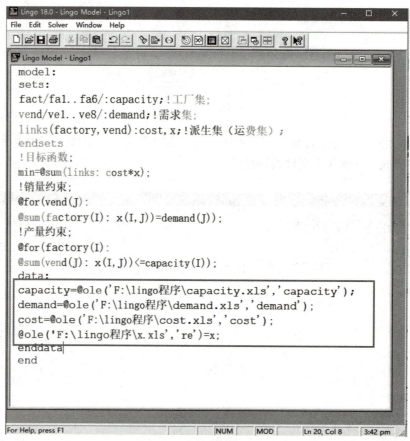

图 3-21

注意:@ole('路径','name') 中的路径需要对应所读取 Excel 文件的地址;name 需要对应 Excel 的名称管理器新建的名称,否则读取或者输出数据时就会报错。例如,新建"x"文件,对"x"文件输出的是 8×6 的表格数据,需要选中这些表格,在公式菜单栏下单击名称管理器新建的名称 re,同时在写 Lingo 程序时,路径为"x"文件所在的路径,name 为 re,即@ole('F:\Lingo 程序\x.xls','re') = x。

三、运行结果

运行程序,计算结果与任务 3.3 是一样的,同时本程序增加了将程序中"x"的数据输出到"x"文件内,具体如图 3-22 所示。

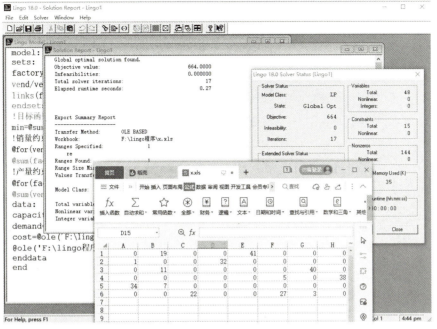

图 3－22

◇任务反馈及评价

一、个人学习总结

二、学习活动综合评价

自我评价			小组评价			教师评价		
8～10 分	6～7 分	1～5 分	8～10 分	6～7 分	1～5 分	8～10 分	6～7 分	1～5 分

第二部分　写作篇

제3편 소설 2선

项目 4　规　则

任务 4.1　比赛规则

第一条　总则

全国大学生数学建模竞赛（以下简称"竞赛"）是中国工业与应用数学学会主办的面向全国大学生的群众性科技活动，旨在激励学生学习数学的积极性，提高学生建立数学模型和运用计算机技术解决实际问题的综合能力，鼓励广大学生踊跃参加课外科技活动，开拓知识面，培养创造精神及合作意识，推动大学数学教学体系、教学内容和方法的改革。

第二条　竞赛内容

竞赛题目一般来源于科学与工程技术、人文与社会科学（含经济管理）等领域经过适当简化加工的实际问题，不要求参赛者预先掌握深入的专门知识，只需要学过高等学校的数学基础课程。题目有较大的灵活性供参赛者发挥其创造能力。参赛者应根据题目要求，完成一篇包括模型的假设、建立和求解，计算方法的设计和计算机实现，结果的分析和检验，模型的改进等方面的论文（即答卷）。竞赛评奖以假设的合理性、建模的创造性、结果的正确性和文字表述的清晰程度为主要标准。

第三条　竞赛形式、规则和纪律

（1）竞赛每年举办一次，全国统一竞赛题目，采取通讯竞赛方式。

（2）大学生以队为单位参赛，每队不超过 3 人（须属于同一所学校），专业不限。竞赛分本科、专科两组进行，本科生参加本科组竞赛，专科生参加专科组竞赛（也可参加本科组竞赛），研究生不得参加。每队最多可设一名指导教师或教师组，从事赛前辅导和参赛的组织工作，但在竞赛期间不得进行指导或参与讨论。

（3）竞赛期间参赛队员可以使用各种图书资料（包括互联网上的公开资料）、计算机和软件，但每个参赛队必须独立完成赛题解答。

（4）竞赛开始后，赛题将公布在指定的网址供参赛队下载，参赛队在规定时间内完成答卷，并按要求准时交卷。

（5）参赛院校应责成有关职能部门负责竞赛的组织和纪律监督工作，保证本校竞赛的规范性和公正性。

第四条　组织形式

（1）竞赛主办方设立全国大学生数学建模竞赛组织委员会（以下简称"全国组委会"），负责制定竞赛参赛规则、启动报名、拟定赛题、组织全国优秀答卷的复审和评奖、印制获奖证书、举办全国颁奖仪式等。

（2）竞赛分赛区组织进行。原则上一个省（自治区、直辖市、特别行政区）为一个赛区。每个赛区建立组织委员会（以下简称"赛区组委会"），负责本赛区的宣传及报名、监督竞赛纪律和组织评阅答卷等工作。未成立赛区的各省院校的参赛队可直接向全国组委会报名参赛。

（3）设立优秀组织工作奖，表彰在竞赛组织工作中成绩优异或进步突出的赛区组委会。优秀组织工作奖以参赛的校数和队数、征题的数量和质量、赛风和竞赛纪律的把关、评阅工作的质量、结合本赛区具体情况创造性地开展工作以及与全国组委会的配合等为主要标准。

第五条　评奖办法

（1）各赛区组委会聘请专家组成赛区评阅专家组，评选本赛区的一等奖、二等奖（也可增设三等奖）。

（2）各赛区组委会按全国组委会规定的数额将本赛区的优秀答卷送交全国组委会。全国组委会聘请专家组成全国评阅专家组，按统一标准从各赛区送交的优秀答卷中评选出全国一等奖、二等奖。

（3）对违反竞赛规则的参赛队，一经查实，即取消评奖资格，并由全国组委会（或赛区组委会）根据具体情况做出相应处理。

第六条　公示和异议制度

（1）竞赛设立公示制度，全国和各赛区获奖名单公示期为7天。

（2）竞赛设立异议制度。竞赛开始至竞赛结束后6个月内，任何个人和单位都可以提出异议，由全国组委会（或各赛区组委会）负责受理。

（3）异议包括举报和申诉，均须以书面形式提出。受理举报的重点是违反竞赛纪律的行为；受理申诉的重点是对竞赛违纪处罚的申辩。对于要求将答卷复评或者提高获奖等级的申诉，原则上不予受理，特殊情况可先经各赛区组委会审核后，由各赛区组委会报全国组委会核查。

（4）举报应提供具体明确的证据或线索。对于提供本人真实姓名和联系方式的举报人，全国组委会或各赛区组委会应在收到举报后两个月内向举报人答复处理结果。全国组委会及各赛区组委会对举报人的个人信息予以保密。

（5）与被举报的参赛队有关的学校管理部门，有责任协助全国组委会及各赛区组委会对举报进行调查，并提出处理意见。

（6）申诉必须由当事人提出。个人提出的申诉，须写明本人的真实姓名、所在单位、联系方式（包括联系电话和电子邮件地址等），并有本人的亲笔签名；单位提出的申诉，须写明联系人的姓名、联系方式（包括联系电话或电子邮件地址等），并加盖单位公章。全国组委会或各赛区组委会应在收到申诉后两个月内向申诉人答复处理结果。

项目 5　模块

任务 5.1　模块要求

0. 摘要

(1) 模型的数学归类（在数学上属于什么类型）。

(2) 建模的思想（思路）。

(3) 算法思想（求解思路）。

(4) 建模特点（模型优点、建模思想或方法、算法特点、结果检验、灵敏度分析、模型检验……）。

(5) 主要结果（数值结果、结论；回答题目所问的全部"问题"）。

表述：准确、简明、条理清晰、合乎语法、字体工整漂亮；打印最好，但要求符合文章格式规范，务必认真校对。

1. 问题重述

(1) 问题背景：结合时代、社会、民生等。

(2) 需要解决的问题。

2. 模型假设

根据全国组委会确定的评阅原则，基本假设的合理性很重要。

(1) 根据题目的条件做出假设。

(2) 根据题目的要求做出假设。

关键性假设不能缺，假设要切合题意。

3. 模型的建立

1) 基本模型

(1) 首先要有数学模型：数学公式、方案等。

(2) 基本模型要求完整、正确、简明。

2) 简化模型

(1) 要明确说明简化思想、依据。

(2) 简化后模型尽可能完整给出。

(3) 模型要实用、有效，以解决问题有效为原则。

数学建模面临的、要解决的是实际问题，不追求数学上的高（级）、深（刻）、难（度大）。

能用初等方法解决的，就不用高级方法；能用简单方法解决的，就不用复杂方法；能用被更多人看懂、理解的方法解决的，就不用只能少数人看懂、理解的方法。

(4) 鼓励创新，但要切实，不要离题，标新立异，数模创新可体现在建模中，模型本身，简化的好方法、好策略等，模型求解中结果表示、分析、检验，模型检验，推广部分。

（5）在问题分析推导过程中，需要注意的问题如下。

分析：中肯、确切；

术语：专业、内行；

原理、依据：正确、明确；

表述：简明，关键步骤要列出；

切忌：外行话，专业术语不明确，表述混乱、冗长。

4. 模型求解

（1）建立数学命题时，命题叙述要符合数学命题的表述规范，尽可能论证严密。

（2）需要说明计算方法或算法的原理、思想、依据、步骤。若采用现有软件，需要说明采用此软件的理由、软件名称。

（3）计算过程的中间结果可要可不要的，不要列出。

（4）设法算出合理的数值结果。

5. 结果分析、检验，模型检验及模型修正，结果表示

（1）最终数值结果的正确性或合理性是第一位的。

（2）对数值结果或模拟结果进行必要的检验。

结果不正确、不合理或误差大时，要分析原因，对算法、计算方法或模型进行修正、改进。

（3）题目中要求回答的问题、数值结果、结论，须一一列出。

（4）列数据问题：考虑是否需要列出多组数据或额外数据。

对数据进行比较、分析，为各种方案的提出提供依据。

（5）结果表示要集中、一目了然、直观，以便于比较分析。

对于数值结果表示，应精心设计表格；可能的话，用图形、图表形式求解方案，用图示更好。

（6）必要时对问题进行解答，做定性或规律性的讨论。最后结论要明确。

6. 模型评价

突出优点，缺点也不回避。

改变原题要求，重新建模可在此部分进行。

推广或改进方向时，不要玩弄新数学术语。

7. 参考文献

略。

8. 附录

详细的结果、详细的数据表格可在附录中列出，但不要错，错的宁可不列。主要结果数据应在正文中列出，不怕重复。检查答卷的主要三点（把三关）：模型正确、合理、具有创新性；结果正确、合理；文字表述清晰，分析精辟，摘要精彩。

第三部分 模型篇

常世神　介居三郎

项目 6　优化模型

任务 6.1　线性规划

◇**任务描述**

某公司饲养实验用的动物以供出售。已知这些动物的生长对饲料中的 3 种营养成分——蛋白质、矿物质、维生素特别敏感，每个动物每天至少需要蛋白质 60 g、矿物质 3 g、维生素 8 g，每天所需饲料的总质量要小于 52 kg，该公司能买到 5 种不同的饲料，每种饲料 1 kg 的成本见表 6-1，每种饲料 1 kg 所含营养成分见表 6-2。

求既能满足动物生长需要又使总成本最低的饲料配方。

表 6-1

饲料	A1	A2	A3	A4	A5
成本/元	0.2	0.7	0.4	0.3	0.5

表 6-2　　　　　　　　　　　　　　　　　　　　　　　　　　　　g

饲料	蛋白质	矿物质	维生素
A1	0.30	0.10	0.05
A2	2.00	0.05	0.10
A3	1.00	0.02	0.02
A4	0.60	0.20	0.20
A5	1.80	0.05	0.08

◇**支撑知识**

线性规划是最优化问题中的一个重要领域。在作业研究中所面临的许多实际问题都可以用线性规划来处理，特别是某些特殊情况，例如网络流、多商品流量等问题都被认为非常重要。现阶段已有大量针对线性规划算法的研究。很多最优化问题都可以分解为线性规划子问题，然后逐一求解。

线性规划问题的标准形式是等约束的，用矩阵表示如下：

$$\begin{cases} \min f(x) = cx \\ \text{s. t.} \begin{cases} Ax = b \\ x \geq 0 \end{cases} \end{cases}$$

一般线性规划问题都可以通过引入松弛变量与剩余变量的方法转化成标准形式。

在实际问题中，建立数学模型一般有以下 3 个步骤。

（1）根据影响所要达到目的的因素找到决策变量。

（2）由决策变量和所达到目的之间的函数关系确定目标函数。

（3）由决策变量所受的限制条件确定决策变量所要满足的约束条件。

◇ 任务实施

一、问题重述

本任务给出了不同饲料的成本和每种饲料营养成分的含量，每个动物每天至少需要蛋白质 60 g、矿物质 3 g、维生素 8 g，每天所需饲料的总质量要小于 52 kg，要想满足动物生长并且成本最低，必须根据所给的成本来解决问题。

二、问题分析

本问题是一个线性规划问题，需要运用线性规划的方法进行解答，题目给出了动物每天所需营养成分的最少摄入量，同时给出了每种饲料的成本，需要建立一个目标函数，通过相关的约束来求解问题。

三、基本假设

（1）所给的数据准确无误。

（2）动物不会出现生病等其他问题。

四、符号说明

本任务的符号说明见表 6-3。

符号	符号说明
x_i	第 i 种饲料的质量（kg），$i = 1, 2, 3, 4, 5$
S	成本

五、模型的建立与求解

（一）模型的建立

本问题的目标是保证动物所需营养的情况下，使饲料成本最低。根据所给出的 5 种饲料成本建立成本最低目标函数，同时根据动物每天所需的营养成分建立约束条件，从而建立如下所示数学模型。

$$\min S = 0.2x_1 + 0.7x_2 + 0.4x_3 + 0.3x_4 + 0.5x_5$$

$$\text{s.t} \begin{cases} 0.3x_1 + 2x_2 + x_3 + 0.6x_4 + 1.8x_5 \geq 60 \\ 0.1x_1 + 0.05x_2 + 0.02x_3 + 0.2x_4 + 0.05x_5 \geq 3 \\ 0.05x_1 + 0.1x_2 + 0.02x_3 + 0.2x_4 + 0.08x_5 \geq 8 \\ x_1 + x_2 + x_3 + x_4 + x_5 \leq 52 \\ x_1, x_2, x_3, x_4, x_5 \geq 0 \end{cases}$$

(二) 模型的求解

根据所建立的模型，在 Lingo 的模型栏内输入如下程序。

```
Min = 0.2*x1+0.7*x2+0.4*x3+0.3*x4+0.5*x5;
0.3*x1+2*x2+x3+0.6*x4+1.8*x5>60;
0.1*x1+0.05*x2+0.02*x3+0.2*x4+0.05*x5>3;
0.05*x1+0.1*x2+0.02*x3+0.2*x4+0.08*x5>8;
X1+x2+x3+x4+x5<52;
```

程序运行结果如下。

```
Global optimal solution found at iteration:   4
Objective value:    22.40000
            Variable      Value         Reduced Cost
            X1            0.000000      0.7000000
            X2            12.00000      0.000000
            X3            0.000000      0.6166667
            X4            30.00000      0.000000
            X5            10.00000      0.000000
            Row       Slack or Surplus      Dual Price
            1             22.40000         -1.000000
            2             0.000000         -0.5833333
            3             4.100000         0.000000
            4             0.000000         -4.166667
            5             0.000000         0.8833333
```

每天每个动物的配料为饲料 A2，A4，A5，质量分别为 12 kg，30 kg 和 10 kg，合计为 52 kg，这时饲养成本达到最低，最低成本为 22.4 元。不选用饲料 A1 和 A3 的原因是这两种饲料的价格太高，没有竞争力。"Reduced Cost"分别等于 0.7 和 0.617，说明当这两种饲料的价格分别降低 0.7 元和 0.62 元以上时，选用这两种饲料可使饲养成本降低。从"Slack or Surplus"可以看出，蛋白质和维生素刚达到最低标准，矿物质超过最低标准 4.1；从"Dual Price"可以得到降低标准蛋白质 1 单位可使饲养成本降低

0.583 元，降低标准维生素 1 单位可使饲养成本降低 4.167 元，但降低矿物质的标准不会降低饲养成本，如果动物的进食量减少，就必须选取精一些的饲料但要提高成本，大约进食量减少 1 kg 可使饲养成本提高 0.88 元。

六、模型评价

本模型是一个比较简单的线性规划模型，求解的结果比较客观地给出了一个最低成本的方案，整个模型还是比较合理的。

◇任务反馈及评价

一、个人学习总结

_____

_____

_____

_____

_____

_____

二、学习活动综合评价

自我评价			小组评价			教师评价		
8~10 分	6~7 分	1~5 分	8~10 分	6~7 分	1~5 分	8~10 分	6~7 分	1~5 分

任务 6.2　整数规划模型

◇任务描述

设有人员 12 个、工作 10 件，且 1 人做 1 件工作，第 i 人做第 j 件工作的时间（或费用）为 c_{ij}（取值见表 6-4）。问：如何分派可使工作时间（或总费用）最少？

表 6-4

人员	工作									
	1	2	3	4	5	6	7	8	9	10
1	2	5	8	3	6	12	2	4	6	7
2	5	4	7	2	2		7	3	3	1
3	7	23	5	4	7	4	9	6	4	6
4	7	9		5	8	8			4	
5		8	3	2	1	7		8	7	9
6	5	9	6	8		3	4	7	8	7
7	5	5	6	4	7	5	9		5	
8	2	2	8	8	2	9	4	3	8	5
9	3	5	5	7	3		8			6
10	8	7	4	3	7	5	9	8		3
11	3	8	8	1	4	8	2	1	9	5
12	3		5		5	7	2	8	2	10

◇ **支撑知识**

哈密顿图是一个无向图,由天文学家哈密顿提出,在该图中由指定的起点前往指定的终点,途中经过所有其他节点且只经过一次。在图论中哈密顿图是指含有哈密顿回路的图,闭合的哈密顿路径称作哈密顿回路(Hamiltonian Cycle),含有图中所有节点的路径称作哈密顿路径。从图中的任意一点出发,路途中经过图中每一个节点且仅经过一次,则成为哈密顿回路。

哈密顿图要满足两个条件。

(1)包含封闭的环。

(2)是一个连通图,且图中任意两点可达。经过图(有向图或无向图)中所有节点一次且仅一次的通路称为哈密顿通路。经过图中所有节点一次且仅一次的回路称为哈密顿回路。

◇ **任务实施**

一、问题重述

设有人员 12 个、工作 10 件,且 1 人做 1 件工作,第 i 人做第 j 件工作的时间(或费用)为 c_{ij}(取值见表 6-4)。问:如何分派可使工作时间(或总费用)最少?

二、问题分析

最少时间（即人力资源成本）是最大利润一个很有价值的参考数据，往往需要利用数学建模的方法对其进行定量的分析。首先确定第 i 人做或者不做第 j 件工作，将问题定量化，再以全部的工作时间为目标函数，最后对目标函数求最优解得出最终结果。

三、模型假设

（1）每个人都能在自己的花销时间内完成工作。

（2）每个人只能做一件工作，即既不能同时做两件工作，也不能在一件工作做完后再做其他工作。

（3）每件工作都必须有人做，且只能由一个人独立完成。

（4）各工作之间没有相互联系，即一件工作完成与否，不受另一件工作的制约。

四、符号说明

本任务的符号说明见表 6-5。

表 6-5

符号	符号说明
z	完成所有工作的总时间
x_{ij}	第 i 人做第 j 件工作的时间

五、模型的建立和求解

（一）模型的建立

设

$$x_{ij} = \begin{cases} 1, & \text{第 } i \text{ 人做第 } j \text{ 件工作} \\ 0, & \text{第 } i \text{ 人不做第 } j \text{ 件工作} \end{cases}, i = 1, 2, 3, \cdots, 12; j = 1, 2, 3, \cdots, 10$$

则工作时间为

$$z = \sum_{i=1}^{12} \sum_{j=1}^{10} c_{ij} x_{ij}$$

限定条件为

$$\sum_{j=1}^{10} x_{ij} \leq 1, i = 1, 2, 3, \cdots, 12$$

即每个人只能做一件工作［假设（2）］，可以小于 1 是因为人比工作多，允许有人空闲。

$$\sum_{i=1}^{12} x_{ij} = 1, j = 1, 2, 3, \cdots, 10$$

即每件工作都要有人做，且只能由一个人做［假设（3）］。

$$x_{ij} = 0 \text{ 或 } 1$$

不能完成任务的人为：

$$x_{26},$$
$$x_{43}, x_{47}, x_{48}, x_{4,10},$$
$$x_{51}, x_{57},$$
$$x_{65},$$
$$x_{78}, x_{7,10},$$
$$x_{96}, x_{98}, x_{99},$$
$$x_{10,9},$$
$$x_{12,2}, x_{12,4}$$
$$= 0$$

（二）模型的求解

化为标准形式如下：

$$\min z = \sum_{i=1}^{12} \sum_{j=1}^{10} c_{ij} x_{ij}$$

$$\text{s. t.} \sum_{j=1}^{10} x_{ij} \leq 1, i = 1,2,3,\cdots,12$$

$$\sum_{i=1}^{12} x_{ij} = 1, j = 1,2,3,\cdots,10$$

$$x_{ij} = 0 \text{ 或 } 1$$

$$x_{26},$$
$$x_{43}, x_{47}, x_{48}, x_{4,10},$$
$$x_{51}, x_{57},$$
$$x_{65},$$
$$x_{78}, x_{7,10},$$
$$x_{96}, x_{98}, x_{99},$$
$$x_{10,9},$$
$$x_{12,2}, x_{12,4}$$
$$= 0$$

将上述条件以及数据写入 Lingo，编写程序求解。

程序如下。

```
model:
sets:
si/1..12/;
sj/1..10/;
sij(si,sj):c,x;
```

```
endsets
data:
c = 2 5 8 3 6 1 2 2 4 6 7
    5 4 7 2 2 0 7 3 3 1
    7 2 3 5 4 7 4 9 6 4 6
    7 9 0 5 8 8 0 0 4 0
    0 8 3 2 1 7 0 8 7 9
    5 9 6 8 0 3 4 7 8 7
    5 5 6 4 7 5 9 0 5 0
    2 2 8 8 2 9 4 3 8 5
    3 5 5 7 3 0 8 0 0 6
    8 7 4 3 7 5 9 8 0 3
    3 8 8 1 4 8 2 1 9 5
    3 0 5 0 5 7 2 8 2 10;
enddata
min = @sum(sij:c*x);
@for(sij:@bin(x));!限制x为0-1变量;
@for(sj(j):@sum(si(i):x(i,j))=1);!即每件工作都要有人做,且只能
由一个人做(假设(3));
@for(si(i):@sum(sj(j):x(i,j))<=1);!即每个人只能做一件工作(假
设(2)),可以小于1是因为人比工作多,允许有人空闲;
!强制等于0的量,即无法完成某件工作的人;
x(2,6)=0;
x(4,3)=0;x(4,7)=0;x(4,8)=0;x(4,10)=0;
x(5,1)=0;x(5,7)=0;
x(6,5)=0;
x(7,8)=0;x(7,10)=0;
x(9,6)=0;x(9,8)=0;x(9,9)=0;
x(10,9)=0;
x(12,2)=0;x(12,4)=0;
```

程序调试完成后,得到结果如下。

```
X(1,7) = 1.000000
X(2,10) = 1.000000
X(5,5) = 1.000000
X(6,6) = 1.000000
X(7,4) = 1.000000
```

```
X(8,2) =1.000000
X(9,1) =1.000000
X(10,3) =1.000000
X(11,8) =1.000000
X(12,9) =1.000000
```

最小时间为

$$z = 23$$

将工作分派情况与表6-4（即每个人花费的时间）对比，见表6-6。

表6-6

人员	工作									
	1	2	3	4	5	6	7	8	9	10
1	2	5	8	3	6	12	2	4	6	7
2	5	4	7	2	2		7	3	3	1
3	7	23	5	4	7	4	9	6	4	6
4	7	9		5	8	8		4		
5		8	3	2	1	7		8	7	9
6	5	9	6	8		3	4	7	8	7
7	5	5	6	4	7	5	9		5	
8	2	2	8	8	2	9	4	3	8	5
9	3	5	5	7	3		8			6
10	8	7	4	3	7	5	9	8		3
11	3	8	8	1	4	8	2	1	9	5
12	3		5		5	7	2	8	2	10

注：加粗的单元格即选择做第j件工作的第i个人。

可以看到，最优解基本上是集中于取值较小（即花费时间较少）的人，受假设（2）（每个人只能做一件工作，即既不能同时做两件工作，也不能在一件工作做完后再做其他工作）的约束，每一横行只能选一个格子（即每个人只能做一件工作），可不选。

模型又受到假设（3）的约束（每件工作都必须有人做，且只能由一个人独立完成），因此，每一竖行必须且只能选一个格子。

对照约束条件与表6-6，可以发现有些事件取值并非该人最高效事件（如第10人），但为满足约束，程序从全局高度对结果进行了取舍。

由表6-6可以推断，在没有计算机辅助或待求解量较少且对结果要求不高的情况下，可以采取"画格子"的方式粗糙地求解类似问题；但也可从思维过程看出在计算机辅助的情况下节省了大量的较繁运算。

六、模型评价

（一）模型的优点

（1）本任务对模型做了合理的预测，结果反映真实的情况，与实际情况比较接近。
（2）模型明了简洁，具有相当的可推广性。

（二）模型的缺点

模型考虑的影响因素较少。

（三）模型的改进方向

在问题的求解过程中，考虑的方面较为简略，还有很多因素可以考虑，例如在可以协作的情况下，各人做完了分配工作后可以再做其他工作的情形，以及该情形下各人不同的休息时间，各件工作有关联时的情形等因素。但在单一工作及简单考虑的情况下，该模型具有较大的生存空间，只需改动少许数值即可推广应用。

◇任务反馈及评价

一、个人学习总结

二、学习活动综合评价

自我评价			小组评价			教师评价		
8~10分	6~7分	1~5分	8~10分	6~7分	1~5分	8~10分	6~7分	1~5分

任务6.3 图论模型——哈密顿圈

◇ **任务描述**

从北京（Pe）乘飞机到东京（T）、纽约（N）、墨西哥城（M）、伦敦（L）、巴黎（Pa）5个城市旅游，每个城市恰去一次再回北京，应如何安排旅游线，使旅程最短？各城市之间的航线距离见表6-7。

表6-7

城市	L	M	N	Pa	Pe	T
L		56	35	21	51	60
M	56		21	57	78	70
N	35	21		36	68	68
Pa	21	57	36		51	61
Pe	51	78	68	51		13
T	60	70	68	61	13	

◇ **支撑知识**

关于哈密顿图的支撑知识见任务6.2。

◇ **任务实施**

一、问题重述

短路径模型是图论模型中经常出现的一种模型，旨在图中寻找两个节点或者单节点到其他节点之间的最短路径。现有旅行者需要乘飞机从北京到东京，途中还会经过纽约、墨西哥城、伦敦、巴黎。为了合理规划旅游路线，每个城市去且只去一次，并且在归程之后再一次回到出发地点北京。为此应该如何选择旅行路线，确保在这6个城市之间往返的距离达到最小值？

二、问题分析

问题的要求是求出从北京出发经过东京、纽约、墨西哥城、伦敦、巴黎这5个城市旅游之后，再次回到北京，这些旅程中的最短路线应该怎么决定，并且根据每个城市之间的距离求解出最短路径为多少。

首先，求解出这 6 个城市之间的最短路程，可以用哈密尔顿问题的核心思路"点遍历"来解决，简单来说，就是 6 个点（城市）至少经过每个点（城市）一次。

其次，在图论模型中，在一个赋权完全图中找出一个最小权的哈密顿圈，称这种圈为最优圈。较小哈密顿圈所圈得的数值并不一定是最优的解，需要对已经求出的哈密顿圈进行改良，从而得到一个改良后的哈密顿圈，这个方法称为改良圈算法，其目的是得到一个具有较小权的哈密顿圈。

最后，改良圈也不是最优的答案，毕竟这个算法存在数据的误差，甚至受到数据丢失的影响，因此为了提高结果的精度，通常的办法是选择不同的初始圈，重复计算多次，方可得到比较精确的结果。

三、模型假设

（1）航班在飞行途中不存在延误情况。
（2）该旅行者能够遵循旅行计划安排。
（3）题目中所给的数据真实可信。
（4）5 个城市可以当作质点来计算相互间的距离。

四、符号说明

本任务的符号说明见表 6-8。

表 6-8

符号	符号说明
P_e	北京
T	东京
N	纽约
M	墨西哥城
L	伦敦
P_a	巴黎
G	连通赋权图
V	G 的点
E	G 的边

五、模型的建立和求解

（一）模型的建立

在本任务中，最终的目标是求解出该旅行者在此次旅行中的最短路径，所以可以通过 MATLAB 软件进行编程,根据哈密尔顿圈的算法进行拟合,从而得到最短的路径。

首先,设 G 是连通赋权图。

建立一个二元组 (V, E),称为图,即 $G = (V, E)$。其中 V 称为 G 的顶点或节点,而 E 称为 G 的边。

常用公式:

$$V_0 = \{v \mid v \in V(G), d(v) = 1(\text{mod}2)\} \quad (6-1)$$

$$V = \{V_1, V_2, \cdots, V_n\}, |V| = n; \quad (6-2)$$

$$E = \{e_1, e_2, \cdots, e_m\}(e_k = V_i V_j) \quad (6-3)$$

称点 V_i,V_j 为边 $V_i V_j$ 的端点,在有向图中,称 V_i,V_j 分别为 $V_i V_j$ 的始点和终点。该图称为 (n, m) 图。

其次,根据 6 个城市之间的距离,可以建立一个 6×6 的矩阵,再把这个矩阵带入 MATLAB,进行哈密尔顿算法计算,即可求解出哪条路径是最短的以及最短的路径长度。

(二) 模型求解

根据已知信息(表 6-7),可以简单地得到如下矩阵:

$$\begin{matrix} 0, & 56, & 35, & 21, & 51, & 60 \\ 56, & 0, & 21, & 57, & 78, & 70 \\ 35, & 21, & 0, & 36, & 68, & 68 \\ 21, & 57 & 36, & 0, & 51, & 61 \\ 51, & 78, & 68, & 51, & 0, & 13 \\ 60, & 70, & 68, & 61, & 13, & 0 \end{matrix}$$

把上述矩阵代入 MATLAB 软件,具体的程序如下。

```
clc,clear
global a
a = zeros(6);
a(1,2) =56;a(1,3) =35;a(1,4) =21;a(1,5) =51;a(1,6) =60;
a(2,3) =21;a(2,4) =57;a(2,5) =78;a(2,6) =70;
a(3,4) =36;a(3,5) =68;a(3,6) =68;a(4,5) =51;a(4,6) =61;
a(5,6) =13;a = a + a';L = size(a,1);
c1 =[5 1:4 6];
[circle,long] = modifycircle(c1,L);
c2 =[5 6 1:4];% 改变初始圈,该算法的最后一个顶点不动
[circle2,long2] = modifycircle(c2,L);
if long2 < long
long = long2;
circle = circle2;
end
```

```
circle,long
%*******************************************
% 修改圈的子函数
%*******************************************
function [circle,long] = modifycircle(c1,L)
global a
flag = 1;
while flag > 0
flag = 0;
for m = 1:L - 3
for n = m + 2:L - 1
if a(c1(m),c1(n)) + a(c1(m + 1),c1(n + 1)) < …
a(c1(m),c1(m + 1)) + a(c1(n),c1(n + 1))
flag = 1;
c1(m + 1:n) = c1(n: - 1:m + 1);
end
end
end
end
long = a(c1(1),c1(L));
for i = 1:L - 1
long = long + a(c1(i),c1(i + 1));
end
circle = c1;
end
```

通过运行程序，可以得到表6-9所示情况。

表6-9

第一种	Pe	L	M	N	Pa	T
第二种	Pe	T	L	M	N	Pa
第三种	Pe	Pa	L	N	M	T
第四种	Pe	T	M	N	L	Pa

通过表6-9可以清楚地知道从北京出发，旅游5个城市之后又回到北京有4种旅游路线，可这4种旅游路线基本上都是类似的，所以想求出最短的路径，毫无疑问也是在这4种旅游路线之中寻找。

最终根据有权无向图 G，选取顶点，找出终点，计算出顶点到终点之间的距离为 221。

综上所述，在 6 个城市的旅游中，有 4 种旅游路线可供选择，并且在所有城市至少去过一次的情况下，这段旅程的最短距离为

$$\text{long} = 221$$

六、模型的检验

根据哈密尔顿圈的方式，可以把 6 个城市看成 6 个点，如图 6-1 所示。

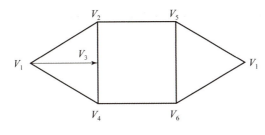

图 6-1

七、模型评价

（一）模型的优点

（1）本任务对模型做了合理的预测，结果反映真实的情况，与实际情况比较接近。

（2）本任务利用了哈密顿圈，使数据更具有说服力。

（二）模型的缺点

本任务在分析问题的时候，没有多次计算改良圈，这使最终结果不是十分精确。

（三）模型的改进方向

在计算最短距离时，只使用了哈密顿圈，还可以采取一些其他方法进行处理。

◇任务反馈及评价

一、个人学习总结

二、学习活动综合评价

自我评价			小组评价			教师评价		
8~10分	6~7分	1~5分	8~10分	6~7分	1~5分	8~10分	6~7分	1~5分

项目 7　分类模型

任务 7.1　聚类分析

◇**任务描述**

产品的销售数据见表 7-1，分析在不同的影响因素下，如何才能选出正确的经营战略，来保证企业获取利润的最大化，同时对所得出的结论进行正确的分析和评价。

表 7-1　　　　　　　　　　　　　　　　　　　　　　　万元

地区	年份	A 合计	K 合计	H 合计	T 合计	C 合计	E 合计
地区 1	2016	218.283 5	2 398.977	0	0	162.319 5	12 173.43
地区 2	2016	68.029	3 510.392	0	0	183.200 6	16 329.29
地区 3	2016	45.525	2 055.727	0	0	144.553 1	9 586.431
地区 4	2016	160.067	1 561.871	0	0	128.311 6	11 190.38
地区 5	2016	35.325	1 396.721	0	0	75.922	8 435.336
地区 6	2016	88.767	2 505.022	0	0	177.210 1	11 951.92
MT 渠道	2016	772.515 5	771.111 3	0	0	82.131 33	5 275.658
地区 1	2017	446.974	2 695.941	0	0	183.844 5	14 245.42
地区 2	2017	197.588	4 354.277	0	0	344.385 4	20 761.06
地区 3	2017	168.511	2 297.247	0	0	213.087 8	11 510.04
地区 4	2017	291.429	2 110.051	0	0	284.456 4	15 250.02
地区 5	2017	76.925	1 672.751	0	0	156.079 7	10 187.09
地区 6	2017	126.182	2 796.03	0	0	289.071	135 14.82
MT 渠道	2017	660.982 9	480.950 3	0	0	60.220 47	2 935.208
地区 1	2018	728.740 3	1 909.131	20.843	0	188.819 8	13 579.38
地区 2	2018	259.717 8	3 116.342	28.349	0	327.552 2	17 754.46
地区 3	2018	166.742 3	1 564.349	45.425	0	141.009 3	10 377.76

续表

地区	年份	A 合计	K 合计	H 合计	T 合计	C 合计	E 合计
地区 4	2018	340.398 5	1 469.911	26.596	0	223.697 2	13 819.37
地区 5	2018	108.748	1 172.736	16.653	0	137.278 5	9 128.4
地区 6	2018	165.227	1 839.419	20.774	0	177.562 5	12 083.34
MT 渠道	2018	382.334 3	244.189 8	7.913	0	146.089 3	2 642.207
地区 1	2019	206.021	324.309 2	12.594	0	48.65	3 577.073
地区 2	2019	71.042	530.816 7	3.673	0	83.887	5 031.533
地区 3	2019	39.254	292.893 8	6.185	0	34.475	2 886.269
地区 4	2019	89.248	288.513 8	4.585	0	36.966	4 098.252
地区 5	2019	30.896	184.506 2	2.203	0	35.779	2 756.225
地区 6	2019	45.985	403.259 3	2.623	0	40.966	3 521.968
MT 渠道	2019	127.800 5	72.609 83	3.388	0	76.39	1 033.618

◇ 支撑知识

聚类分析的基本思想是认为所研究的样本或指标（变量）之间存在着程度不同的相似性（亲疏关系），于是根据一批样本的多个观测指标，具体找出一些彼此之间相似程度较低的样本（或指标）聚合为一类，把另外一些彼此之间相似程度较高的样本（或指标）聚合为另一类，关系密切的聚合到一个小的分类单位，关系疏远的聚合到一个大的分类单位，直到把所有样本（或指标）都聚合完毕，把不同的类型一一划分出来，形成一个由小到大的分类系统。最后把整个分类系统画成一张谱系图，用它把所有样本（或指标）间的亲疏关系表示出来。这种方法是最常用的、最基本的，称为系统聚类分析。

◇ 任务实施

一、问题重述

通过产品的销售数据，分析在不同的影响因素下，如何选出正确的经营战略，来保证企业获取利润的最大值，同时对所得出的结构进行正确的分析和评价。

二、问题分析

本任务的要求是分析产品的销售数据，并且根据已有的销售数据，从多种角度分析数据中销售总量及影响它的相关因素，根据分析的结果选择适合该企业的销售战略。

首先，所有产品都带有编号，因此可以把带有相同编号的产品累计合计，便可得到 A，C，T，E，K，H 这 6 种合计类型的产品，这样就可以把众多产品简化成 6 类。

其次，考虑到销售每种产品的每个时间段都会受到不同的影响，所以可以分别以季度和年为单位，算出它们之间的关系，从而可以大致了解在哪个时间段应该大量购进某种类型的产品或减少购进某种类型的产品。

三、模型假设

（1）该产品在市场上没有恶意竞争对手。
（2）该企业所提供的数据都是真实可信的。
（3）产品销售额和总量符合市场情况。
（4）短期内获得销售利润和市场前景。
（5）该企业口碑良好，不会破产。

四、符号说明

关于本任务的符号说明见表 7-2。

表 7-2

符号	符号说明
A	A 编号的产品
C	C 编号的产品
T	T 编号的产品
E	E 编号的产品
K	K 编号的产品
H	H 编号的产品

五、模型的建立与求解

（一）模型的建立

在本任务中，最终的目标是分析数据求出最优的销售战略，而数据众多，过于复杂。首先，可以通过累加求和的方式求出 A 编号的产品的合计，以同样的方式，求出 C，T，E，K，H 编号的产品的合计，从而把烦琐而零碎的数据转化成简单的数据，有利于模型的建立和计算。

其次，考虑到销售每种产品的每个时间段都会受到不同的影响，所以可以分别以季度和年为单位算出它们之间的关系，然后采取聚类分析的方式对已知模型中的数据进行判断，通过树状图和冰柱图可以得到影响因素的强弱，从而可以清楚地知道在哪个阶段影响因素的差别最大。

(二) 模型的求解

根据销售数据可以知道 A, C, T, E, K, H 这 6 种产品的销售总额,通过 Excel 的 SUM 求和方式,可以求出每年每个季度的销售情况,见表 7-3。

表 7-3   万元

年份	一季度	二季度	三季度	四季度
2016	15 575.83	17 226.94	324 241.37	10 898.68
2017	1 460.81	23 867.45	34 061.38	9 073.639
2018	11 149.44	21 944.47	23 607.81	6 418.752
2019	11 116.62	9 703.33	0	25 819.95

把表 7-3 中的数据代入 SPSS 软件中进行聚类分析,可以清楚地得出谱系图 [图 7-1 (a)] 和树状图 [图 7-1 (b)]。

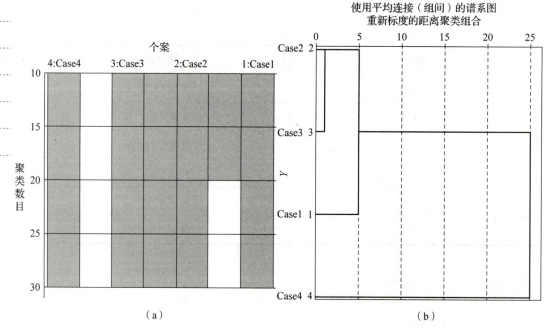

图 7-1

对树状图进行分析。首先,从右往左看,开始出现两条横线,最左罗列出所有聚类的类别,每一条横线,从开始就算是一类,所以该图中出现了 4 类。其次,图形顶部的一行数字是树状图的横轴。最后,从左向右的横线被与其垂直的直线所截断的点,就是该距离下的类别数目。

可以把树状图分成两类,如图 7-2 所示。

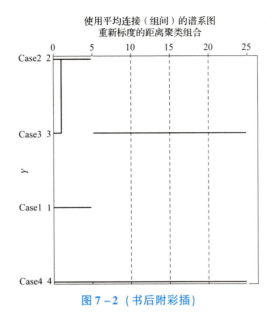

图 7-2（书后附彩插）

在右侧红线的情况下，Case3 为一类，其他 3 类单独为一类；在左侧红线的情况下，Case2 单独为一类，Case3 和 Case1 为一类，Case4 单独为一类。两条红线之间聚类的距离变化，可以通过它们的振幅得出。

六、模型的评价

（一）模型的优点

本任务对模型的结果做了合理的预测，采用了聚类分析的方式，结果反映真实的情况，与实际情况比较接近。

（二）模型缺点

本任务的数据较多，在整合的时候对类似的数据进行合并，可能导致数据的误差增大，使模型过于理想化。因为 2019 年的数据丢失，所以没有考虑 2019 年的数据，导致数据不全面。

◇任务反馈及评价

一、个人学习总结

二、学习活动综合评价

自我评价			小组评价			教师评价		
8~10分	6~7分	1~5分	8~10分	6~7分	1~5分	8~10分	6~7分	1~5分

项目 8 评价模型

任务 8.1 层次分析法

◇ **任务描述**

某大学的一位即将毕业的大学生,已参加了多家用人单位的招聘面试,结果他收到了 3 家用人单位的录用通知。该学生根据选择工作时所考虑的因素,对 3 家用人单位相应的条件进行了比较,具体见表 8-1。

问题:帮助该学生分析哪家用人单位是他的最佳选择。

表 8-1

用人单位	收入/(元·年$^{-1}$)	发展前景	社会声誉	人际关系	地理位置
P_1	30 000	一般	高	好	大城市
P_2	10 000	好	中	一般	小城市
P_3	50 000	较好	中	较好	中等城市

◇ **支撑知识**

一、层次分析法的思想方法及用途

层次分析法(Analytic Hierarchy Process,AHP)是一种定性和定量相结合的、系统化的、层次化的分析方法。

(1)特点。层次分析法是将半定性、半定量问题转化为定量问题的行之有效的一种方法,其本质是一种层次化的思维过程。

(2)用途。通过逐层比较多种关联因素为分析评估、决策、预测或控制事物的发展提供定量依据,特别适合解决那些难以完全用定量方法处理的复杂问题,例如资源分配、选优排序、军事管理、决策预报等领域的问题。

二、层次分析法的基本步骤

分析实际问题中各因素之间的关系,建立实际问题的递阶层次结构,一般分为三层——目标层、准则层、方案层（或对象层），如图 8-1 所示。

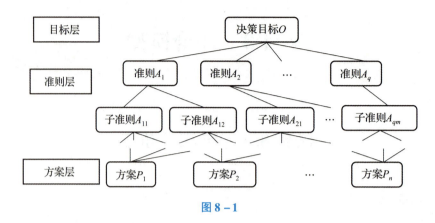

图 8-1

对于同一层次的各因素对上一层中某一准则（或目标）的重要性（或影响）进行两两比较，构造比较矩阵。

由比较矩阵计算各因素对每一准则的相对权重，并进行比较矩阵的一致性检验。

计算方案层对目层标的组合权重，进行组合一致性检验，并依据权重大小进行综合排序。

◇ 任 务 实 施

一、问题重述

该学生收到 3 家用人单位的录用通知，现只能选择 1 家用人单位，该学生收集到表 8-1 所示的用人单位基本信息，根据表 8-1 中的信息，分析哪家用人单位是该学生的最佳选择。

二、问题分析

表 8-1 所示的信息包括收入、发展前景、社会声誉、人际关系、地理位置。通过比较 3 家用人单位在这个 5 方面的信息，构建一个定量的数据模型进行判断选择，使用层次分析法可以解决这个问题。

三、基本假设

（1）表 8-1 中的数据真实可靠。
（2）不考虑表 8-1 之外的其他影响因素。

四、符号说明

关于本任务的符号说明见表 8-2。

表8-2

符号	符号说明
P_1	设计研究院
P_2	网络公司
P_3	销售公司

五、模型的建立与求解

（一）模型的建立

本任务的目标是从3家用人单位中选择一家作为最佳的选择。表8-1提供了3家用人单位在收入、发展前景、社会声誉、人际关系、地理位置5个方面的信息，通过构建层次分析模型，把定性分析的问题转变成定量分析的问题，从而更具说明力地完成本任务。

通过设计目标层、准则层、方案层的内容，设计层次分析模型的层次结构（图8-2）。目标层为选择最佳用人单位；准则层则为用人单位的5个方面的信息，即收入、发展前景、社会声誉、人际关系、地理位置；方案层为用人单位P_1、P_2、P_3。

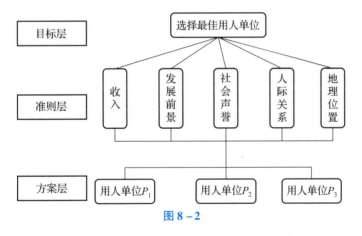

图8-2

构建比较矩阵，设要比较n个因素$C_1, C_2, \cdots, C_n$对目标层的影响程度，即要确定它在目标层中所占的比重。对任意两个因素C_i和C_j，用a_{ij}表示C_i和C_j对上一层的影响程度之比，按1~9的比例标度来度量$a_{ij}(i,j=1,2,\cdots,n)$，即a_{ij}取1，2，$\cdots$，9及其倒数1，$\frac{1}{2}$，$\cdots$，$\frac{1}{9}$，它们代表的含义见表8-3。

表8-3

标度	含义
1	两个因素对比，同样重要
3	i因素与j因素相比，i因素比j因素稍微重要

续表

标度	含义
5	i因素与j因素相比，i因素比j因素明显重要
7	i因素与j因素相比，i因素比j因素强烈重要
9	i因素与j因素相比，i因素比j因素极端重要
2，4，6，8	上述两个的相临值的中间值
倒数	i因素和j因素相比的标度是3，那么j因素和i因素相比的标度就是1/3

一般地，对于定性因素常用1~9比例标度确定比较矩阵，而对于定量的因素可直接用各因素的数值之比来确定比较矩阵。设n个方案（或对象）的某定量因素C的数值分别为$\omega_1,\omega_2,\cdots,\omega_n$，则方案层对因素$C$的比较矩阵为$A$，令$a_{ij}=\dfrac{\omega_i}{\omega_j}$（$i,j=1,2,\cdots,n$），则

$$A=\begin{bmatrix} \omega_1/\omega_1 & \omega_1/\omega_2 & \cdots & \omega_1/\omega_n \\ \omega_2/\omega_1 & \omega_2/\omega_2 & \cdots & \omega_2/\omega_n \\ \vdots & \vdots & \cdots & \vdots \\ \omega_n/\omega_1 & \omega_n/\omega_2 & \cdots & \omega_n/\omega_n \end{bmatrix}$$

不难验证$a_{ij} \cdot a_{jk}=a_{ik}$（$i,j,k=1,2,\cdots,n$），所以$A$为一致阵．如果矩阵$A$是$n$阶一致阵，则有如下结论．

（1）A的秩为1，且有唯一非零特征根n；

（2）A的任一列（行）向量都是对应于特征根n的特征向量．

根据该学生的偏好及1~9比例标度，两两比较准则层中的5个因素对目标层的影响程度，以确定比较矩阵。

$$A=\begin{bmatrix} 1 & 1 & 3 & 3 & 7 \\ 1 & 1 & 3 & 3 & 5 \\ 1/3 & 1/3 & 1 & 1 & 4 \\ 1/3 & 1/3 & 1 & 1 & 4 \\ 1/7 & 1/5 & 1/4 & 1/4 & 1 \end{bmatrix}$$

方案层中的3个用人单位对准则层中的5个因素的比较矩阵如下。

$$A_1=\begin{pmatrix} 1 & 3 & 3/5 \\ 1/3 & 1 & 1/5 \\ 5/3 & 5 & 1 \end{pmatrix},\ A_2=\begin{pmatrix} 1 & 1/5 & 1/3 \\ 5 & 1 & 3 \\ 3 & 1/3 & 1 \end{pmatrix},\ A_3=\begin{pmatrix} 1 & 5 & 5 \\ 1/5 & 1 & 1 \\ 1/5 & 1 & 1 \end{pmatrix},$$

$$A_4=\begin{pmatrix} 1 & 5 & 3 \\ 1/5 & 1 & 1/3 \\ 1/3 & 3 & 1 \end{pmatrix},\ A_5=\begin{pmatrix} 1 & 5 & 3 \\ 1/5 & 1 & 1/3 \\ 1/3 & 3 & 1 \end{pmatrix}$$

（二）模型求解

运用MATLAB软件对构建的层次模型进行权重的计算，程序如下。

```
disp('请输入比较矩阵');
A = input('A =');
[n,n] = size(A);
x = ones(n,100);
y = ones(n,100);
m = zeros(1,100);
m(1) = max(x(:,1));
y(:,1) = x(:,1);
x(:,2) = A*y(:,1);
m(2) = max(x(:,2));
y(:,2) = x(:,2)/m(2);
p = 0.0001; i = 2; k = abs(m(2) - m(1));
while   k > p
i = i + 1;
x(:,i) = A*y(:,i-1);
m(i) = max(x(:,i));
y(:,i) = x(:,i)/m(i);
k = abs(m(i) - m(i-1));
end
a = sum(y(:,i));
w = y(:,i)/a;
t = m(i);
disp(w);
```

运行程序，结果如下。

A_1，A_2，A_3，A_4，A_5对目标层的权重为 [0.348 4 0.327 3 0.133 7 0.133 7 0.056 8]。

P_1，P_2，P_3对准则层A_1的权重为 [0.333 3 0.111 1 0.555 6]。

P_1，P_2，P_3对准则层A_2的权重为 [0.104 7 0.637 0 0.258 3]。

P_1，P_2，P_3对准则层A_3的权重为 [0.714 3 0.142 9 0.142 9]。

P_1，P_2，P_3对准则层A_4的权重为 [0.658 6 0.156 2 0.185 2]。

P_1，P_2，P_3对准则层A_5的权重为 [0.658 6 0.156 2 0.185 2]。

计算层次总排序权值如下。

P_1对目标层的权重 = 0.348 4 × 0.333 3 + 0.327 3 × 0.104 7 + 0.133 7 × 0.714 3 + 0.133 7 × 0.658 6 + 0.056 8 × 0.658 6 = 0.371 355 24

P_2对目标层的权重 = 0.348 4 × 0.111 1 + 0.327 3 × 0.637 0 + 0.133 7 × 0.142 9 + 0.133 7 × 0.156 2 + 0.056 8 × 0.156 2 = 0.296 059 17

P_3对目标层的权重 = 0.348 4 × 0.555 6 + 0.327 3 × 0.258 3 + 0.133 7 × 0.142 9 +

$0.133\ 7 \times 0.185\ 2 + 0.056\ 8 \times 0.185\ 2 = 0.332\ 498\ 96$

则方案层对目标层的权重为 [0.371 355 24　0.296 059 17　0.332 498 96]。

由此可以得出 3 个方案的权重排序为：$P_1 > P_3 > P_2$，故选择的用人单位为 P_1。

六、模型检验

在计算过程中，还需要对构建的比较矩阵进行一致性检验，即对模型进行检验，其计算公式为

$$CI = \frac{\lambda_{\max} - n}{n - 1}$$

需要对照表 8 – 4 查找对应的平均随机一致性指标 RI。

表 8 – 4

n	1	2	3	4	5	6	7	8	9	10	11	12	13	14	15
RI	0	0	0.52	0.89	1.12	1.26	1.36	1.41	1.46	1.49	1.52	1.54	1.56	1.58	1.59

计算其一致性比例 CR，计算公式为

$$CR = \frac{CI}{RI}$$

如果 CR < 0.1，则可认为比较矩阵的一致性可以接受。

分别对比较矩阵的 CR 进行计算，程序如下。

```
% 以下是一致性检验
CI = (t - n)/(n - 1); RI = [0 0 0.52 0.89 1.12 1.26 1.36 1.41 1.46 1.49 1.52 1.54 1.56 1.58 1.59];
CR = CI/RI(n);
if CR < 0.10
disp('此矩阵的一致性可以接受！');
end
```

将此部分程序放置于如上层次分析法程序的最后，运行程序，结果显示构建的比较矩阵符合要求，结果见表 8 – 5。

表 8 – 5

矩阵	$A = 0$	A_1	A_2	A_3	A_4	A_5
CR	0.085 6	0	0.037 0	0	0.027 9	0.027 9
是否满足一致性	是	是	是	是	是	是

七、模型评价

（一）模型的优点

将定性问题变为定量问题进行分析，其结果给该学生提供了一个比较直观的感受。

(二)模型的缺点

考虑的因素比较局限,与现实可能存在一定的偏差,其结果只能提供参考。

◇任务反馈及评价

一、个人学习总结

二、学习活动综合评价

自我评价			小组评价			教师评价		
8~10分	6~7分	1~5分	8~10分	6~7分	1~5分	8~10分	6~7分	1~5分

任务8.2 灰色关联度分析法

◇任务描述

通过对某健将级女子铅球运动员的跟踪调查,获得其1982—1986年每年的成绩及16项专项素质和身体素质的时间序列资料,见表8-6,试对此铅球运动员的专项成绩进行因素分析。

表8-6

年份	1982	1983	1984	1985	1986
铅球专项成绩 x_0/m	13.6	14.01	14.54	15.64	15.69
4 kg前抛 x_1/m	11.5	13	15.15	15.3	15.02

续表

年份	1982	1983	1984	1985	1986
4 kg 后抛 x_2/m	13.76	16.36	16.9	16.56	17.3
4 kg 原地 x_3/m	12.41	12.7	13.96	14.04	13.46
立定跳远 x_4/m	2.48	2.49	2.56	2.64	2.59
高翻 x_5/kg	85	85	90	100	105
抓举 x_6/kg	55	65	75	80	80
卧推 x_7/kg	65	70	75	85	90
3 kg 前抛 x_8/m	12.8	15.3	16.24	16.4	17.05
3 kg 后抛 x_9/m	15.3	18.4	18.75	17.95	19.3
3 kg 原地 x_{10}/m	12.71	14.5	14.66	15.88	15.7
3 kg 滑步 x_{11}/m	14.78	15.54	16.03	16.87	17.82
立定三级跳远 x_{12}/m	7.64	7.56	7.76	7.54	7.7
全蹲 x_{13}/kg	120	125	130	140	140
挺举 x_{14}/kg	80	85	90	90	95
30 m 起跑 x_{15}/s	4.2	4.25	4.1	4.06	3.99
100 m 跑 x_{16}/s	13.1	13.42	14.85	12.72	12.56

◇ 支撑知识

（1）灰色系统理论提出了对各子系统进行灰色关联度分析的概念，试图透过一定的方法，寻求系统中各子系统（或因素）之间的数值关系。简言之，灰色关联度分析的意义是指在系统发展过程中，如果两个因素变化的态势是一致的，即同步变化程度较高，则可以认为两者关联度较高；反之，则两者关联度较低。因此，灰色关联度分析对于一个系统发展变化态势提供了量化的度量，非常适合动态（dynamic）的历程分析。

（2）灰色关联度可分成"局部性灰色关联度"与"整体性灰色关联度"两类。其主要的差别在于局部性灰色关联度有一参考序列，而整体性灰色关联度是任一序列均可为参考序列。

（3）灰色关联度分析是基于灰色系统的灰色过程，通过因素间时间序列的比较来确定哪些是影响大的主导因素，是一种动态过程的研究。

◇任务实施

一、问题重述

有针对性的训练是成绩最优化的前提,现有某健将级运动员1982—1986年每年16项专项训练的最优成绩,请合理分析影响该运动员成绩的因素。

二、问题分析

每个人进行专项训练的成绩或多或少会有一些必然的联系,但受到身体素质及表现的限制,这些联系存在不稳定性。在样本足够的情况下,采用灰色模型分析各项专项训练的关联度便可知道影响该运动员成绩的因素权重。

三、基本假设

(1) 该运动员在受测期间没有突发情况。
(2) 该运动员没有隐藏性、间歇性、突发性疾病。
(3) 该运动员每次受测时身体状况一致。
(4) 该运动员受测期间外界环境一致。

四、符号说明

关于本任务的符号说明见表8-7。

表8-7

符号	符号说明
ξ	关联系数
y	关联度
$x_i, x \in [1,16]$	影响因素数列
ρ	分辨系数

五、模型的建立与求解

(一) 模型的建立

对于数据,需要消除量纲使其具有可比性才能保证分析的结果具有实际意义。
存在序列

$$x = (x(1), x(2), \cdots, x(n))$$

f 为序列 x 到 y 的变换:

$$f: x \to y$$
$$f(x(k)) = y(k), k = 1, 2, \cdots, n$$

初值化变换：
$$f(x(k)) = \frac{x(k)}{x(1)} = y(k), x(1) \neq 0$$

均值化变换：
$$f(x(k)) = \frac{x(k)}{\bar{x}} = y(k), \bar{x} = \frac{1}{n}\sum_{k+1}^{n} x(k)$$

百分比变换：
$$f(x(k)) = \frac{x(ki)}{\max_k x(k)} = y(k)$$

倍数变换：
$$f(x(k)) = \frac{x(k)}{\min_k x(k)} = y(k), \min_k x(k) \neq 0$$

当 $x_0 > 0$ 时，进行归一化变换：
$$f(x(k)) = \frac{x(k)}{x_0} = y(k)$$

$$f(x(k)) = \frac{x(k) - \min_k x(k)}{\max_k x(k)} = y(k)$$

区间值变换：
$$f(x(k)) = \frac{x(k) - \min_k x(k)}{\max_k x(k) - \min_k x(k)} = y(k)$$

对于呈现反相关关系的数据，需要进行处理，采取以下公式：

$$y_i = \left(1, \frac{x_i(1)}{x_i(2)}, \frac{x_i(1)}{x_i(3)}, \frac{x_i(1)}{x_i(4)}, \frac{x_i(1)}{x_i(5)}\right)$$

（二）计算关联系数

x_i 对 x_0 在 k 时刻的关联系数为

$$\xi_i(k) = \frac{\min_s \min_t |x_0(t) - x_s t| + \rho \max_s \max_t |x_0(t) - x_s(t)|}{|x_0(k) - x_i k| + \rho \max_s \max_t |x_0(t) - x_s(t)|}$$

式中，ρ 是分辨系数，分辨系数与分辨率成正相关关系。

（三）计算关联度

关联度是某时刻描述序列与参考序列的关联程度指标，因为每个时刻关联度都有所变化，不便于比较，故定义

$$r_i = \frac{1}{n}\sum_{k=1}^{n} \xi_i(k)$$

（四）模型的求解

选取专项训练中一项为参考序列 x_0，余下的为比较序列，则

$$x_0 = \{x_0(k) | k = 1, 2, \cdots, n\} = (x_0(1), x_0(2), \cdots, x_0(n))$$

$$x_i = \{x_i(k) | k = 1, 2, \cdots, n\} = (x_i(1), x_i(2), \cdots, x_i(n)), i = 1, 2, \cdots, m$$

给定

$$x = (x(1), x(2), \cdots, x(m)) \qquad (8-1)$$

$$y = \left(1, \frac{x(2)}{x(1)}, \cdots, \frac{x(n)}{x(1)}\right) \qquad (8-2)$$

将各数列代入式（8-1）和式（8-2），使用 MATLAB 进行运算，程序如下。

```
clc,clear
load x.txt      %把原始数据存放在纯文本文件"x.txt"中
for i = 1:15
    x(i,:) = x(i,:)/x(i,1);      %标准化数据
end
for i = 16:17
    x(i,:) = x(i,1)./x(i,:);     %标准化数据
end
data = x;
n = size(data,2);  %求矩阵的列数，即观测时刻的个数
ck = data(1,:);    %提出参考数列
bj = data(2:end,:); %提出比较数列
m2 = size(bj,1);   %求比较数列的个数
for j = 1:m2
    t(j,:) = bj(j,:) - ck;
end
mn = min(min(abs(t')));      %求小差
mx = max(max(abs(t')));      %求大差
rho = 0.5;       %设置分辨系数
ksi = (mn + rho*mx)./(abs(t) + rho*mx);   %求关联系数
r = sum(ksi')/n      %求关联度
[rs,rind] = sort(r,'descend')    %对关联度进行排序。
```

其中"x.txt"数据文件内容为：

13.6	14.01	14.54	15.64	15.69
11.5	13	15.15	15.3	15.02
13.76	16.36	16.9	16.56	17.3
12.41	12.7	13.96	14.04	13.46
2.48	2.49	2.56	2.64	2.59
85	85	90	100	105
55	65	75	80	80

65	70	75	85	90
12.8	15.3	16.24	16.4	17.05
15.3	18.4	18.75	17.95	19.3
12.71	14.5	14.66	15.88	15.7
14.78	15.54	16.03	16.87	17.82
7.64	7.56	7.76	7.54	7.7
120	125	130	140	140
80	85	90	90	95
4.2	4.25	4.1	4.06	3.99
13.1	13.42	12.85	12.72	12.56

将程序在 MATLAB 中运行，得出各数列关联度表（$\rho = 0.5$），见表 8-8 和关联度降序排列表，见表 8-9。

表 8-8

r_1	r_2	r_3	r_4	r_5	r_6	r_7	r_8
0.588	0.663	0.854	0.776	0.855	0.502	0.659	0.582
r_9	r_{10}	r_{11}	r_{12}	r_{13}	r_{14}	r_{15}	r_{16}
0.683	0.696	0.896	0.705	0.933	0.847	0.745	0.726

表 8-9

1	2	3	4	5	6	7	8
x_{13}	x_{11}	x_5	x_3	x_{14}	x_4	x_{15}	x_{16}
9	10	11	12	13	14	15	16
x_{12}	x_{10}	x_9	x_2	x_7	x_1	x_8	x_6

由表 8-8 可以看出，全蹲关联度最高，影响也就最大，3 kg 滑步次之，高翻、4 kg 原地及挺举关联度相近，在 0.85 左右，抓举关联度最低，仅 0.502。该受测人员可以尝试优先练习全蹲、3 kg 原地、高翻和 4 kg 原地，依次将抓举的训练强度降至最低，这样可有效将该受测人员的成绩最优化。

六、模型评价

灰色关联度分析属于多因素统计分析方法，它以各因的样本数据为依据采用灰色模型来描述各因素关系的强度和次序。与其他传统多因素分析相比，灰色关联度分析对数据要求低，计算量小，便于广泛应用。

◇ 任务反馈及评价

一、个人学习总结

二、学习活动综合评价

自我评价			小组评价			教师评价		
8~10分	6~7分	1~5分	8~10分	6~7分	1~5分	8~10分	6~7分	1~5分

项目 9　预测模型

任务 9.1　回归分析法

◇**任务描述**

表 9-1 所示是某地区病虫测报站提供的数据，用多元回归的分析方法对该地区的病虫进行幼虫密度与相关的其他因素进行分析。

表 9-1

年份	x_1		x_2		x_3		x_4		y	
	蛾量/头	级别	卵量/粒	级别	降水量/(mm·m^{-2})	级别	雨日/天	级别	幼虫密度/(头·m^{-2})	级别
1961	1 022	4	112	1	4.3	1	2	1	10	1
1962	300	1	440	3	0.1	1	1	1	4	1
1963	699	3	67	1	7.5	1	1	1	9	1
1964	1 876	4	675	4	17.1	4	7	4	55	4
1965	43	1	80	1	1.9	1	2	1	1	1
1966	422	2	20	1	0	1	0	1	3	1
1967	806	3	510	3	11.8	2	3	2	28	3
1968	115	1	240	2	0.6	1	2	1	7	1
1969	718	3	1460	4	18.4	4	4	2	45	4
1970	803	3	630	4	13.4	3	3	2	26	3
1971	572	2	280	2	13.2	2	4	2	16	2
1972	264	1	330	3	42.2	4	3	2	19	2
1973	198	1	165	2	71.8	4	5	3	23	3
1974	461	2	140	1	7.5	1	5	3	28	3
1975	769	3	640	4	44.7	4	3	2	44	4
1976	255	1	65	1	0	1	0	1	11	2

◇ 支撑知识

回归分析（regression analysis）是确定两种或两种以上变量间相互依赖的定量关系的一种统计分析方法，运用十分广泛。回归分析按照涉及的自变量的多少，分为简单回归分析和多重回归分析；按照自变量的多少，可分为一元回归分析和多元回归分析；按照自变量和因变量之间的关系类型，可分为线性回归分析和非线性回归分析。如果回归分析只包括一个自变量和一个因变量，且二者的关系可用一条直线近似表示，这种回归分析称为一元线性回归分析。如果回归分析包括两个或两个以上的自变量，且因变量和自变量之间是线性关系，则称为多元线性回归分析。

◇ 任务实施

一、问题重述

根据表9-1中的数据对病虫的预报进行多元线性回归分析。

二、问题分析

首先，可以对幼虫生长之间的影响因素进行分析，具体包括时间、级别、卵量还有降水量；其次，分别通过多元线性回归的方式对幼虫进行深入的分析。

三、基本假设

（1）表9-1中的数据真实可靠。
（2）幼虫在成长时只受到降水量的干扰。
（3）没有人工的药物对幼虫的生长环境进行破坏。

四、符号说明

关于本任务的符号说明见表9-2。

表9-2

符号	符号说明
y	预测值
x_i (i=1, 2, 3, 4)	预报因子
B	回归常数

五、模型的建立与求解

（一）模型的建立

通过SPSS，对病虫进行回归分析，使用变量视图建立变量，将年份、蛾量、卵量、降水量和幼虫密度录入。将分级变量依次设为 x_1、x_2、x_3、x_4 和 y，依次录入，然后分析幼虫密度与对它具有显著影响的因素之间的关系。回到数据视图通过分析栏中的回归线性的方法进行回归分析。

（二）模型的求解

SPSS 在进行回归分析时，首先分别将设定的自变量 x_1，x_2，x_3，x_4 引入方程，处理得出表 9-3 所示方差分析结果。

表 9-3

模型	平方和	自由度	均方	F	显著性
回归	16.779	4	4.195	10.93	0.001
残差	4.221	11	0.384	—	—
总计	21	15	—	—	—

表 9-3 中的 F 值是 10.93，显著性是 0.001，证明该回归极显著。

回归系数见表 9-4。

表 9-4

模型	未标准化系数		标准化系数	T	显著性
	B	标准错误	β		
常量	-0.182	0.442		-0.412	0.688
x_1	0.142	0.158	0.133	0.9	0.387
x_2	0.245	0.213	0.258	1.145	0.276
x_3	0.21	0.224	0.244	0.936	0.369
x_4	0.605	0.245	0.465	2.473	0.031

由于多元回归的模型是以 $y = B_0 + B_1 x_1 + B_2 x_2 + \cdots + B_n x_n$ 为例，将表 9-4 中的"未标准化系数"中的 B 代入回归模型得到的回归方程为

$$y = -0.182 + 0.142 x_1 + 0.245 x_2 + 0.21 x_3 + 0.605 x_4 \qquad (9-1)$$

由回归方程式可以看出，该地区病虫的幼虫密度（y）与 x_1（蛾量）、x_2（卵量）、x_3（降水量）和 x_4（雨日）均呈显著正相关。

六、模型检验

残差统计见表 9-5。

表 9-5

项目	最小值	最大值	平均值	标准偏差	个案数
预测值	1.02	4.62	2.25	1.058	16
残差	-0.743	0.981	0	0.53	16
标准预测值	-1.164	2.245	0	1	16
标准残差	-1.2	1.583	0	0.856	16

表 9-5 中残差的平均值为 0，可以看出，该回归符合正态分布。

七、模型评价

（一）模型的优点

（1）该模型运用多元线性回归的方法对病虫预测进行了分析，对多种因素综合考虑，让预测的值更加合理。

（2）通过正太分布中的残差数据，可以清楚地知道该模型的误差非常小，这让所分析的数据更加准确。

（二）模型的缺点

在病虫生长过程中，没有考虑人为干扰的因素，使该模型过于理想化，毕竟病虫在生长过程中不可能不受到人类的影响。

（三）模型的改进方向

可以在现有模型的基础上考虑人类的干扰因素，让人为干预也成为多元线性回归中的一点，使模型更加全面。

◇任务反馈及评价

一、个人学习总结

二、学习活动综合评价

自我评价			小组评价			教师评价		
8~10分	6~7分	1~5分	8~10分	6~7分	1~5分	8~10分	6~7分	1~5分

任务9.2　灰色预测法

◇任务描述

表9-5所示是某工厂在过去8年里废水排放量的数据，请预测未来5年该工厂废水排放量的趋势。

表9-6

年份	2013	2014	2015	2016	2017	2018	2019	2020
废水排放量/t	184	190	208	235	221	257	271	286

◇支撑知识

灰色理论认为系统的行为现象尽管是朦胧的，数据是复杂的，但它们毕竟是有序的，是有整体功能的。生成灰色数据，就是从杂乱中寻找出规律。同时，灰色理论建立的是生成数据模型，不是原始数据模型，因此，灰色预测的数据是通过生成数据的 GM(1,1) 模型所得到的预测值的逆处理结果。

通过对原始数据的整理寻找数据的规律，有3种方式。

(1) 累加生成：通过数列在各时刻数据的依次累加得到新的数据与数列。累加前为原始数列，累加后为生成数列。

(2) 累减生成：前、后两个数据之差，是累加生成的逆运算。累减生成可将累加生成的数列还原成原始数列。

(3) 映射生成：累加、累减以外的生成方式。

◇任务实施

一、问题重述

表9-6给出某工厂在过去8年里废水排放量的数据，预测未来5年该工厂废水排

放量的趋势。

二、问题分析

可以先让没有趋势的数据变得有趋势。通过每年的废水排放量，通过灰色预测的方法预测未来 5 年的废水排放量，然后和实际数据进行比较。

三、基本假设

（1）8 年内该工厂所在地区的污染程度不会发生改变。
（2）所有数据都完美地反映了该工厂的污染程度。
（3）废水排放量不受外界因素的影响。

四、符号说明

关于本任务的符号说明见表 9 – 7。

表 9 – 7

符号	符号说明
$X_{(k)}^{(i)}$	表示 k 个带估测值的第 i 年的平均值
$X^{(i)}$	平均值
a, b	微分方程中的系数估计值
e	随机误差

五、模型的建立与求解

（一）模型的建立

原始数据序列如下。

$$x^{(0)} = \{x^{(0)}(1), x^{(0)}(2), \cdots, x^{(0)}(8)\} = \{184, 190, 208, 235, 221, 257, 271, 286\}$$

$$x^{(1)}(1) = 184, \quad x^{(1)}(2) = 184 + 190 = 374,$$
$$x^{(1)}(3) = 184 = 190 + 208 = 582, \quad x^{(1)}(4) = 184 + 190 + 208 + 235 = 817,$$
$$x^{(1)}(5) = 184 + 190 + 208 + 235 + 221 = 1\,038,$$
$$x^{(1)}(6) = 184 + 190 + 208 + 235 + 221 + 257 = 1\,295,$$
$$x^{(1)}(7) = 184 + 190 + 208 + 235 + 221 + 257 + 271 = 1\,566,$$
$$x^{(1)}(8) = 184 + 190 + 208 + 235 + 221 + 257 + 271 + 286 = 1\,852$$

一次累加的数据序列如下。

$$x^{(1)} = \{x^{(1)}(1), x^{(1)}(2), \cdots, x^{(1)}(8)\} = \{184, 374, 582, 817, 1\,038, 1\,295, 1\,566, 1\,852\}$$

对上面的数据利用微分 GM(1,1)：

$$\frac{\mathrm{d}x}{\mathrm{d}t} + ax = u \tag{9-2}$$

离散形式和预测公式为

$$\Delta^{(1)}(X^{(1)}(k+1)) + a(x(k+1)) = u \qquad (9-3)$$

$$\hat{x}^{(1)}(k+1) + a(x(k+1)) = u \qquad (9-4)$$

由导数定义得出：

$$\frac{dx}{ax} = \lim \frac{x(t+\Delta t) - x(t)}{\Delta t} \qquad (9-5)$$

简化得到

$$x(t+1) - x(t) = \frac{dx}{ax} \qquad (9-6)$$

将上面简化所得到的公式写成离散形式为

$$\frac{dx}{ax} = x(t+1) - x(k) = \Delta^{(1)} x(k+1) \qquad (9-7)$$

因为 $\frac{dx}{ax}$ 有涉及 $x^{(1)}$ 的两个时刻，所以 $x^{(1)}(i)$ 取前、后两个时刻的平均值代替，即将 $x^{(1)}(i)$ 代替为

$$\frac{1}{2}[x^{(i)}(i) + x^{(i)}(i-1)] \quad (i = 2, \cdots, 8) \qquad (9-8)$$

$$X^{(i)} = \frac{1}{2}[x^{(i)}(i) + x^{(i)}(i-1)] \quad (i = 2, 3, \cdots, 8) \qquad (9-9)$$

$$X^{(i)}(k+1) = \frac{1}{2}[x^{(1)}(k+1) + x^{(1)}(k)] \qquad (9-10)$$

进行总结，化解得到

$$\frac{dx}{ax} = x(k+1) - x(k) = \Delta^{(1)}(x(k+1)) \qquad (9-11)$$

$$\Delta^{(1)}(x^{(1)}(k+1)) = x^{(1)}(k+1) - x^{(1)}(k) = x^{(0)}(k+1) \qquad (9-12)$$

$$X^{(1)}(k+1) = \frac{1}{2}[x^{(1)}(k+1) + x^{(1)}(k)] \qquad (9-13)$$

$$\Delta^{(1)}(x^{(1)}(k+1)) + a(x(k+1)) = u \qquad (9-14)$$

式 (9-11) ~式 (9-14) 整理后得到下式：

$$X^{(0)}(k+1) = a[-(x^{(1)}(k) + x^{(1)}(k+1))] + u \qquad (9-15)$$

根据上面的公式写矩阵：

$$\begin{bmatrix} x^{(0)}(2) \\ x^{(0)}(3) \\ \vdots \\ x^{(0)}(8) \end{bmatrix} = \begin{bmatrix} -\frac{1}{2}\{x^{(1)}(2) + x^{(1)}(1)\} \\ -\frac{1}{2}\{x^{(1)}(3) + x^{(1)}(2)\} \\ \vdots \\ -\frac{1}{2}\{x^{(1)}(8) + x^{(1)}(7)\} \end{bmatrix} \begin{bmatrix} a \\ u \end{bmatrix} \qquad (9-16)$$

令

$$Y = [x^{(0)}(2), x^{(0)}(3), \cdots, x^{(0)}(8)]^T \qquad (9-17)$$

$$\boldsymbol{B} = \begin{bmatrix} -\frac{1}{2}[x^{(1)}(2)+x^{(1)}(1)] & 1 \\ -\frac{1}{2}[x^{(1)}(3)+x^{(1)}(2)] & 1 \\ \vdots & \\ -\frac{1}{2}[x^{(1)}(8)+x^{(1)}(7)] & 1 \end{bmatrix}, \boldsymbol{U} = \begin{bmatrix} a \\ u \end{bmatrix} \qquad (9-18)$$

则

$$\boldsymbol{Y} = \boldsymbol{B}\boldsymbol{U} \qquad (9-19)$$

$$\hat{\boldsymbol{U}} = \begin{bmatrix} \hat{a} \\ \hat{u} \end{bmatrix} = (\boldsymbol{B}^{\mathrm{T}}\boldsymbol{B})^{-1}\boldsymbol{B}^{\mathrm{T}}\boldsymbol{Y} \qquad (9-20)$$

$$\hat{x}^{(1)}(k+1) = \left[x^{(1)} - \frac{\hat{u}}{\hat{a}}\right]e^{-ak} + \frac{\hat{u}}{\hat{a}} \qquad (9-21)$$

(二) 模型的求解

表 9-8 是系统精度表（精度检验等级参照表），将原始数据序列与用灰色预测程序预测的数据进行对比，精度值大于 0.65 即不合格，此时需要重新对数据进行分析，一直到精度值小于或等于 0.65，数据才可使用。

表 9-8

模型精度等级	均方差比值 C
1级（好）	$C \leq 0.35$
2级（合格）	$0.35 < C \leq 0.5$
3级（勉强）	$0.5 < C \leq 0.65$
4级（不合格）	$C > 0.65$

根据模型，使用灰色预测的 MATLAB 程序如下。

```
y = [184 190 208 235 221 257 271 286];
n = length(y);
yy = ones(n,1);
yy(1) = y(1);
for i = 2:n
    yy(i) = yy(i-1) + y(i);
end
B = ones(n-1,2);
for i = 1:(n-1)
    B(i,1) = -(yy(i) + yy(i+1))/2;
    B(i,2) = 1;
```

```
end
BT = B';
for j = 1:n-1
    YN(j) = y(j+1);
end
YN = YN';
A = inv(BT*B)*BT*YN;
a = A(1);
u = A(2);
t = u/a;
i = 1:n+5;
yys(i+1) = (y(1)-t).*exp(-a.*i)+t;
yys(1) = y(1);
for j = n+5:-1:2
    ys(j) = yys(j)-yys(j-1);
end
disp(['2021 值',num2str(ys(n+1))]);
disp(['2022 值',num2str(ys(n+2))]);
disp(['2023 值',num2str(ys(n+3))]);
disp(['2024 值',num2str(ys(n+4))]);
disp(['2025 值',num2str(ys(n+5))]);
```

运行该程序，结果如图9-1所示。

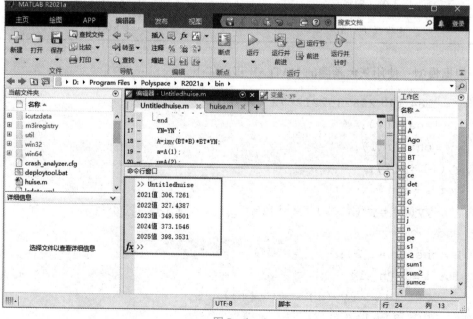

图9-1

将未来 5 年内预测的结果见表 9-9。

表 9-9

年份	2021	2022	2023	2024	2025
废水排放量/t	306.726 1	327.438 7	349.550 1	373.154 6	398.353 1

六、模型检验

采用后验差值进行模型检验，后验差检验的思想就是将预测数据和原始数据进行对比，根据对比的程度判断数据的优劣。具体程序如下。

```matlab
x = 1:n;
xs = 2:n+5;
yn = ys(2:n+5);
plot(x,y,'^r',xs,yn,'*-b');
det = 0;
sum1 = 0;
sumpe = 0;
for i = 1:n
    sumpe = sumpe + y(i);
end
pe = sumpe/n;
for i = 1:n
    sum1 = sum1 + (y(i) - pe).^2;
end
s1 = sqrt(sum1/n);
sumce = 0;
for i = 2:n
    sumce = sumce + (y(i) - yn(i));
end
ce = sumce/(n-1);
sum2 = 0;
for i = 2:n
    sum2 = sum2 + (y(i) - yn(i) - ce).^2;
end
s2 = sqrt(sum2/(n-1));
c = (s2)/(s1);
disp(['后验差比值为:',num2str(c)]);
if c < 0.35
```

```
            disp('系统预测精度好')
        else if c < 0.5
            disp('系统预测精度合格')
        else if c < 0.65
            disp('系统预测精度勉强')
        else
            disp('系统预测精度不合格')
        end
    end
end
```

运行程序，得出 C 值为 0.239 84，小于 0.65，系统预测精度较高，从而证明了该方法的正确性和模型的权威性。

七、模型评价

（一）模型的优点

（1）本任务采用了灰色预测方法对已有数据进行了综合分析，拟合程度高，更具有说服力。

（2）灰色模型的结果优于数值模型，这说明在某些情况下灰色预测模型能得到较好的结果。

（3）在灰色模型建立过程中必须进行累加生成和累减生成，这两步算法的计算量较小，计算方便。

（二）模型的缺点

灰色预测方法存在局限性，仅适用于原始数据非负或者拟合值较小的情况。

（三）模型的改进方向

没有考虑自然因素对废水处理的影响，所以可以把自然因素对本模型的影响考虑进来。

◇任务反馈及评价

一、个人学习总结

二、学习活动综合评价

自我评价			小组评价			教师评价		
8~10分	6~7分	1~5分	8~10分	6~7分	1~5分	8~10分	6~7分	1~5分

任务 9.3 BP 神经网络预测法

◇任务描述

根据表 9-10，预测 15 号运动员的跳高成绩。

表 9-10

序号	跳高/m	30 m行进间跑/s	立定三级跳远/m	助跑摸高/m	助跑4~6步跳高/m	负重深蹲杠铃/kg	杠铃半蹲系数	100 米跑/s	抓举/kg
1	2.24	3.2	9.6	3.45	2.15	140	2.8	11	50
2	2.33	3.2	10.3	3.75	2.2	120	3.4	10.9	70
3	2.24	3	9	3.5	2.2	140	3.5	11.4	50
4	2.32	3.2	10.3	3.65	2.2	150	2.8	10.8	80
5	2.2	3.2	10.1	3.5	2	80	1.5	11.3	50
6	2.27	3.4	10	3.4	2.15	130	3.2	11.5	60
7	2.2	3.2	9.6	3.55	2.1	130	3.5	11.8	65
8	2.26	3	9	3.5	2.1	100	1.8	11.3	40
9	2.2	3.2	9.6	3.55	2.1	130	3.5	11.8	65
10	2.24	3.2	9.2	3.5	2.1	140	2.5	11	50
11	2.24	3.2	9.5	3.4	2.15	115	2.8	11.9	50
12	2.2	3.9	9	3.1	2	80	2.2	13	50
13	2.2	3.1	9.5	3.6	2.1	90	2.7	11.1	70
14	2.35	3.2	9.7	3.45	2.15	130	4.6	10.85	70
15	?	3	9.3	3.3	2.05	100	2.8	11.2	50

◇ **支撑知识**

BP（Back Propagation）神经网络，又称为反向传播神经网络，即误差反向传播算法的学习过程，它由信息的正向传播和误差的反向传播两个过程组成。输入层各神经元负责接收来自外界的输入信息，并传递给中间层各神经元；中间层是内部信息处理层，负责信息变换，根据信息变换能力的需求，中间层可以设计为单隐层或者多隐层结构；最后一个隐藏层将信息传递到输出层各神经元，经进一步处理后，完成一次学习的正向传播处理过程，由输出层向外界输出信息处理结果。当实际输出与期望输出不符时，进入误差的反向传播阶段。误差通过输出层，按误差梯度下降的方式修正各层权值，向隐藏层、输入层逐层反传。周而复始的信息正向传播和误差反向传播过程，是各层权值不断调整的过程，也是BP神经网络学习训练的过程，此过程一直进行到网络输出的误差减少到可以接受的程度，或者预先设定的学习次数为止。

BP神经网络模型包括其输入、输出模型，作用函数模型，误差计算模型和自学习模型。

◇ **任务实施**

一、问题重述

根据表9-10中的数据，并对15号运动员的跳高成绩进行预测。

二、问题分析

将前14组运动员各项素质指标作为输入（即30 m行进间跑、立定三级跳远、助跑摸高、助跑4~6步跳高、负重深蹲杠铃、杠铃半蹲系数、100 m跑、抓举），将对应的跳高成绩作为输出，并用MATLAB自带的premnmx( )函数对这些数据进行归一化处理。

数据集（注意：每一列是一组输入训练集，行数代表输入层神经元个数，列数代表输入训练集组数）

$P = [$ 3.2　3.2　3　　3.2　3.2　3.4　3.2　3　　3.2　3.2　3.2　3.9　3.1　3.2

　　　9.6　10.3　9　　10.3　10.1　10　　9.6　9　　9.6　9.6　9.2　9.5　9　　9.5　9.7

　　　3.45　3.75　3.5　3.65　3.5　3.4　3.55　3.5　3.55　3.5　3.4　3.1　3.6　3.45

　　　2.15　2.2　2.2　2.2　2　　2.15　2.14　2.1　2.1　2.1　2.15　2　　2.1　2.15

　　　140　120　140　150　80　　130　130　100　130　140　115　80　　90　　130

　　　2.8　3.4　3.5　2.8　1.5　3.2　3.5　1.8　3.5　2.5　2.8　2.2　2.7　4.6

　　　11　　10.9　11.4　10.8　11.3　11.5　11.8　11.3　11.8　11　　11.9　13　　11.1　10.85

　　　50　　70　　50　　80　　50　　60　　65　　40　　65　　50　　50　　50　　70　　70$];$

$T = [$ 2.24　2.33　2.24　2.32　2.2　2.27　2.2　2.26　2.2　2.24　2.24　2.2　2.2　2.35$]$

三、基本假设

(1) 所给的数据都处于理想分析状态。
(2) 跳远成绩不受外部因素的干扰。
(3) 同一运动员的跳高成绩的差异只与运动员本身有关。

四、符号说明

关于本任务的符号说明见表 9-11。

表 9-11

符号	符号说明
M	输入层
K	隐藏层
N	输出层

五、模型建立与求解

(一) 模型的建立

BP 神经网络通过样本数据的训练,不断修正网络权值和阈值,使误差函数沿负梯度方向下降,逼近期望输出。它是一种应用较为广泛的神经网络模型,多用于函数逼近、模型识别分类、数据压缩和时间序列预测等。

BP 神经网络由输入层、隐藏层和输出层组成,隐藏层可以有一层或多层,图 9-2 所示是 $m \times k \times n$ 的三层 BP 神经网络模型,选用 S 型传递函数 $f(x) = \dfrac{1}{1+e^{-x}}$,通过反传误差函数 $E = \dfrac{\sum_i (T_i + Q_i)^2}{2}$ (T_i 为期望输出,Q_i 为网络的计算输出) 不断调节网络权值和阈值,最后使反传误差函数达到极小值。

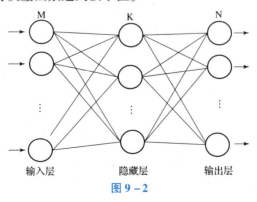

图 9-2

BP 神经网络具有高度非线性和较强的泛化能力,但也存在收敛速度慢、迭代步数多、易于陷入局部极小和全局搜索能力差等缺点。可以先用遗传算法对 BP 神经网络进行优化，在解析空间中找出较好的搜索空间，再用 BP 神经网络在较小的搜索空间中搜索最优解。

(二) 模型的求解

1. 输入、输出层的设计

该模型由每组数据的各项素质指标作为输入，以跳高成绩作为输出，所以输入层的节点数为 8，输出层的节点数为 1。

2. 隐藏层的设计

有关研究表明，有一个隐藏层的神经网络，只要隐藏层的节点足够多，就可以以任意精度逼近一个非线性函数。因此，本任务采用含有一个隐藏层的三层多输入单输出的 BP 神经网络建立预测模型。在网络设计过程中，隐藏层神经元数的确定十分重要。隐藏层神经元个数过多，会加大网络计算量并容易产生过度拟合问题；隐藏层神经元个数过少，则会影响网络性能，达不到预期效果。BP 神经网络中隐藏层神经元的数目与实际问题的复杂程度、输入和输出层的神经元数以及对期望误差的设定有直接的联系。目前，对于隐藏层中神经元数目的确定并没有明确的公式，只有一些经验公式，隐藏层神经元数目的最终还需要根据经验和多次实验来确定。本任务在选取隐藏层神经元数目的问题上参照了以下的经验公式：

$$l = \sqrt{n+m} + a$$

式中，n 为输入层神经元数目，m 为输出层神经元数目，a 为 [1, 10] 范围内的常数。

根据上式可以计算出隐藏层神经元数目为 4~13，在本任务中选择隐藏层神经元数目为 6。

BP 神经网络结构示意如图 9-3 所示。

3. 激励函数的选取

BP 神经网络通常采用 Sigmoid 可微函数和线性函数作为激励函数。本任务选择 S 型正切函数 tansig 作为隐藏层神经元的激励函数。由于 BP 神经网络的输出归一到 [-1, 1] 范围内，因此预测模型选取 S 型对数函数 logsig 作为输出层神经元的激励函数。

(三) 模型的实现

根据输入层、输出层、隐藏层、训练函数的参数，同时程序中训练参数、收敛误差可以根据用户需求确定，编写 BP 神经网络的程序如下。

```
P = [3.2 3.2 3.0 3.2 3.2 3.4 3.2 3.0 3.2 3.2 3.2 3.9 3.1 3.2;
9.6 10.3 9.0 10.3 10.1 10.0 9.6 9.0 9.6 9.2 9.5 9.0 9.5 9.7;
3.45 3.75 3.5 3.65 3.5 3.4 3.55 3.5 3.55 3.5 3.4 3.1 3.6 3.45;
2.15 2.2 2.2 2.2 2.2 2.15 2.1 2.1 2.1 2.1 2.15 2.0 2.1 2.15;
140 120 140 150 80 130 130 100 130 140 115 80 90 130;
2.8 3.4 3.5 2.8 1.5 3.2 3.5 1.8 3.5 2.5 2.8 2.2 2.7 4.6;
11.0 10.9 11.4 10.8 11.3 11.5 11.8 11.3 11.8 11.0 11.9 13.0 11.1 10.85;
50 70 50 80 50 60 65 40 65 50 50 50 70 70];
```

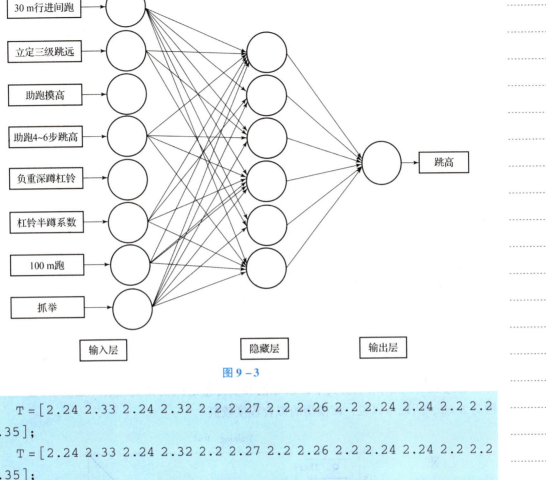

图 9-3

```
T = [2.24 2.33 2.24 2.32 2.2 2.27 2.2 2.26 2.2 2.24 2.24 2.2 2.2 2.35];
T = [2.24 2.33 2.24 2.32 2.2 2.27 2.2 2.26 2.2 2.24 2.24 2.2 2.2 2.35];
[p1,minp,maxp,t1,mint,maxt] = premnmx(P,T); net = newff(minmax(P),[8,6,1],{'tansig','tansig','purelin'},'trainlm');
%创建网络,激励函数
net.trainParam.epochs = 5000;        %设置训练次数
net.trainParam.goal = 0.0000001;     %设置收敛误差
[net,tr] = train(net,p1,t1);         %训练网络
a = [3.0;9.3;3.3;2.05;100;2.8;11.2;50];   %输入数据
a = premnmx(a);                      %将输入数据归一化
b = sim(net,a);                      %放入网络输出数据
c = postmnmx(b,mint,maxt);           %将得到的数据反归一化得到预测数据
c
```

运行程序,通过 104 次的迭代计算,得出 c 值为 2.200 或 2.219 6,即 15 号运动员的预测跳高成绩是 2.2 m 或者 2.196 m。图 9-4 所示为训练集、验证集、测试集和总体的均方误差随训练次数的变化图像。

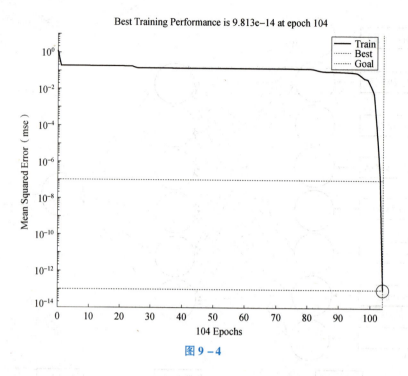

图 9-4

六、模型检验

通过 BP 神经网络检验其中的训练值和实际值之间的相关性 R（如图 9-5 所示），因为 $R=1$，所以可以说，该模型的拟合程度较高。

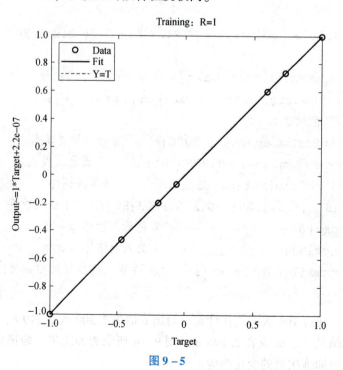

图 9-5

七、模型评价

（一）模型的优点

（1）本任务对模型做了合理的预测，拟合值基本上接近实际值，说明拟合程度较高。

（2）本任务利用 BP 神经网络进行预测，所得的数据更具有说服力。

（二）模型的缺点

在分析问题的时候，没有神经网络的训练次数，导致训练模型与实际数据略有偏差。

（三）模型的改进方向

在预测运动员跳远成绩的时候，可以采取更多方式进行预测，因为影响运动员成绩的因素特别多，例如风速对运动员成绩的影响。

◇ 任务反馈及评价

一、个人学习总结

二、学习活动综合评价

自我评价			小组评价			教师评价		
8～10分	6～7分	1～5分	8～10分	6～7分	1～5分	8～10分	6～7分	1～5分

第四部分　案例篇

案例一 "薄利多销"分析

"薄利多销"是通过降低单位商品的利润来增加销售数量，从而使商家获得更多收益的一种扩大销售的策略。对于需求富有弹性的商品来说，当商品的价格下降时，如果需求量增加的幅度大于价格下降的幅度，将导致总收益增加。在实际经营管理中，"薄利多销"原则被广泛应用。

附件1和附件2是某商场2016年11月30日—2019年1月2日的销售流水记录，附件3是折扣信息表，附件4是商品信息表，附件5是数据说明表。请根据这批数据，建立数学模型解决下列问题。

（1）计算该商场2016年11月30日—2019年1月2日每天的营业额和利润率（注意：由于未知原因，数据中非打折商品的成本价缺失。一般情况下，零售商的利润率为20%～40%）。

（2）建立适当的指标衡量商场每天的打折力度，并计算该商场2016年11月30日—2019年1月2日每天的打折力度。

（3）分析打折力度与商品销售额以及利润率的关系。

（4）如果进一步考虑商品的大类区分，则打折力度与商品销售额以及利润率有何关系？

附件1、附件2：销售流水记录；
附件3：折扣信息表；
附件4：商品信息表；
附件5：数据说明表。

基于"薄利多销"的营销规划

摘要

"薄利多销"营销方式受到很多商家的青睐。本文主要研究某商场的商品销售额与利润率，运用统计学方法分析问题，构建线性回归模型，得出相关结论。

针对问题（1），根据题目给出的数据，运用销售利润的相关数学知识，建立销售额与销售利润的数学模型，计算销售额和销售利润。首先运用统计学的思想对问题进行分析，再利用Excel、数据透视表对此商场两年多中每天的营业额和利润率进行精密计算。最后建立数据分析模型，得出2016年11月30日—2019年1月2日每天的商品销售额 W_n 与利润率 P_n。

针对问题（2），分析折扣信息表的数据，建立打折力度数学模型，计算相关数据。根据附件数据中的促销价、原售价，建立商品打折力度的数学关系式，清理不符合要求的数据，由符合要求的数据得出每天的打折力度。

针对问题（3），探究商场打折力度与商品利润率及其销售额之间的联系，建立回归方程。第一，从问题（1）和问题（2）得出的结果入手，进行数据合理化分析。第二，建立线性回归模型，利用 SPSS 软件求解。第三，得出该商场打折力度与商品销售额、利润率之间的关系分别是正相关和负相关。

针对问题（4），结合问题（3）且考虑商品的大类区分，分析此商场的打折力度与商品销售额及利润率之间有何关系。首先用回归法分析商品信息数据，其次运用 Excel 中的 VLOOKUP 函数和统计学方法建立线性回归模型，最后得出利润率与打折力度成负相关关系。

关键词：线性回归；数据透视；正/负相关；统计模型。

一、模型背景与问题重述

1.1 模型背景

"薄利多销"是现代市场中商家不可或缺的营销手段。销售方式多种多样，"薄利多销"是最简单、最快捷的方式。"薄利多销"是通过降低商品的价格来提高商品销售量，这是商家为了使商品能够大量外销所使用的战术，这种方法能够让商品尽快地进入市场且得到好的销售成绩。要实现"薄利多销"，必须实现商品需求价格弹性大于 1，这时商品需求量将会大于商品价格下降的速度，获益必会越来越多。

1.2 问题重述

根据附件，寻求适当的方法建立数学模型并解决下列问题。

（1）不论是对大型企业还是小型公司来说，把"薄利多销"运用得当就会使企业或者公司高速运转，提高市场占有率以及利润率。利用数学知识计算此商场 2016 年 11 月 30 日—2019 年 1 月 2 日每天的销售额与利润率。

（2）此商场的商品种类繁多，因此不能用传统的方法计算每件商品的价值。必须建立合适的指标用以权衡每件商品的打折力度，并且计算该商场 2016 年 11 月 30 日—2019 年 1 月 2 日每天的打折力度。

（3）按照问题（1）和问题（2）给出的解题内容和建立的相关模型，分析该商场的打折力度与商品销售额、利润率之间有什么联系。

（4）商品可分为大类、中类、小类、细类以及品种和细目，对该商场的商品进行大类区分，然后对该商场的打折力度和商品销售额及其利润率之间的关系进行合理的分析。

二、模型假设

（1）商品的销售量为 0 时，忽略其对打折力度的影响。
（2）题目和附件所给出的数据准确无误，不存在数据丢失问题。
（3）附件 3 所给出的商品促销时间段与实际生活不符，故将其省略。

三、符号说明

符号说明见表 1。

表1 符号说明

序号	符号	意义
1	W_n	第 n 天此商场的销售额
2	P_n	第 n 天此商场的利润率
3	Q_n	第 n 天此商场的利润
4	j	某商品销售订单完成时 $j=1$,没有完成时 $j=0$
5	Z_n	第 n 天此商场销售商品的成本
6	K_n	第 n 天此商场的打折力度
7	X_i	第 i 种商品的促销价格
8	Y_i	第 i 种商品的原售价
9	S	商品的销售量
10	R_{nij}	$\begin{cases}0, & \text{第 }n\text{ 天商场没有完成该销售订单的第 }i\text{ 种商品售价}\\1, & \text{第 }n\text{ 天商场完成该销售订单的第 }i\text{ 种商品售价}\end{cases}$
11	A_{nij}	$\begin{cases}0, & \text{第 }n\text{ 天商场没有完成该销售订单的第 }i\text{ 种商品的打折成本}\\1, & \text{第 }n\text{ 天商场完成该销售订单的第 }i\text{ 种商品的打折成本}\end{cases}$
12	B_{nij}	$\begin{cases}0, & \text{第 }n\text{ 天商场没有完成该销售订单的第 }i\text{ 种商品的非打折成本}\\1, & \text{第 }n\text{ 天商场完成该销售订单的第 }i\text{ 种商品的非打折成本}\end{cases}$

四、问题的分析

4.1 问题（1）的分析

针对问题（1），依据附件1和附件2中的商品订单ID、SKU售价、销售订单商品数量、成本价等数据，销售额为商品售价乘以销售的商品数量。在求商场某天的利润率时，需要考虑该天某商品是否是打折商品。若是打折商品，成本就等于商品成本乘以销售数量，若非打折商品，就需要用到题目所给出的利润率（20%~40%）。再利用Excel表格对数据进行筛选，运用Excel函数公式以及数据透视表等进行处理，最后得出商场每天的销售额和利润率。

4.2 问题（2）的分析

针对问题（2），因此商场每天都有大型的促销活动，根据附件5可以得出促销商品类型有5种，商场主要的促销方式是单品直降、限时抢购和单品买赠。商品促销类型不同，打折力度也不同。当商场促销活动中某商品促销类型相似时，就要考虑此促销活动的时间段。通过对折扣信息表进行处理，建立商品的销售量为权衡商品打折力度的标准。

4.3 问题（3）的分析

针对问题（3），在完成问题（1）和问题（2）得出此商场每天的销售额、利润率以及打折力度的铺垫下，先依据所给出的数据做出销售额、利润率与打折力度的数据表格，再分别探究销售额与打折力度的关系、利润率与打折力度的关系。首先根据做出的数据表格画出散点图，直观地发现打折力度与销售额、利润率的相互关系；然后建立一元回归模型，利用统计学软件 SPSS 进行回归分析。

4.4 问题（4）的分析

针对问题（4），在前面问题的基础上进一步研究"薄利多销"销售手段。对附件 4 所给出的数据进行分析，将全部商品分成三大类，计算某大类中商品的打折力度、销售额、利润率的关系，再与问题（3）得出的结论对比。

五、模型的建立与求解

5.1 问题（1）

5.1.1 问题（1）模型的建立

针对问题（1），根据题目要求计算出 2016—2019 年每天某商场的销售额和利润率。经过对附件 1、附件 2 和附件 5 所给出的数据进行分析以及查阅相关专有名词，得出了下列公式。

1. 销售额

按照一般规律，销售额为商品交易中的金额总量，并且不排除成本等费用，可以表示为

销售额 W_n = 某商品的销售价 R_{nij} × 销售的订单商品数量 S

即

$$W_n = \sum_{i=1}^{m} R_{nij} \times S$$

式中，n 为这两年多中的某一天；i 为此商场的某个商品种类；j 为此订单商品是否完成（$j=0$ 或 1）；m 为某天所销售的商品种类。

2. 利润率

利润率是获利的金额与销售额的比率，它是反映此商场某天的利润水平的相对指标，可以用下列公式表示：

成本 Z_n = 打折商品的总成本 A_{nij} + 非打折商品的总成本 B_{nij}

非打折商品的总成本 B_{nij} = 销售额 W_n × (1 − 商品利润率 q)

利润 Q_n = 销售额 W_n − 成本 Z_n

利润率 $P_n = \dfrac{利润\ Q_n}{销售额\ W_n} \times 100\%$

即

$$P_n = \frac{Q_n}{W_n} \times 100\%$$

式中，n 为这两年多中的某一天；i 为此商场的某个商品种类；j 为此订单商品是否完成

($j=0$ 或 1）；q 为题目所给出的商品利润率，一般为 20% ~ 40%。

5.1.2 问题（1）模型的求解

根据附件 1、附件 2 和附件 5 所给出的订单 ID、商品名称、门店价、SKU 销售价格等数据，以及与所建立的数学公式，计算这两年多中每天的销售额和利润率。因给出的数据时间跨度大，现将 2016 年 11 月 30 日—2019 年 1 月 2 日分成 3 个表格表示该年每天的销售额与利润率。

1. 2016 年每天的销售额与利润率

2016 年每天的销售额与利润率见表 1。

表 1　2016 年每天的销售额与利润率

日期	11/30	12/01	12/02	12/03	12/04	12/05	12/06	12/07
销售额/元	1 540.8	1 222.9	1 372.1	2 119.9	1 917.6	1 161	1 322.4	3 493.6
利润率/%	11 ~ 22	14 ~ 28	14 ~ 27	11 ~ 23	11 ~ 21	16 ~ 32	14 ~ 29.5	12 ~ 24
日期	12/08	12/09	12/10	12/11	12/12	12/13	12/14	12/15
销售额/元	2 820.9	3 283.7	2 878.5	9 498.1	20 935	9 259.4	4 679.3	6 626.7
利润率/%	11 ~ 24	13 ~ 27	13 ~ 25	12 ~ 25	12 ~ 24	12 ~ 24	14 ~ 27	13 ~ 26
日期	12/16	12/17	12/18	12/19	12/20	12/21	12/22	12/23
销售额/元	6 556.4	8 048.7	10 032	2 170.3	2 154.3	5 571.4	3 094.9	5 421.7
利润率/%	12 ~ 24	12 ~ 24	12 ~ 25	12 ~ 24	11 ~ 22	12 ~ 24	10 ~ 21	8 ~ 16
日期	12/24	12/25	12/26	12/27	12/28	12/29	12/30	12/31
销售额/元	3 696.2	3 036.3	1 830.2	2 975	1 685.8	3 343.5	5 051.1	4 634.8
利润率/%	12 ~ 24	9 ~ 19	7 ~ 15	9 ~ 19	10 ~ 21	13 ~ 26	14 ~ 27	11 ~ 22

2. 2017 年每天的销售额与利润率

2017 年每天的销售额与利润率见表 2。

表 2　2017 年每天的销售额与利润率

日期	1/1	1/2	1/3	1/4	1/5	1/6	1/7	1/8
销售额/元	2 478.1	3 847.8	2 502.9	2 446.8	1 395.6	2 623	2 790.2	2 998
利润率/%	15 ~ 30	15 ~ 30	11 ~ 21	12 ~ 25	10 ~ 21	10 ~ 21	11 ~ 23	12 ~ 24
日期	1/9	1/10	1/11	1/12	1/13	1/14	1/15	1/16
销售额/元	2 239.6	2 825.2	2 198.9	2 194.4	1 715.8	6 221.4	5 684.5	3 368.5
利润率/%	12 ~ 23	10 ~ 22	13 ~ 25	15 ~ 30	13 ~ 26	12 ~ 25	14 ~ 28	14 ~ 28

续表

日期	1/17	1/18	1/19	1/20	1/21	1/22	1/23	1/24
销售额/元	3 240	2 953.6	2 488.2	2 814.9	3 329.1	1 585	2 315.6	3 300.5
利润率/%	13~26	12~25	10~22	14~28	15~31	13~27	13~27	14~28
日期	1/25	1/26	1/27	1/28	1/29	1/30	1/31	2/1
销售额/元	2 426.2	5 424.1	3 327.8	1 569.2	1 811.9	1 330.4	1 189.6	2 195.2
利润率/%	13~26	15~30	15~31	12~24	11~22	14~28	17~34	14~28
日期	2/2	2/3	2/4	2/5	2/6	2/7	2/8	2/9
销售额/元	2 465.1	4 169.3	2 691.9	4 781.7	3 624.1	4 369.5	3 420	3 612.9
利润率/%	14~27	10~20	12~24	17~29	12~24	13~26	13~26	13~25
日期	2/10	2/11	2/12	2/13	2/14	2/15	2/16	2/17
销售额/元	2 048.8	6 983.7	1 623.2	1 437.9	3 922.5	2 735.4	2 023.5	2 252.9
利润率/%	16~31	14~28	14~28	12~23	13~26	12~24	12~24	12~24
日期	2/18	2/19	2/20	2/21	2/22	2/23	2/24	2/25
销售额/元	7 190.6	6 185.1	1 883.2	2 046.7	1 638.5	3 088.9	2 510.7	4 094.7
利润率/%	12~25	13~26	15~30	13~26	15~30	14~28	14~28	12~24
日期	2/26	2/27	2/28	3/1	3/2	3/3	3/4	3/5
销售额/元	3 155.1	1 603.2	1 277.5	1 364.8	3 886.7	3 160.9	5 639.3	6 401.4
利润率/%	14~29	14~28	14~28	13~26	12~25	15~30	14~28	13~27
日期	3/6	3/7	3/8	3/9	3/10	3/11	3/12	3/13
销售额/元	3 132	3 632.2	3.47.2	3 062.2	3 780.7	4 280.8	5 617.4	3 547.8
利润率/%	13~26	14~28	15~30	12~24	12~24	12~24	12~24	12~25
日期	3/14	3/15	3/16	3/17	3/18	3/19	3/20	3/21
销售额/元	3 163.8	2 789	2 915	4 758.6	5 326.6	4 743.2	2 414.5	2 899.5
利润率/%	12~24	14~28	14~29	13~26	13~27	12~24	12~25	14~28
日期	3/22	3/23	3/24	3/25	3/26	3/27	3/28	3/29
销售额/元	2 981	3 956.2	3 048.4	5 995.9	5 516.2	3 040.1	2 856.1	2 530.2
利润率/%	13~26	13~26	12~25	13~27	13~26	15~29	11~22	12~25
日期	3/30	3/31	4/1	4/2	4/3	4/4	4/5	4/6
销售额/元	2 955.2	2 926.8	3 210.5	5 118.9	5 085.2	3 511.4	4 512.9	4 115.7
利润率/%	14~29	12~25	15~29	14~28	14~27	15~25	12~24	13~27

续表

日期	4/7	4/8	4/9	4/10	4/11	4/12	4/13	4/14
销售额/元	2 754.1	5 509.5	5 154.8	3 646.2	2 931.2	4 686.7	3 564.9	3 455.1
利润率/%	12~25	11~22	14~27	11~21	10~21	12~24	13~26	13~26
日期	4/15	4/16	4/17	4/18	4/19	4/20	4/21	4/22
销售额/元	15 241	9 074.2	7 118.3	3 457.2	3 266.4	5 094.9	3 704.8	5 029.4
利润率/%	12~25	13~27	13~26	14~27	13~26	14~28	13~27	13~26
日期	4/23	4/24	4/25	4/26	4/27	4/28	4/29	4/30
销售额/元	6 312.3	5 584.6	4 225.2	4 574.2	4 065.7	5 442.7	6 950.1	4 337.3
利润率/%	13~25	13~26	14~28	11~23	14~27	15~30	15~30	15~30
日期	5/1	5/2	5/3	5/4	5/5	5/6	5/7	5/8
销售额/元	5 317.7	4 409.7	5 635.3	5 197.5	6 290	7 744.8	9 732.4	6 007.6
利润率/%	15~30	16~33	15~30	13~26	13~26	13~26	13~25	13~26
日期	5/9	5/10	5/11	5/12	5/13	5/14	5/15	5/16
销售额/元	5 424.3	4 652.3	5 078.6	6 812.2	9 545.7	8 965.2	5 314.5	6 992
利润率/%	13~25	15~30	13~26	14~28	14~28	14~28	14~28	14~27
日期	5/17	5/18	5/19	5/20	5/21	5/22	5/23	5/24
销售额/元	6 997.1	3 994.7	5 205.8	7 827.1	7 024	5 418.2	4 998	4 009.5
利润率/%	14~28	13~27	12~25	13~25	13~26	13~26	13~26	14~28
日期	5/25	5/26	5/27	5/28	5/29	5/30	5/31	6/1
销售额/元	9 602.2	11 254	12 587	10 190	7 728.2	8 603.5	4 759.8	6 680.2
利润率/%	12~25	13~26	13~26	14~27	12~24	14~27	11~21	14~27
日期	6/2	6/3	6/4	6/5	6/6	6/7	6/8	6/9
销售额/元	6 856.4	6 813	14 934	5 387.7	5 730.2	4 502.6	4 890.5	7 837.6
利润率/%	13~27	13~27	12~24	14~27	12~22	11~23	12~25	14~28
日期	6/10	6/11	6/12	6/13	6/14	6/15	6/16	6/17
销售额/元	11 666	9 331	3 693.5	5 128.9	4 738.7	4 646.9	9 563.6	13 087
利润率/%	12~24	12~25	10~21	13~27	13~26	12~23	11~23	12~24
日期	6/18	6/19	6/20	6/21	6/22	6/23	6/24	6/25
销售额/元	14 060	4 113.8	5 799.4	6 001.6	5 443.5	4 331.7	7 118.8	10 666
利润率/%	11~23	12~25	12~24	12~23	11~23	13~25	12~23	13~27

续表

日期	6/26	6/27	6/28	6/29	6/30	7/1	7/2	7/3
销售额/元	6 927.6	6 543.3	4 338.8	5 093.1	5 473	11 672	12 310	4 358.5
利润率/%	12~25	14~28	14~28	12~24	13~26	13~25	13~26	13~27
日期	7/4	7/5	7/6	7/7	7/8	7/9	7/10	7/11
销售额/元	7 834.3	5 263	5 955.6	8 317	11 102	13 231	6 693.5	9 717
利润率/%	14~28	14~27	15~30	14~28	15~29	15~30	14~28	14~28
日期	7/12	7/13	7/14	7/15	7/16	7/17	7/18	7/19
销售额/元	9 571.8	7 503.4	9 907.2	11 819	12 081	10 779	9 408.5	6 746.5
利润率/%	13~26	14~28	13~26	14~29	13~27	14~29	13~27	13~26
日期	7/20	7/21	7/22	7/23	7/24	7/25	7/26	7/27
销售额/元	6 292.8	6 009.2	12 451	13 977	7 230.1	8 849.7	7 259.5	6 733.5
利润率/%	13~25	11~23	11~23	12~25	13~25	13~27	12~25	11~22
日期	7/28	7/29	7/30	7/31	8/1	8/2	8/3	8/4
销售额/元	7 574.8	9 599.7	14 592	5 185.3	6 412.4	7 590.6	5 523.5	8 126.5
利润率/%	13~25	12~23	13~26	13~25	13~26	12~25	13~27	14~29
日期	8/5	8/6	8/7	8/8	8/9	8/10	8/11	8/12
销售额/元	7 742.4	10 153	10 746.7	19 174	9 620.8	9 126.6	8 631.2	13 732
利润率/%	13~26	14~27	13~26	9~20	13~27	12~23	13~25	13~25
日期	8/13	8/14	8/15	8/16	8/17	8/18	8/19	8/20
销售额/元	11 002	6 422.8	5 030.8	6 468.1	7 231.8	6 189.2	14 947	12 427
利润率/%	12~25	13~27	11~23	13~26	12~24	12~24	9~18	13~27
日期	8/21	8/22	8/23	8/24	8/25	8/26	8/27	8/28
销售额/元	7 009.6	7 805.8	8 212.5	8 105.5	7 754.8	15 889	17 848	9 446.6
利润率/%	13~26	14~27	12~24	13~26	16~31	13~26	13~25	13~25
日期	8/29	8/30	8/31	9/1	9/2	9/3	9/4	9/5
销售额/元	9 361.9	8 052.6	8 973.5	7 014.9	10 479	11 030	7 835.6	6 930.5
利润率/%	13~27	15~29	13~26	15~30	13~26	12~25	13~26	13~26
日期	9/6	9/7	9/8	9/9	9/10	9/11	9/12	9/13
销售额/元	7 991.8	5 971.4	5 027.9	11 922	13 775	7 103.6	7 404.6	6 956.2
利润率/%	13~27	13~25	13~25	12~24	11~22	13~27	13~25	12~24

续表

日期	9/14	9/15	9/16	9/17	9/18	9/19	9/20	9/21
销售额/元	6 774	6 180.3	11 172	17 129	6 194.6	9 803.9	6 104.5	13 415
利润率/%	13~25	12~23	13~25	13~25	12~25	13~26	13~25	12~24
日期	9/22	9/23	9/24	9/25	9/26	9/27	9/28	9/29
销售额/元	11 979	17 080	11 511	9 179.6	12 069	10 343	10 301	11 299
利润率/%	12~23	11~21	14~27	13~27	13~26	14~27	12~23	11~22
日期	9/30	10/1	10/2	10/3	10/4	10/5	10/6	10/7
销售额/元	11 156	9 843.4	7 435.1	9 652.2	7 858.8	5 613.3	5 608.1	8 897.5
利润率/%	13~26	14~28	13~26	13~26	13~25	13~26	14~27	13~26
日期	10/8	10/9	10/10	10/11	10/12	10/13	10/14	10/15
销售额/元	12 112	9 006.1	10 051	7 289.5	5 348.6	7 544.4	8 442.8	24 539
利润率/%	14~27	14~28	13~26	13~25	12~24	13~25	13~26	13~26
日期	10/16	10/17	10/18	10/19	10/20	10/21	10/22	10/23
销售额/元	5 590.3	5 541.8	7 066.5	7 093	19 985	11 112	12 583	7 508
利润率/%	14~28	14~28	15~29	14~29	11~23	12~24	12~25	15~29
日期	10/24	10/25	10/26	10/27	10/28	10/29	10/30	10/31
销售额/元	5 673.2	6 253.6	6 081.5	6 588.6	13 205	15 019	6 220.6	6 831.2
利润率/%	12~24	12~24	13~26	12~24	13~26	13~25	13~25	14~27
日期	11/1	11/2	11/3	11/4	11/5	11/6	11/7	11/8
销售额/元	5 067.6	6 047.2	5 498.2	8 406	12 039	5 948.9	7 118.5	6 228.9
利润率/%	12~25	15~30	15~31	15~30	15~30	14~28	14~29	15~29
日期	11/9	11/10	11/11	11/12	11/13	11/14	11/15	11/16
销售额/元	9 427.4	8 711.9	28 977	14 873	5 650.8	6 756.8	6 104.8	6 517.2
利润率/%	15~29	13~26	12~24	14~28	14~28	13~25	15~30	14~29
日期	11/17	11/18	11/19	11/20	11/21	11/22	11/23	11/24
销售额/元	7 331.4	14 462	12 142	8 177.4	7 342.4	7 254.6	7 756.8	10 202
利润率/%	14~28	13~26	12~24	13~27	13~26	13~27	13~28	13~27
日期	11/25	11/26	11/27	11/28	11/29	11/30	12/1	12/2
销售额/元	12 065	14 900	8 389.6	9 477.4	6 658.5	4 911.9	8 501.5	14 201
利润率/%	14~27	14~27	13~25	13~27	15~29	14~28	12~25	13~26

续表

日期	12/3	12/4	12/5	12/6	12/7	12/8	12/9	12/10
销售额/元	17 244	7 260.1	9 429.6	7 598.9	7 036.3	1 1711	19 982	16 636
利润率/%	13~26	12~24	13~25	13~26	12~23	12~24	9~20	11~23
日期	12/11	12/12	12/13	12/14	12/15	12/16	12/17	12/18
销售额/元	8 213.3	26 570	6 989.5	6 471.1	5 642.3	11 067	13 461	5 953.2
利润率/%	10~20	9~18	12~25	14~28	11~21	12~23	11~22	14~27
日期	12/19	12/20	12/21	12/22	12/23	12/24	12/25	12/26
销售额/元	7 663.1	5 245.4	6 007.8	6 831	14 887	19 637	5 711.5	7 147.9
利润率/%	13~26	13~26	13~25	10~20	10~20	11~23	12~25	8~18
日期	12/27	12/28	12/29	12/30	12/31	—	—	—
销售额/元	6 799.7	5 850.3	7 853	10 778	9 704			
利润率/%	12~24	14~28	13~25	13~26	14~29			

3. 2018 年和 2019 年每天的销售额与利润率

2018 年和 2019 年每天的销售额与利润率见表3。

表3　2018 年和 2019 年每天的销售额与利润率

日期	1/1	1/2	1/3	1/4	1/5	1/6	1/7	1/8
销售额/元	13 908	10 274	6 783.9	9 472	11 728	28 387	17 970	7 098.6
利润率/%	14~28	12~24	12~24	13~26	9~09	10~21	11~22	12~24
日期	1/9	1/10	1/11	1/12	1/13	1/14	1/15	1/16
销售额/元	8 750.3	5 839.4	7 985.9	9 915.2	16 164	15 517	10 691	7 983.6
利润率/%	13~27	14~28	13~26	13~23	9~19	11~22	11~23	11~23
日期	1/17	1/18	1/19	1/20	1/21	1/22	1/23	1/24
销售额/元	8 638.1	8 128.9	9 942.2	26 510	20 497	7 782.1	9 923.5	8 910.1
利润率/%	11~22	13~26	9~18	8~17	10~21	12~25	11~21	14~28
日期	1/25	1/26	1/27	1/28	1/29	1/30	1/31	2/1
销售额/元	10 814	11 233	20 103	21 276	6 254.8	9 680.5	9 406.3	8 494.5
利润率/%	11~23	10~21	13~25	11~22	15~29	13~27	15~30	11~23
日期	2/2	2/3	2/4	2/5	2/6	2/7	2/8	2/9
销售额/元	8 495.7	19 818	21 920	10 057	10 669	12 800	9 139	11 500
利润率/%	13~26	12~24	11~22	12~22	12~24	12~24	12~24	11~23

续表

日期	2/10	2/11	2/12	2/13	2/14	2/15	2/16	2/17
销售额/元	18 341	16 677	12 617	9 365.8	12 278	6 445.6	3 541.2	4 225.2
利润率/%	12~24	12~23	12~25	14~27	14~29	14~28	15~30	12~24
日期	2/18	2/19	2/20	2/21	2/22	2/23	2/24	2/25
销售额/元	3 499.6	6 422	5 763.1	9 217.5	10 446	10 154	16 433	17 278
利润率/%	15~29	13~26	14~28	14~28	13~25	14~27	12~25	12~24
日期	2/26	2/27	2/28	3/1	3/2	3/3	3/4	3/5
销售额/元	5 685.5	6 765.3	7 683.5	9 595.3	9 123	14 668	15 487	7 167.1
利润率/%	14~27	15~31	15~29	12~24	15~30	13~26	13~25	14~27
日期	3/6	3/7	3/8	3/9	3/10	3/11	3/12	3/13
销售额/元	7 842.4	6 412.7	21 228	6 708.4	15 542	14 269	8 173.9	8 674.5
利润率/%	13~26	13~25	13~25	11~23	12~25	13~27	14~28	13~25
日期	3/14	3/15	3/16	3/17	3/18	3/19	3/20	3/21
销售额/元	14 365	9 620.6	9 118.5	19 470	20 445	8 579.4	7 529.8	8 028.4
利润率/%	10~20	12~25	14~28	11~21	11~22	11~22	11~22	12~23
日期	3/22	3/23	3/24	3/25	3/26	3/27	3/28	3/29
销售额/元	8 235.1	7 893.6	20 423	19 598	8 153.7	8 241.9	9 046.4	7 314
利润率/%	10~20	11~22	10~19	12~24	11~22	11~22	14~27	14~27
日期	3/30	3/31	4/1	4/2	4/3	4/4	4/5	4/6
销售额/元	10 277	22 446	24 368	9 721.3	12 037	10 345	14 950	16 833
利润率/%	13~27	12~23	11~22	13~25	11~23	13~26	13~25	11~23
日期	4/7	4/8	4/9	4/10	4/11	4/12	4/13	4/14
销售额/元	17 209	13 584	21 447	13 819	11 748	13 952	11 960	13 644
利润率/%	12~24	12~23	11~22	12~25	11~24	12~25	10~20	10~20
日期	4/15	4/16	4/17	4/18	4/19	4/20	4/21	4/22
销售额/元	45 083	20 929	11 476	10 665	12 410	13 433	19 603	24 173
利润率/%	8~17	10~20	11~23	12~23	13~26	12~24	11~22	11~23
日期	4/23	4/24	4/25	4/26	4/27	4/28	4/29	4/30
销售额/元	11 356	16 289	12 902	13 254	12 565	16 217	24 376	18 613
利润率/%	13~26	12~24	13~26	11~24	13~25	11~22	13~26	13~27

续表

日期	5/1	5/2	5/3	5/4	5/5	5/6	5/7	5/8
销售额/元	14 440	15 354	14 583	14 219	20 997	20 312	15 393	15 599
利润率/%	13~25	13~26	14~27	15~30	16~32	15~30	17~33	16~32
日期	5/9	5/10	5/11	5/12	5/13	5/14	5/15	5/16
销售额/元	13 963	14 990	14 156	25 061	25 689	14 124	15 243	12 559
利润率/%	16~33	14~28	14~28	16~32	16~31	16~33	26~31	15~30
日期	5/17	5/18	5/19	5/20	5/21	5/22	5/23	5/24
销售额/元	11 986	14 245	19 310	40 366	16 685	15 716	11 978	13 545
利润率/%	15~30	16~31	14~27	14~27	16~33	16~31	15~30	15~30
日期	5/25	5/26	5/27	5/28	5/29	5/30	5/31	6/1
销售额/元	10 216	11 890	16 556	13 544	13 603	9 848.3	12 155	9 782.6
利润率/%	15~30	14~29	14~29	14~28	14~28	15~30	1~32	14~27
日期	6/2	6/3	6/4	6/5	6/6	6/7	6/8	6/9
销售额/元	17 951	17 776	11 952	15 857	15 079	16 785	18 589	28 081
利润率/%	15~29	15~29	15~30	14~28	15~30	16~32	15~30	15~30
日期	6/10	6/11	6/12	6/13	6/14	6/15	6/16	6/17
销售额/元	34 545	16 175	15 446	15 784	15 141	18 532	22 926	32 658
利润率/%	15~31	16~32	15~30	15~31	14~29	14~27	15~29	12~25
日期	6/18	6/19	6/20	6/21	6/22	6/23	6/24	6/25
销售额/元	79 536	15 497	12 004	13 034	11 721	16 166	18 635	8 874.2
利润率/%	13~26	15~29	15~30	16~32	15~31	14~29	16~31	16~32
日期	6/26	6/27	6/28	6/29	6/30	7/1	7/2	7/3
销售额/元	10 375	11 950	12 304	7 474.8	17 037	22 351	7 962	16 244
利润率/%	15~30	16~32	15~30	14~27	13~26	14~28	16~33	15~30
日期	7/4	7/5	7/6	7/7	7/8	7/9	7/10	7/11
销售额/元	9 040	10 061	16 766	36 133	13 318	16 108	21 169	14 464
利润率/%	15~30	15~30	14~29	14~29	15~30	14~29	14~28	15~30
日期	7/12	7/13	7/14	7/15	7/16	7/17	7/18	7/19
销售额/元	21 665	24 494	29 696	29 470	13 862	22 686	20 306	17 506
利润率/%	14~28	12~25	13~25	13~26	13~26	13~25	14~27	14~28

续表

日期	7/20	7/21	7/22	7/23	7/24	7/25	7/26	7/27
销售额/元	21 460	42 941	31 316	15 439	23 082	14 586	17 296	19 190
利润率/%	13~27	12~23	14~27	14~28	13~26	14~27	13~26	13~26
日期	7/28	7/29	7/30	7/31	8/1	8/2	8/3	8/4
销售额/元	35 971	33 465	12 006	31 809	15 326	18 823	17 658	35 342
利润率/%	12~25	12~25	15~30	12~25	14~28	13~25	13~25	12~24
日期	8/5	8/6	8/7	8/8	8/9	8/10	8/11	8/12
销售额/元	31 885	19 961	26 181	139 761	20 587	21 285	31 237	31 115
利润率/%	12~24	13~26	11~23	13~25	12~24	13~26	12~25	11~23
日期	8/13	8/14	8/15	8/16	8/17	8/18	8/19	8/20
销售额/元	16 590	23 409	19 022	18 407	18 968	31 376	36 472	16 924
利润率/%	13~26	12~24	13~26	12~25	13~26	12~24	13~25	13~27
日期	8/21	8/22	8/23	8/24	8/25	8/26	8/27	8/28
销售额/元	20 400	17 639	16 456	19 371	43 472	36 374	18 757	23 808
利润率/%	11~23	13~25	13~25	12~23	11~23	12~24	13~26	12~25
日期	8/29	8/30	8/31	9/1	9/2	9/3	9/4	9/5
销售额/元	19 817	20 494	26 830	39 065	32 883	20 365	26 384	14 949
利润率/%	12~25	13~27	13~27	13~26	13~27	14~27	12~25	13~27
日期	9/6	9/7	9/8	9/9	9/10	9/11	9/12	9/13
销售额/元	16 876	15 285	44 603	30 686	16 535	25 374	19 712	16 603
利润率/%	14~28	13~26	12~24	12~25	13~26	12~24	13~27	13~25
日期	9/14	9/15	9/16	9/17	9/18	9/19	9/20	9/21
销售额/元	20 780	36 373	46 218	14 864	20 442	16 825	16 437	15 253
利润率/%	13~25	13~27	13~26	13~26	13~26	14~29	14~29	13~26
日期	9/22	9/23	9/24	9/25	9/26	9/27	9/28	9/29
销售额/元	43 689	33 799	29 522	24 602	23 047	21 280	24 035	27 575
利润率/%	13~26	13~25	14~28	12~24	12~24	13~26	14~29	13~27
日期	9/30	10/1	10/2	10/3	10/4	10/5	10/6	10/7
销售额/元	27 627	18 864	18 686	13 354	18 341	27 008	26 009	44 205
利润率/%	13~25	14~28	13~26	13~25	13~26	11~23	13~25	12~24

续表

日期	10/8	10/9	10/10	10/11	10/12	10/13	10/14	10/15
销售额/元	37 920	12 622	18 335	12 105	12 471	39 639	31 425	14 099
利润率/%	12~24	12~25	12~25	14~28	12~23	12~25	12~23	12~23
日期	10/16	10/17	10/18	10/19	10/20	10/21	10/22	10/23
销售额/元	19 838	15 703	16 311	29 760	97 734	33 707	22 108	20 883
利润率/%	11~21	12~23	11~22	11~21	9~19	10~21	15~30	12~26
日期	10/24	10/25	10/26	10/27	10/28	10/29	10/30	10/31
销售额/元	20 077	15 233	18 440	38 110	28 698	18 299	28 636	21 000
利润率/%	13~27	12~25	13~26	14~28	13~27	15~29	13~27	15~29
日期	11/1	11/2	11/3	11/4	11/5	11/6	11/7	11/8
销售额/元	14 988	17 566	31 790	29 331	17 682	20 986	23 270	10 815
利润率/%	14~28	14~28	13~27	14~29	16~31	14~29	14~29	14~27
日期	11/9	11/10	11/12	11/13	11/14	11/15	11/16	11/17
销售额/元	22 016	48 418	28 675	18 104	17 759	19 479	17 498	35 708
利润率/%	12~24	12~24	13~26	13~26	15~30	17~28	13~06	13~25
日期	11/18	11/19	11/20	11/21	11/22	11/23	11/24	11/25
销售额/元	30 625	16 963	23 881	18 026	19 120	18 714	55 278	34 023
利润率/%	12~23	12~25	12~24	11~23	11~22	11~22	11~22	10~20
日期	11/26	11/27	11/28	11/29	11/30	12/1	12/2	12/3
销售额/元	15 282	23 416	32 121	22 137	255 371	33 527	29 429	13 659
利润率/%	12~23	11~23	12~24	12~24	11~22	11~22	11~22	13~26
日期	12/4	12/5	12/6	12/7	12/8	12/9	12/10	12/11
销售额/元	22 529	18 232	16 243	20 079	50 666	55 188	22 591	39 577
利润率/%	12~24	11~23	12~25	13~26	12~25	12~25	13~26	10~20
日期	12/12	12/13	12/14	12/15	12/16	12/17	12/18	12/19
销售额/元	119 203	31 317	14 540	33 281	29 009	31 694	51 814	29 654
利润率/%	11~22	13~25	11~22	12~21	10~20	10~21	10~21	14~23
日期	12/20	12/21	12/22	12/23	12/24	12/25	12/26	12/27
销售额/元	26 683	34 358	110 778	120 553	0	40 460	42 080	43 162
利润率/%	11~22	11~22	10~19	10~20	0	11~23	11~23	11~23

续表

日期	12/28	12/29	12/30	12/31	19/1/1	19/1/2	—	—
销售额/元	52 888	60 236	150 322	138 410	65 115	31 072	—	—
利润率/%	11~23	12~24	12~24	13~26	12~24	11~22	—	—

5.2 问题（2）

5.2.1 问题（2）模型的建立

经过查阅相关资料，知道打折力度为商品打折的幅度。建立销售量的指标来衡量打折力度的幅度，由分析数据可以得出打折力度为某商品促销总价格与该商品的总售价之比，即

$$K_i = \sum_{i=1} \frac{X_i}{Y_i} \times 100\%$$

对折扣信息表进行一系列的研究分析，发现在原始数据中出现促销活动的开始时间大于结束时间的情况，与实际情况不符，故将此数据省略不计。打折力度用销售量进行衡量，因此要把折扣信息表中销售量为 0 的商品忽略。

5.2.2 问题（2）模型的求解

利用 Excel 表格对数据进行筛选处理，折扣信息表包含 2017 年、2018 年和 2019 年的数据，根据附件 5 中的名词解释，促销状态为 1 的为新建的，所以要忽略其与商品打折力度的关系。促销活动方式分为两种不同的情况：一种为促销活动不相似，此时如果促销活动举行时间相同就按照下列顺序进行：新人专享—秒杀直降—第二件 N 折；另一种为促销活动相似，按照促销活动的时间顺序进行。

因此，2016 年 11 月 30 日—2019 年 1 月 12 日的商品如果没有打折，就认为打折力度为 0。因所给数据繁多，为了明确地表示商品打折力度，现将所得出的结果分为 2017 年商品的数据分析和 2018—2019 年商品的数据分析。

1. 2017 年商品的数据分析

2017 年商品的打折力度见表 4。

表 4 2017 年商品的打折力度

日期	4/15	4/16	5/5	5/6	5/7	5/13	5/14	5/25	5/26
打折力度/%	35	30	68	68	75	48	45	78	77
日期	5/27	5/28	5/29	5/30	6/2	6/3	6/4	6/5	6/16
打折力度/%	73	67	67	67	56	56	56	56	58
日期	6/17	6/18	6/19	6/20	7/7	7/8	7/9	7/14	7/15
打折力度/%	51	60	46	67	42	72	72	71	55
日期	7/16	7/20	8/1	8/3	8/4	8/5	8/6	8/7	8/8
打折力度/%	57	80	61	57	77	75	80	70	70

续表

日期	8/9	9/6	9/7	9/8	9/9	9/10	9/11	9/12	9/13
打折力度/%	66	70	61	61	67	67	57	57	57
日期	9/14	9/15	9/16	9/17	9/18	9/19	9/20	9/21	9/22
打折力度/%	76	76	76	76	76	76	76	72	72
日期	9/23	9/24	9/25	9/26	9/27	9/28	9/29	9/30	10/1
打折力度/%	72	72	72	72	72	71	1	1	1
日期	10/2	10/3	10/4	10/5	10/6	10/7	10/8	10/12	10/13
打折力度/%	1	1	1	80	80	80	80	74	74
日期	10/14	10/15	10/16	10/17	10/18	10/19	10/20	10/21	10/22
打折力度/%	72	57	57	57	57	70	70	71	69
日期	10/23	10/24	10/25	10/26	10/27	10/28	10/29	10/30	10/31
打折力度/%	61	61	61	61	64	65	69	60	62
日期	11/1	11/2	11/3	11/4	11/5	11/7	11/8	11/9	11/10
打折力度/%	74	50	69	69	66	70	71	71	70
日期	11/11	11/12	11/16	11/17	11/18	11/19	11/20	11/21	11/22
打折力度/%	69	69	71	70	70	70	71	71	71
日期	11/23	11/24	11/25	11/26	11/27	11/28	11/29	11/30	12/1
打折力度/%	71	68	70	70	70	70	70	64	70
日期	12/2	12/3	12/4	12/5	12/6	12/7	12/8	12/9	12/10
打折力度/%	66	67	64	64	61	64	69	66	68
日期	12/11	12/12	12/13	12/14	12/15	12/16	12/17	12/18	12/19
打折力度/%	69	70	61	71	71	70	70	67	66
日期	12/20	12/21	12/22	12/23	12/24	12/25	12/26	12/27	12/28
打折力度/%	66	72	72	71	71	70	73	69	4
日期	12/29	12/30	12/31	—	—	—	—	—	—
打折力度/%	6	5	5	—	—	—	—	—	—

2. 2018—2019 年商品的数据分析

2018—2019 年商品的打折力度见表 5。

表 5　2018—2019 年商品的打折力度

日期	1/1	1/2	1/3	1/4	1/5	1/6	1/7	1/8	1/9
打折力度/%	6	25	35	48	57	65	74	82	92
日期	1/10	1/11	1/12	1/13	1/14	1/15	1/16	1/17	1/18
打折力度/%	12	5	79	75	77	79	79	79	76
日期	1/19	1/20	1/21	1/22	1/23	1/24	1/25	1/26	1/27
打折力度/%	77	78	78	74	81	85	81	77	79
日期	1/28	1/29	1/30	1/31	2/1	2/2	2/3	2/4	2/5
打折力度/%	79	78	78	78	78	79	78	78	82
日期	2/6	2/7	2/8	2/9	2/10	2/11	2/12	2/13	2/14
打折力度/%	80	80	75	75	88	77	78	78	78
日期	2/15	2/16	2/17	2/18	2/19	2/20	2/21	2/22	2/23
打折力度/%	79	79	79	79	78	78	78	74	76
日期	2/24	2/25	2/26	2/27	2/28	3/1	3/2	3/3	3/4
打折力度/%	76	75	79	78	76	77	87	74	75
日期	3/5	3/6	3/7	3/8	3/9	3/10	3/11	3/12	3/13
打折力度/%	72	72	72	75	74	73	74	74	74
日期	3/14	3/15	3/16	3/17	3/18	3/19	3/20	3/21	3/22
打折力度/%	74	71	72	73	73	74	75	74	74
日期	3/23	3/24	3/25	3/26	3/27	3/28	3/29	3/30	3/31
打折力度/%	73	75	75	75	77	76	74	71	73
日期	4/1	4/2	4/3	4/4	4/5	4/6	4/7	4/8	4/9
打折力度/%	73	74	73	73	73	73	73	73	73
日期	4/10	4/11	4/12	4/13	4/14	4/15	4/16	4/17	4/18
打折力度/%	72	73	72	73	75	73	73	71	72
日期	4/19	4/20	4/21	4/22	4/23	4/24	4/25	4/26	4/27
打折力度/%	74	70	71	71	76	75	75	73	76
日期	4/28	4/29	4/30	5/1	5/2	5/3	5/4	5/5	5/6
打折力度/%	77	62	74	74	73	73	73	73	73
日期	5/7	5/8	5/9	5/10	5/11	5/12	5/13	5/14	5/15
打折力度/%	73	73	73	73	20	21	21	74	74

续表

日期	5/16	5/17	5/18	5/19	5/20	5/21	5/22	5/23	5/24
打折力度/%	74	77	22	22	20	76	77	76	73
日期	5/25	5/26	5/27	5/28	5/29	5/30	5/31	6/1	6/2
打折力度/%	73	73	73	72	73	73	72	73	71
日期	6/3	6/4	6/5	6/6	6/7	6/8	6/9	6/10	6/11
打折力度/%	71	71	71	71	73	74	74	67	67
日期	6/12	6/13	6/14	6/15	6/16	6/17	6/18	6/19	6/20
打折力度/%	67	74	69	76	79	70	63	72	1
日期	6/21	6/22	6/23	6/25	6/26	6/28	6/29	6/30	7/1
打折力度/%	71	74	66	79	76	71	100	70	74
日期	7/2	7/3	7/4	7/5	7/6	7/7	7/8	7/9	7/10
打折力度/%	86	80	72	3	64	83	83	78	71
日期	7/11	7/12	7/13	7/14	7/15	7/16	7/17	7/18	7/19
打折力度/%	71	61	68	74	87	77	73	77	3
日期	7/20	7/21	7/22	7/23	7/24	7/25	7/26	7/27	7/28
打折力度/%	79	66	76	54	74	63	74	77	79
日期	7/29	7/31	8/1	8/2	8/3	8/4	8/5	8/6	8/7
打折力度/%	67	68	77	5	73	72	61	73	72
日期	8/8	8/9	8/10	8/11	8/12	8/13	8/14	8/15	8/16
打折力度/%	70	76	70	76	60	60	79	2	4
日期	8/17	8/18	8/19	8/20	8/21	8/22	8/23	8/24	8/25
打折力度/%	69	67	63	60	73	60	76	71	72
日期	8/26	8/27	8/28	8/29	8/30	8/31	9/1	9/2	9/3
打折力度/%	70	60	68	2	5	9	74	85	76
日期	9/4	9/5	9/6	9/7	9/8	9/9	9/10	9/11	9/12
打折力度/%	71	80	83	60	67	73	83	76	1
日期	9/13	9/14	9/15	9/16	9/17	9/18	9/19	9/20	9/21
打折力度/%	7	73	67	64	77	69	77	70	74
日期	9/22	9/23	9/24	9/25	9/26	9/27	9/28	9/29	9/30
打折力度/%	56	65	74	2	66	11	72	60	70

续表

日期	10/1	10/2	10/3	10/5	10/6	10/7	10/8	10/9	10/10
打折力度/%	81	79	75	74	72	73	60	71	73
日期	10/11	10/12	10/13	10/14	10/15	10/16	10/17	10/18	10/19
打折力度/%	74	75	80	67	25	71	66	75	73
日期	10/20	10/21	10/22	10/23	10/25	10/26	10/27	10/28	10/29
打折力度/%	63	66	21	54	76	15	84	67	63
日期	10/31	11/1	11/2	11/3	11/4	11/5	11/6	11/7	11/8
打折力度/%	74	73	71	72	72	12	26	28	32
日期	11/9	11/10	11/11	11/12	11/13	11/14	11/15	11/16	11/17
打折力度/%	38	38	27	23	15	16	20	20	20
日期	11/18	11/19	11/20	11/21	11/22	11/23	11/24	11/25	11/26
打折力度/%	20	20	20	20	19	20	20	20	19
日期	11/27	11/28	11/29	11/30	12/1	12/2	12/3	12/4	12/5
打折力度/%	19	29	21	19	17	17	17	37	16
日期	12/6	12/7	12/8	12/9	12/10	12/11	12/12	12/13	12/14
打折力度/%	20	21	24	23	22	34	34	27	25
日期	12/15	12/16	12/17	12/18	12/19	12/20	12/21	12/22	12/23
打折力度/%	24	22	74	74	74	74	75	74	74
日期	12/24	12/25	12/26	12/27	1/1	—	—	—	—
打折力度/%	76	77	77	81	56	—	—	—	—

根据表4和表5所示的数据可以看出，此商场每天的打折力度大多数在70%左右。通过分析发现若每天的打折力度小，则此商场的销售量少，那么导致该天的销售额小。因此，增大商品每天的打折力度，从而降低商品的售价来增大产品的销售量，最终有利于增加此商场的销售额。

5.3 问题（3）

5.3.1 问题（3）模型的建立

对于问题（1）和问题（2）得出的结果经过整理得出有关打折力度与销售额的关系和打折力度与利润率的关系的表格。对表格进行分析处理得出下列图表。

根据打折力度与销售额的数据，运用Excel做出有关销售额与打折力度的散点图，如图1所示。

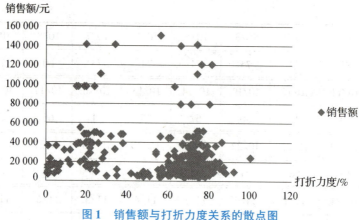

图1　销售额与打折力度关系的散点图

由图1可知，商品的打折力度越大，其销售额越大。在这些年中，商场销售额绝大部分不超过60 000元，且在打折力度小于50%时，其每天销售额比较离散，若在打折力度大于50%时，其每天销售额比较集中。这说明打折力度与销售额存在正相关的关系。

探讨打折力度与利润率的关系，由于利润率为区间范围，因此要通过利润率上限和利润率下限求出它们之间的关系，得出图2和图3。

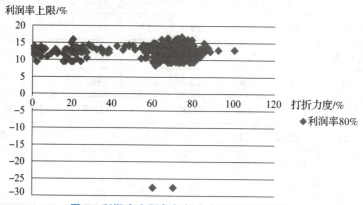

图2　利润率上限与打折力度关系的散点图

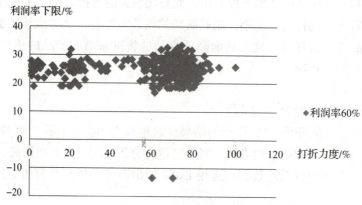

图3　利润率下限与打折力度关系的散点图

由图 2 可知，利润率上限为 10%~20%。商品的打折力度越大，利润率越低。在打折力度不大于 40% 时，利润率的范围为 10%~15%；在打折力度大于 40% 时，利润率的范围为 10%~20%，这其中包含了最高利润率和最低利润率。最高利润率说明打折力度越大，销售额越大，纯收入越多。最低利润率为负值，说明当天亏损没有收益。这说明了利润率上限与打折力度成负相关的关系。

由图 3 可以看出，利润率下限为 20%~35%。商品的打折力度越大，利润率越低。在打折力度不超过 35% 时，利润率为 20%~30%，并且各点比较分散。在打折力度超过 35% 时，利润率为 20%~35%，且各点相对集中，但存在最低利润率和最高利润率。出现最低利润率可能是因为某天打折力度大，但销售量没有增加，从而导致当天利润率为负值。这也说明了利润率下限与打折力度成负相关的关系。

在一系列的数据分析之后，可以明确地知道商品的打折力度越大，销售额越大，利润率越高。这相当于降低了商品的价格从而增加了商品的销售量和销售额，提高了利润率。现分别建立打折力度与销售额、利润率关系的模型如下。

1. 打折力度与销售额关系的模型

首先建立有关打折力度与销售额的方程式，销售额 W = 打折力度 K × 商品的原售价 Y × 销售数量 S，即

$$W = K \times Y \times S$$

然后根据图 1，得出销售额与打折力度正相关，建立一元线性回归模型：

$$W = \eta_0 + \eta_1 K$$

式中，η_0，η_1 为方程的回归系数；W 为商品的销售额；K 为商品的打折力度。

2. 打折力度与利润率关系的模型

首先建立有关打折力度与利润率的方程式如下。

$$利润率\ P = \frac{利润\ Q}{销售额\ W} \times 100\%$$

$$利润\ Q = 销售额\ W - 成本\ Z$$

$$成本\ Z = 打折商品的总成本\ A + 非打折商品的总成本\ B$$

打折商品的总成本 A = 该商品的打折力度 K × 该商品的原售价 Y × 销售的总量 S

非打折商品的总成本 B = 销售额 W × (1 − 高品利润率 q)

然后根据图 2 和图 3 分别建立利润率上、下限的一元线性回归模型：

$$\begin{cases} P_{上} = \mu_1 + \mu_2 K \\ P_{下} = \mu_3 + \mu_4 K \end{cases}$$

式中，μ_1，μ_2，μ_3，μ_4 为方程的回归系数；$P_{上}$，$P_{下}$ 分别为利润率上限、利润率下限。

5.3.2 问题（3）模型的求解

依据建立的模型，用回归分析的方法求解打折力度与销售额及利润率的关系，并用 SPSS 软件进行数据的分析和处理，获得如下表格。

1. 打折力度与销售额关系的求解

销售额拟合优度模型摘要见表 6。

表 6　销售额拟合优度模型摘要

模型	R	R 方	调整后 R 方	标准估算的错误
1	0.092	0.008	0.006	15 800.208 099 924 153 00

由表 6 可以知道，$R=0.092$，R 方 $=0.008$，查阅资料可知当 R 方大于 0.05 时说明显著性明显，当 R 方小于 0.01 时说明显著性降低，因此该模型的显著性不明显。

残差（方差分析）见表 7。

表 7　残差（方差分析）

模型		平方和	自由度	均方	F	显著性
1	回归	1 067 894 647.404	1	1 067 894 647.404	4.278	0.039[b]
	残差	125 072 934 576.455	501	249 646 576.001		
	总计	126 140 829 223.859	502			

通过残差、回归、自由度、F 值的分析，可以看出回归方程的打折力度显著，说明打折力度对销售额有显著影响。

销售额系数见表 8。

表 8　销售额系数

模型		未标准化系数		标准化系数	T	显著性
		B	标准错误	β		
1	常量	22 206.830	2 154.902		10.305	0.000
	打折力度	−6 732.866	3 255.357	−0.092	−2.068	0.039

由表 8 可以知道，回归方程为 $g=22\,206.83-6\,732.86\,h$，通过显著性分析可知，显著性小于 0.05，说明打折力度与销售额的关系为正相关。

2. 打折力度与利润率关系的求解

对于打折力度与利润率的关系，通过问题（1）可以知道，非打折商品的成本价缺失，商品的利润率为 20%~40%，要分两种情况来求利润率，以及打折力度与利润率的关系。先讨论商品利润率为 20% 的情况，通过 SPSS 进行回归分析得到表 9。

表 9　商品利润率为 20% 的系数

模型		未标准化系数		标准化系数	T	显著性
		B	标准错误	β		
1	常量	0.128	0.002		62.940	0.000
	打折力度	−1.957E−5	0.003	0.000	−0.006	0.995

由表 9 可以知道，打折力度与利润率关系的回归方程的显著性接近 1，远大于 0.05，说明打折力度与利润率在商品利润率为 20% 的情况下负相关关系。

考虑商品利润率 40% 的情况，用 SPSS 进行回归分析，得到表 10。

表 10　商品利润率为 40% 的系数

模型		未标准化系数		标准化系数	T	显著性
		B	标准错误	β		
1	常量	0.256	0.004		62.940	0.000
	打折力度	$-3.914E-5$	0.006	0.000	-0.006	0.995

由表 10 可以知道，在商品利润率为 40% 的情况下回归方程的显著性接近 1，也远大于了 0.05，所以打折力度与利润率为负相关关系。

5.4　问题（4）

5.4.1　问题（4）模型的建立

在上述问题的基础上，分析附件 4，将 29 种一级类别的商品分为三大类别，分别为食品类（烘焙、酒水饮料、粮油副食、美食、日配/冷藏、肉类、水产、水果/蔬菜、休闲食品）、进口商品类、百货类（办公用品、宠物用品、纺织用品、服装装饰、个人清洁、家居家装、家用电器、节庆用品、居家日用、母婴、情趣用品、日化用品、手机、玩具、文化用品、鲜花礼品、医疗器械、营养保健、运动户外）。

完善问题（3）所得出的数据表格，利用 VLOOKUP 函数依据日期查找商品的商品 ID 以及类别，然后建立相关模型如下。

1. 打折力度与销售额关系的模型

销售额为商品原售价乘以销售的商品数量再乘以商品的打折力度，即

$$W = Y \times S \times K$$

建立一元线性回归方程，得出不同类别商品的打折力度与销售额的关系，再与问题（3）比较，讨论对商品进行分类之后是否改变了打折力度与销售额的关系。模型为

$$W_e = \sigma_0 + \sigma_1 K_e$$

式中，σ_0，σ_1 为一元线性回归方程的系数；W_e、K_e 中的 e 为 1，2，3，且当 $e=1$ 时为食品类，当 $e=2$ 时为进口商品类，当 $e=3$ 时为百货类。

2. 打折力度与利润率关系的模型

利润率为利润与销售额的比率，即

$$K = \frac{Q}{W} \times 100\%$$

建立各类别商品打折力度与利润率关系的线性回归模型，最后通过比较得出某种类别的商品对利润率是否有很大的影响，模型如下：

$$\begin{cases} P_{\text{上}e} = \omega_1 + \omega_2 K_e \\ P_{\text{下}e} = \omega_3 + \omega_4 K_e \end{cases}$$

式中，ω_1，ω_2，ω_3，ω_4 为回归方程的回归系数；$P_{\text{上}e}$、$P_{\text{下}e}$ 分别为利润率上限、利润率下限；e 为 1，2，3，且当 $e=1$ 时为食品类，当 $e=2$ 时为进口商品类，当 $e=3$ 时为百

货类。

5.4.2 问题（4）模型的求解

问题（4）在问题（3）所建立模型的基础将商品分为进口商品类、食品类、百货类，用回归分析的方法求解打折力度和销售额及利润率的关系，并用 SPSS 软件对数据进行分析并找到其中的不同。

1. 进口商品类

进口商品类销售额与打折力度的数据分析处理的结果见表 11。

表 11 进口商品类销售额与打折力度的系数

模型		未标准化系数		标准化系数	T	显著性
		B	标准错误	β		
1	常量	27 449.442	53 595.697		0.512	0.622
	打折力度	−3 586.220	77 223.702	−0.016	−0.046	0.964

通过表 11 可以求出线性回归模型，T 值减小了，显著性的值接近 1，显著值大于 0.05，打折力度与销售额为负相关关系，进口商品类成本价格高，涉及多项开支，如果打折力度太大，虽然销售量增加了，但是考虑成本最后仍亏损，所以打折力度与销售额的关系同问题（3）中二者的关系是相反的。

利润率与打折力度的关系也同问题（3）一样，需要分两种情况来讨论。先考虑商品利润率为 20% 的情况，见表 12。

表 12 进口商品类商品利润率为 20%的系数

模型		未标准化系数		标准化系数	T	显著性
		B	标准错误	β		
1	常量	0.108	0.029		3.714	0.006
	打折力度	0.029	0.042	0.234	0.679	0.516

由表 12 中的数据可以求出 $P_{上2} = 0.108 + 0.029 K_2$，通过显著性分析可知，商品利润率为 20%时打折力度与利润率的关系为负相关，但显著性与问题（3）相比降低很多，进口商品涉及关税，成本价格变高。只有提高商品的出售价格，才能保证不亏损，那么打折力度就会增大，导致显著性降低。

再考虑商品利润率为 40% 的情况，见表 13。

表 13 进口商品类商品利润率为 40%的系数

模型		未标准化系数		标准化系数	T	显著性
		B	标准错误	β		
1	常量	0.217	0.058		3.714	0.006
	打折力度	0.057	0.084	0.234	0.679	0.516

由表 13 中的数据可以求出 $P_{下2} = 0.217 + 0.057K_2$，可以知道显著性为 0.516，远大于 0.05 时，打折力度与销售额的关系为负相关。

2. 食品类

食品类销售额与打折力度的数据分析处理的结果见表 14。

表 14　食品类销售额与打折力度的系数

模型		未标准化系数		标准化系数	T	显著性
		B	标准错误	β		
1	常量	37 445.989	3 387.825		11.053	0.000
	打折力度	−25 195.824	5 245.227	−0.235	−4.804	0.000

通过表 14 中的数据可以得到线性回归模型 $W_1 = 37\,445.9 - 25\,195.8K_1$，显著性为 0，小于 0.05，打折力度与销售额的关系为正相关。

食品类利润率与打折力度的数据分析处理的结果见表 15 和表 16。

先考虑商品利润率为 20% 的情况，见表 15。

表 15　食品类商品利润率为 20% 的系数

模型		未标准化系数		标准化系数	T	显著性
		B	标准错误	β		
1	常量	0.123	0.005		25.640	0.000
	打折力度	0.000	0.007	−0.002	−0.041	0.968

通过 SPSS 软件求解的系数可以知道商品利润率为 20% 时，利润率与打折力度无关。

再考虑商品利润率为 40% 的情况，见表 16。

表 16　食品类商品利润率为 40% 的系数

模型		未标准化系数		标准化系数	T	显著性
		B	标准错误	β		
1	常量	0.248	0.006		40.671	0.000
	打折力度	0.001	0.009	0.007	0.133	0.894

通过 SPSS 软件求解的系数 d 得到利润率与打折力度的模型为 $P_{下1} = 0.424 + 0.01K_1$，通过表 16 可以知道显著性为 0.894，大于 0.05，利润率与打折力度的关系为负相关。食品类不管打折与否都会被购买，打折力度减小。

3. 百货类

百货类销售额与打折力度的数据分析处理的结果见表 17。

表 17 百货类销售额与打折力度的系数

模型		未标准化系数		标准化系数	T	显著性
		B	标准错误	β		
1	常量	31 416.977	8 617.144		3.646	0.001
	打折力度	−15 569.165	13 364.401	−0.155	−1.165	0.249

通过数据分析得到模型为 $W_3 = 31\,416.977 - 15\,569.165K_3$，根据显著性找到关系。通过表 17 得到显著性为 0.249，大于 0.05，百货类销售额与打折力度的关系为负相关。

先考虑百货类商品利润率为 20% 的情况，见表 18。

表 18 百货类商品利润率为 20% 的系数

模型		未标准化系数		标准化系数	T	显著性
		B	标准错误	β		
1	常量	0.131	0.006		22.081	0.000
	打折力度	−0.004	0.009	−0.062	−0.459	0.648

通过数据分析得到模型为 $P_{上3} = 0.131 - 0.04K_3$，通过显著性可以得出利润率与打折力度的关系。表 18 中显著性为 0.648，大于 0.05，百货类商品利润率为 20% 时利润率与打折力度的关系为负相关。

再考虑百货类商品利润率为 40% 的情况，见表 19。

表 19 百货类利润率为 40% 的系数

模型		未标准化系数		标准化系数	T	显著性
		B	标准错误	β		
1	常量	0.262	0.012		22.081	0.000
	打折力度	−0.008	0.018	−0.062	−0.459	0.648

通过表 19 中的系数可以求出模型为 $P_{下3} = 0.262 - 0.008K_3$，表 19 中的显著性为 0.648，大于 0.05，百货类利润率与打折力度的关系为负相关。

通过问题（4）中各种分类得到利润率与打折力度不管在什么情况下都为负相关关系。销售额在成本较高的情况下，与打折力度为负相关关系。

六、模型检验

根据问题（1）和问题（2）所建立的模型不需要检验，只需要对问题（3）和问题（4）所建立的模型进行检验。因问题（3）和问题（4）所建立的模型为线性回归模型，可以采用逐步自回归法进行检验。最终检验的结果为模型比较合理。

七、模型的评价与改进

7.1 模型的优点分析

（1）本模型有强烈的原创性，适用范围广，可用于各个商场。

（2）"薄利多销"的营销方式能让新产品尽快占领市场，使产品迅速得到大众的接受。

（3）本论文解决的问题无论是对个人还是集体都有促进经济发展的好处。

（4）在数据处理方面，本论文全面分析了透视数据，使用了 VLOOKUP 公式，规范了数据的格式和可用性，为下一步解题提供了简明的数据资料。

7.2 模型的缺点分析

（1）因题目给出的数据太多，对数据的计算会存在一些误差。

（2）问题（1）和问题（2）的模型所用到的解析方法比较单一，未能实现系统性的全面探究。

7.3 模型的改进方向

（1）"薄利多销"的营销方式没有考虑消费者的购买心理，"薄利"的商品质量可能很差，人们更偏向于价格高但质量、品牌口碑好的商品。降价的商品也有可能是销量差的商品和快要过期的商品，消费者总是会等到它们的价格再往下降时才会购买。

（2）在问题（2）中，忽略了商品销售量对打折力度的影响。这可能影响问题（3）中的打折力度与销售额以及利润率的关系，从而导致商场的收益减少。

八、模型推广

"薄利多销"是商业竞争中最常用的一种营销方式，使用者需要具有丰富的专业知识和生活阅历。本模型在分析问题、解决问题时使用了一些独特的方法，用 Excel、SPSS 等软件对数据进行系统取样，这种分析方法对其他数学问题以及一般的模型均适用。

案例二　空气质量数据的校准

空气污染对生态环境和人类健康危害巨大，通过对"两尘四气"（PM2.5、PM10、CO、NO_2、SO_2、O_3）浓度的实时监测可以及时掌握空气质量情况，对污染源采取相应措施。虽然国家监测控制站点（以下简称"国控点"）对"两尘四气"有监测数据，且较为准确，但因为国控点的布控较少，数据发布时间滞后较长且花费较大，无法进行实时空气质量的监测和预报。某公司自主研发的微型空气质量检测仪（图1）花费小，可对某地区空气质量进行实时网格化监控，并同时监测温度、湿度、风速、气压、降水等气象参数。

由于该仪器所使用的电化学气体传感器在长时间使用后会产生一定的零点漂移和量程漂移，非常规气态污染物（气）浓度变化对传感器存在交叉干扰，以及天气因素对传感器产生影响，在国控点近邻所布控的自建点上，同一时间微型空气质量检测仪所采集的数据与国控点的数据存在一定的差异，因此，需要利用国控点每小时的数据对国控点近邻的自建点数据进行校准。

图 1　微型空气质量检测仪

附件 1 和附件 2 分别提供了一段时间内某个国控点每小时的数据和该国控点近邻的一个自建点的数据（相应于国控点时间且间隔在 5 分钟以内），各变量单位见附件 3。请建立数学模型研究下列问题。

(1) 对自建点数据与国控点数据进行探索性数据分析。
(2) 对导致自建点数据与国控点数据产生差异的因素进行分析。
(3) 利用国控点数据，建立数学模型对自建点数据进行校准。

空气质量数据的校准

摘要

空气污染问题是当今社会发展中的一个重大难题，国控点数据滞后，花费巨大，布控少，不能实时预测和监测空气质量，而自建点能实时预测和监测空气质量，但监测数据误差较大。本论文通过对附件 1 和附件 2 的数据进行探索性分析，建立灰色关联度模型，分析影响因素，最后以国控点数据作为校准标杆，建立空气质量数据校准模型。

针对问题 (1)，为了对自建点数据与国控点数据进行探索性数据分析，分别采用数据清洗、数据拟合等方法。首先对附件 1（国控点数据）与附件 2（自建点数据）中的数据按月份取平均值，分别表示"两尘四气"的指标，利用 Excel 的数据处理功能，发现异常数据，对其进行数据清洗；然后把月度的"两尘四气"浓度对国控点数据与自建点数据进行数据拟合，最后得出国控点与自建点之间的数据折线图。结果表明：在记录 SO_2 数据时误差最大；O_3 数据的变化总体呈上升趋势且变化明显，而在自建点中趋势相对平稳；CO 数据的相对误差最小；PM10 数据的误差较大；对 PM2.5 与 NO_2 数据的变化趋势进行对比，它们的变化趋势差别不大，可以认为 PM2.5 和 NO_2 数据是相对准确的。

针对问题 (2)，利用国控点与自建点的相关数据，提出灰色关联度模型，对造成数据差异的因素进行分析。首先由附件 2 可知风速、压强、降水量、温度、湿度是造成数据差异的原因，构建母因素与子因素数据的相关矩阵；然后利用 MATLAB 的灰色关联度算法分析母、子因素之间的关联度，通过关联度大小分析结果如下：PM2.5 数据受温度、湿度影响最大，PM10 数据受风力影响最大，CO 数据受风力影响最大，NO_2 数据受温度、湿度影响最大，SO_2 数据受风力影响最大，O_3 数据受风力影响最大。

针对问题（3），通过引用多元回归方程，构建数学模型对自建点数据进行校准。首先根据附件 1 与附件 2 的相关数据，建立相同时间下的一一对应数据，以国控点数据作为因变量，以自建点数据作为自变量，构建数学模型，然后利用 SPSS 软件计算多元回归方程的相关系数，最后得出每个空气指标的多元回归方程代表校准方程，分析相关数据，证明模型基本符合要求，且能实时反映某一时间点相应的空气质量指标值。

关键词：数据清洗；数据拟合；灰色关联度；多元回归方程；MATLAB。

一、问题重述

1.1 问题背景

随着人类社会的不断发展，环境成为发展的牺牲品。空气质量逐年下降，环境污染的弊端已经逐渐侵蚀各行各业，对人们的生活产生了直接的影响。权威机构精准的调查也证明了空气质量的降低提高了某些疾病的患病率，生态环境也受到空气污染的影响，动植物因大量吸收受污染的空气而死亡的现象屡见不鲜。空气污染问题包围着地球的同时也包围着地球上的每一条生命，应对空气污染问题刻不容缓。

通过对空气中的"两尘四气"（PM2.5、PM10、CO、NO_2、SO_2、O_3）进行监测可以得到空气质量的相关数据，及时发现污染源并对其进行整治。我国的国控点可以较为准确地监测"两尘四气"的相关数据。因为国控点的修建耗资巨大，所以我国的国控点布控点较少。有些地区常常因为发布空气质量数据的时间滞后而不能及时地接收到较为准确的空气质量信息从而导致空气质量数据不准确。

1.2 问题提出

根据国控点采集的数据与自建点采集的数据，解决目前存在的相关问题。现需建立数学模型研究下列问题。

（1）对附件 1 中国控点数据与附件 2 中自建点数据进行探索性数据分析。

（2）国控点与自建点数据之间存在一定的差异，分析造成差异的因素。

（3）通过附件 1 提供的国控点数据，建立相应的数学模型并对自建点数据进行校准。

二、问题分析

针对问题（1），对自建点数据与国控点数据进行探索性数据分析。附件 1 与附件 2 中的数据均复杂且大量，需要对附件 1 与附件 2 进行数据清理，排除不可靠的异常数据；然后利用 Excel 对国控点数据与自建点数据进行柱状图处理，找出不符合实际的数据并排除；由于附件 1 和附件 2 的数据都是大数据类型，故对其进行数据简化，按月份取平均值表示国控点与自建点"两尘四气"指标值，把月度的"两尘四气"指标值对国控点数据与自建点数据进行拟合，得出国控点与自建点数据之间的差异。

针对问题（2），结合附件1（国标点数据）和附件2数据（自建点数据）可以看出自建点数据与国控点数据是存在差异的，可知道风速、压强、降水量、温度、湿度是造成数值差异的主要因素，分析5个比较因素对参考因素的影响，探究风速、压强、降水量、温度、湿度与PM2.5、PM10、CO、NO_2、SO_2、O_3各数据的关联度；结合关联度大小详细地分析每一项比较因素对参考因素的影响权重，计算风速、压强、降水量、温度、湿度因素与PM2.5、PM10、CO、NO_2、SO_2、O_3各数据的关联度，用灰色关联度算法求解出关联度矩阵，由此分析风速、压强、降水量、温度、湿度对"两尘四气"指标值的影响。

针对问题（3），利用国控点数据，建立数学模型，引入多元回归方程代表自建点检测值并进行数据整合，利用MATLAB得出相关方程的图像；根据附件2分析对于多元回归方程相关的影响因素，把自建点中"两尘四气"指标值与风速、压强、降水量、温度、湿度当作自变量，列出相关灰色关联度方程；利用SPSS软件计算多元回归方程的相关系数，最后得出每个空气指标的多元回归方程代表校准方程。由于附件2的数据单位是分钟，首先进行数据处理，转化成相同的单位（小时），然后利用Excel筛选重复数据并删除，用MATLAB软件导入处理后的数据，得出多元回归方程拟合曲线和国控点拟合曲线的变化趋势，比较两者的变化趋势，若变化趋势相近，则利用多元回归方程得到的校准值是校准成功的，与国控点数据一样能反映空气指标。

三、模型假设

（1）附件1和附件2排除异常值后的其他数据真实可靠。

（2）PM2.5、PM10、CO、NO_2、SO_2、O_3这6个指标相互不影响。

（3）检测数据只受风速、压强、降水量、温度、湿度这5个环境因素的影响。

（4）删除重复数据后，国控点数据与自建点数据存在唯一对应关系。

（5）仪器检测数据时本身不存在故障。

（6）做线性分析时附件1中"两尘四气"指标值与风力、压强、降水量、温度、湿度是处于同一层级的关系。

四、符号说明

符号说明见表1。

表1 符号说明

符号	符号说明
$Y_{(a,b,c,d,e,f)}$	分别表示PM2.5、PM10、CO、NO_2、SO_2、O_3指标值
X_1	风速
X_2	压强
X_3	降水量

续表

符号	符号说明
X_4	温度
X_5	湿度
X_0	参考序列
X_i	比较序列
R	关联度矩阵
r_i	关联度
$\zeta_i(k)$	关联系数
$\beta_{a(0,1,2,3,4,5)}$	PM2.5 回归方程系数
$\beta_{b(0,1,2,3,4,5)}$	PM10 回归方程系数
$\beta_{c(0,1,2,3,4,5)}$	CO 回归方程系数
$\beta_{d(0,1,2,3,4,5)}$	NO_2 回归方程系数
$\beta_{e(0,1,2,3,4,5)}$	SO_2 回归方程的系数
$\beta_{f(0,1,2,3,4,5)}$	O_3 回归方程系数

五、模型的建立与求解

5.1 问题（1）模型的建立与求解

问题（1）中表述需要对某公司自建点数据与国控点数据进行探索性数据分析。由于附件1与附件2中的数据复杂且大量，故需要对附件1与附件2进行数据清理，排除不可靠的异常数据。利用 Excel 对国控点数据与自建点数据进行柱状图处理，找出不符合实际的数据并排除。由于附件1和附件2的数据都是大数据类型，故对其进行数据简化，按月份取平均值，表示国控点与自建点"两尘四气"指标值，把月度的"两尘四气"指标值对国控点数据与自建点数据进行拟合，得出国控点与自建点数据的差异。

利用 Excel 排查重复项，可以发现附件2中同一时间有重复的数据，由于重复数据的数值接近，不可能在同一时间采用两条数据，故排除重复项数据，仅保留一项数据即可，以提高数据的可靠性。

国控点数据的柱状图[①]如图2所示。

根据图2可知，PM10 中有两个值不符合数据特征，两者皆为985，数据跳跃太大，因此是异常值，是不可靠的。

根据附件2，某公司自建点数据的柱状图如图3所示。

[①] 本案例中数据为空气质量指数（Air Quality Index，AQI），为无量纲指数，后同。

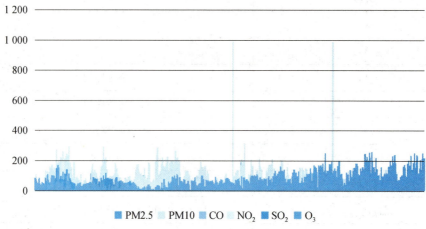

图 2　国控点数据的柱状图（书后附彩插）

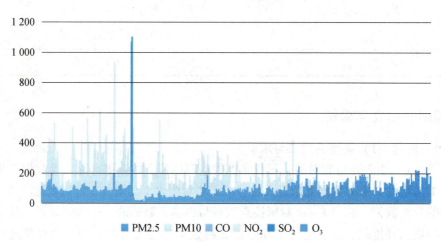

图 3　自建点数据的柱状图（书后附彩插）

根据图 3 可知，自建点数据中 SO_2 和 PM10 数据异常，针对 SO_2 和 PM10 数据画出各自的柱状图。

自建点 SO_2 数据的柱状图如图 4 所示。

自建点 PM10 数据的柱状图如图 5 所示。

从图 4 可以看出，在某一段时间内 SO_2 的数据记录是存在异常的，根据附件 2 中的时间排序排查可知 SO_2 数据异常的值分布在 2019 年 1 月 23 日且 2019 年 1 月 23 日这一天数据浮动巨大，因此排除 2019 年 1 月 23 日的 SO_2 数据。

从图 5 可以看出，自建点 PM10 数据存在异常情况，排查附件 2 中的时间序列得出 PM10 浮动巨大的数据集中在 2019 年 1 月 12 日，因此排除 2019 年 1 月 12 日的 PM10 数据。

附件 1 与附件 2 的数据都是大数据类型，对数据进行简化，把国控点数据与自建点数据对月度取平均值，得出月度平均数据，见表 2、表 3。

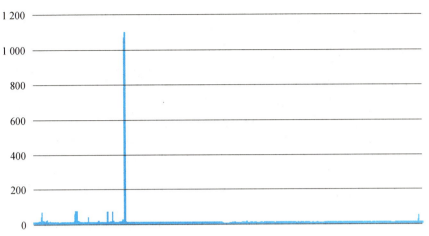

图 4　自建点 SO_2 数据的柱状图（书后附彩插）

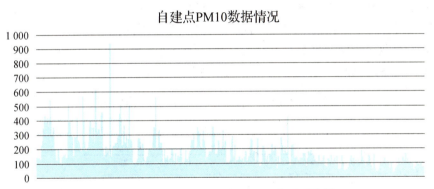

图 5　自建点 PM10 数据的柱状图（书后附彩插）

表 2　自建点"两尘四气"月度平均数据

自建点	PM2.5	PM10	CO	NO_2	SO_2	O_3
2018 年 11 月	100.7	201.7	0.9	69.0	16.9	86.8
2018 年 12 月	73.5	145.1	0.7	67.8	16.2	81.8
2019 年 1 月	93.1	172.7	0.6	61.3	16.3	63.8
2019 年 2 月	85.9	133.2	0.5	40.6	16.8	44.3
2019 年 3 月	72.2	106.2	0.5	64.1	14.5	58.4
2019 年 4 月	58.6	84.5	0.5	55.0	15.1	60.7
2019 年 5 月	39.6	56.9	0.6	49.5	15.4	75.1
2019 年 6 月	43.7	62.7	0.9	45.8	15.8	100.9

表 3　国控点"两尘四气"月度平均数据

国控点	PM2.5	PM10	CO	NO$_2$	SO$_2$	O$_3$
2018 年 11 月	77.2	107.6	1.4	9.3	54.7	30.7
2018 年 12 月	49.3	75.4	1.0	10.3	45.1	26.9
2019 年 1 月	72.9	104.8	1.1	52.3	12.5	23.2
2019 年 2 月	62.5	71.4	1.2	32.8	10.6	50.1
2019 年 3 月	58.8	92.3	1.4	45.2	15.2	61.6
2019 年 4 月	48.8	77.1	1.0	40.0	15.5	73.9
2019 年 5 月	38.3	68.4	0.9	35.6	13.0	95.0
2019 年 6 月	39.0	60.2	1.0	23.7	16.0	133.6

对国控点月度平均数据进行拟合，然后对自建点月度平均数据进行拟合，得到国控点和自建点"两尘四气"月度平均数据的折线图；把国控点数据拟合图与自建点数据拟合图进行比较，确定自建点数据与国控点数据的差异。

国控点"两尘四气"月度平均值折线图如图 6 所示。

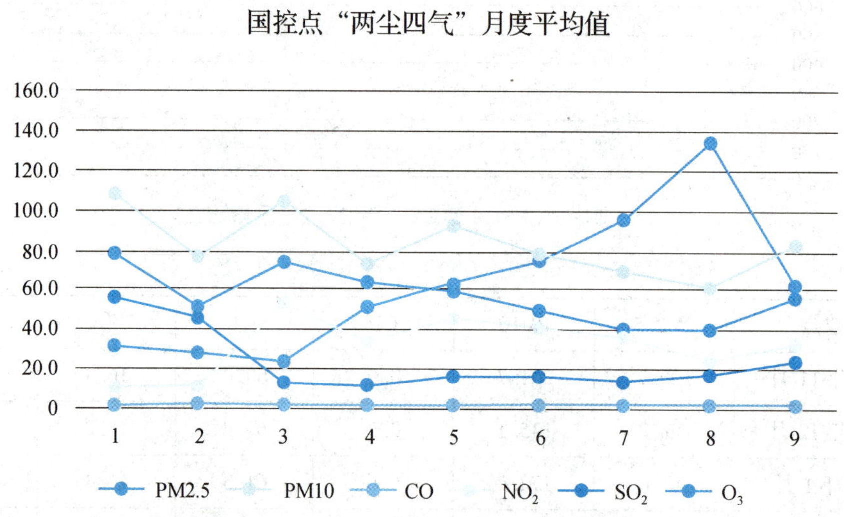

国控点"两尘四气"月度平均值

图 6　国控点"两尘四气"月度平均值折线图（书后附彩插）

根据图 6 可以看出国控点的 PM2.5、PM10、CO、NO$_2$、SO$_2$、O$_3$ 这 6 个指标月度平均值的变化趋势。从图中可以看出 O$_3$ 指标值的变化是最为剧烈的，SO$_2$ 指标值呈现良好趋势，先降低后持续稳定在一个范围内，CO 指标值是最稳定的，没有出现波动，PM2.5、PM10 和 NO$_2$ 指标值的变化趋势几乎相同。

自建点"两尘四气"月度平均值折线图如图 7 所示。

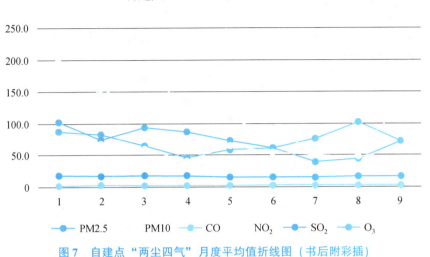

图 7 自建点"两尘四气"月度平均值折线图（书后附彩插）

根据图 7 可以看出，自建点的 SO_2 和 CO 指标值的变化趋势几乎不变，而 PM10 指标值的变化是最为剧烈的，总体呈下降趋势，PM2.5、O_3 和 NO_2 指标值的变化趋势最为相近。

结合图 6 与图 7 进行分析对比可以知道，自建点微型空气质量检测仪所采集的数据中 SO_2 数据是存在错误的。国控点数据中 O_3 数据的变化趋势是最大的且呈上升趋势，而自建点的 O_3 数据趋势相对平稳。对国控点和自建点 PM2.5 与 NO_2 数据的变化趋势进行对比，二者的变化趋势差别不大，可以认为 PM2.5 和 NO_2 数据是相对准确的。

5.2 问题（2）模型的建立与求解

比较国控点数据与自建点数据，结合附件 1（国控点数据）和附件 2 数据（自建点数据）可以看出自建点数据与国控点数据存在差异。通过附件 2 可知道风速、压强、降水量、温度、湿度是造成数据差异的主要因素，分析造成数据差异的因素主要是分析 5 个比较因素对参考因素的影响。引入灰色关联度，得到灰色关联度矩阵，从而详细地分析每个比较因素对参考因素影响的大小。

建立灰色关联度模型如下。

第一步，根据附件 2 确立参考数列与比较数列。选取参考序列，见式（1）。

$$X_0 = \{X_0(k) | k=1,2,3,\cdots,n\} = \{X_0(1),X_0(2),X_0(3),\cdots,X_0(n)\} \quad (1)$$

根据附件 2 可以知道参考序列有 5 个因素，即 $k=5$，如下：

$$X_0 = \{X_0(1),X_0(2),X_0(3),X_0(4),X_0(5)\}$$

选取比较数列，见式（2）。

$$X_i = \{X_i(k) | k=1,2,3,\cdots,n\} = \{X_i(1),X_i(2),X_i(3),\cdots,X_i(n)\} \quad (2)$$

根据附件 2 可以知道比较序列有 6 个因素，即 $k=6$，如下：

$$X_i = \{X_i(1),X_i(2),X_i(3),X_i(4),X_i(5),X_i(6)\}$$

结合 X_0 与 X_i 的关系得到式（3）。

$$\zeta_i(k) = \frac{\min\limits_{i}\min\limits_{k}|X_0(k)-X_i(k)| + \rho \max\limits_{i}\max\limits_{k}|X_0(k)-X_i(k)|}{|X_0(k)-X_i(k)| + \rho \max\limits_{i}\max\limits_{k}|X_0(k)-X_i(k)|} \tag{3}$$

第二步，计算关联度。因为要分析参考序列和比较序列在任意时刻的关联度，为了方便分析，使信息集中，给出关联度公式，见式（4）。

$$r_i = \frac{1}{n}\sum_{k=1}^{n}\zeta_i(k) \tag{4}$$

由对附件2数据的分析可知，自建点数据的参考序列的5个因素为风速、压强、降水量、温度、湿度；选取的参考序列为"两尘四气"指标，参考序列的因素有 $X_0(1)$，$X_0(2)$，$X_0(3)$，$X_0(4)$，$X_0(5)$。比较序列的因素为 $X_i(1)$，$X_i(2)$，$X_i(3)$，$X_i(4)$，$X_i(5)$，$X_i(6)$，对每一个参考因素和比较序列有多个关联度，分析整合关联度关系可得到关联度矩阵 **R**。根据关联度矩阵中的元素，比较大小可分析参考序列对比较序列的影响权重。根据附件2可列出母因素与子因素的表格，自建点母/子因素见表4。

表4　自建点母/子因素

子因素	$X_0(1)$	$X_0(2)$	$X_0(3)$	$X_0(4)$	$X_0(5)$	—
母因素	$X_i(1)$	$X_i(2)$	$X_i(3)$	$X_i(4)$	$X_i(5)$	$X_i(6)$

其中子因素依次对应的是风速、压强、降水量、温度、湿度，母因素依次对应的是PM2.5、PM10、CO、NO₂、SO₂、O₃的指标值。对附件2的数据进行整合使之成为新文件，命名为"fj.csv"。新文件部分数据见表5。

表5　"fj.csv"文件部分数据

风速	压强	降水量	温度	湿度	PM2.5	PM10	CO	NO₂	SO₂	O₃
0.5	1 020.6	89.8	15	65	50	98	0.8	62	15	46
1.9	1 020.7	89.8	15	64	50	104	0.7	57	16	51
0.5	1 020.6	89.8	15	64	49	96	0.7	58	15	49
1.4	1 020.6	89.8	15	64	49	94	0.7	59	15	50
⋮	⋮	⋮	⋮	⋮	⋮	⋮	⋮	⋮	⋮	⋮
0.4	1 004.5	244.1	30	45	36	54	1	25	17	173
0.4	1 004.5	244.1	30	45	34	50	1	26	17	168
0.9	1 004.5	244.1	30	45	34	51	1	26	17	164
1	1 004.5	244.1	30	45	32	47	1	26	17	163
0.8	1 004.6	244.1	30	45	35	53	1	26	17	163

利用灰色关联度算法（代码见附件1），运行MATLAB程序得出参与因素对比较因素的关联度，具体见表6。

表6 关联度

比较因素	参考因素				
	$X_0(1)$	$X_0(2)$	$X_0(3)$	$X_0(4)$	$X_0(5)$
$X_i(1)$	0.857 3	0.795 6	0.779 0	0.861 9	0.861 9
$X_i(2)$	0.856 8	0.774 3	0.764 7	0.865 2	0.865 2
$X_i(3)$	0.818 9	0.663 4	0.761 3	0.776 3	0.776 3
$X_i(4)$	0.797 2	0.698 4	0.725 9	0.801 1	0.801 1
$X_i(5)$	0.961 2	0.766 4	0.826 1	0.909 0	0.909 0
$X_i(6)$	0.828 3	0.785 0	0.803 0	0.797 4	0.797 4

根据关联度矩阵分析参考因素与比较因素的结果如下。

（1）5个参考因素对单一比较因素的影响。

①PM2.5。温度与湿度的影响大于风力、压强、降水量对PM2.5的影响，而风力的影响大于降水量的影响，降水量的影响大于压强的影响，比较关联度可知温度、湿度对PM2.5的影响大体相同，压强与降水量对PM2.5的影响权重也相似。

②PM10。对比风速、压强、降水量、温度、湿度对PM10的关联度可知，温度与湿度对PM10的影响大体相同，其中风速对PM10的影响是最大的，其次是温度与湿度；而压强对PM10的影响稍大于降水量对PM10的影响。

③CO。对比风速、压强、降水量、温度、湿度对CO的关联度可知，风力对CO的影响是最大的，其次是温度与湿度，而且两者在数据分析上大致相同，大于压强与降水量的影响程度，其中降水量的影响程度大于压强。

④NO_2。对比风速、压强、降水量、温度、湿度对NO_2的关联度可知，温度和湿度对NO_2的影响是最大的，其次是风力大于降水量，降水量大于压强，其中温度和湿度对NO_2的影响大体相同。

⑤SO_2。对比风速、压强、降水量、温度、湿度对SO_2的关联度可知，风力对SO_2的影响是最大的，其次是温度与湿度，而降水量的影响也大于压强的影响。

⑥O_3。对比风速、压强、降水量、温度、湿度对O_3的关联度可知，风力对O_3的影响是最大的，其次是降水量，而温度与湿度对O_3的影响大于压强对O_3的影响。

（2）单一参考因素对于6个比较因素的影响。

①风力。对于PM2.5、PM10、CO、NO_2、SO_2、O_3这6个空气质量指标而言，通过关联度矩阵可知，风力对SO_2的影响是最大的，其次是对PM10的影响，对其他4个比较因素影响的顺序是PM2.5 > O_3 > CO > NO_2。

②压强。对于PM2.5、PM10、CO、NO_2、SO_2、O_3这6个空气质量指标而言，通

过关联度矩阵可知，压强对 PM2.5 的影响是最大的，其次是对 PM10 的影响，对其他 4 个比较因素影响的顺序是 $O_3 > SO_2 > NO_2 > CO$。

③降水量。对于 PM2.5、PM10、CO、NO_2、SO_2、O_3 这 6 个空气质量指标而言，通过关联度矩阵可知，降水量对 SO_2 的影响是最大的，其次是对 O_3 的影响，对其他 4 个比较因素影响的顺序是 $PM10 > PM2.5 > CO > NO_2$。

④温度。对于 PM2.5、PM10、CO、NO_2、SO_2、O_3 这 6 个空气质量指标而言，通过关联度矩阵可知，温度对 SO_2 的影响是最大的，其次是对 PM10 的影响，对其他 4 个比较因素影响的顺序是 $PM2.5 > NO_2 > O_3 > CO$。

⑤湿度。对于 PM2.5、PM10、CO、NO_2、SO_2、O_3 这 6 个空气质量指标而言，通过关联度矩阵可知，湿度对 SO_2 的影响是最大的，其次是对 PM10 的影响，对其他 4 个比较因素影响的顺序是 $PM2.5 > NO_2 > O_3 > CO$。

按照上述分析可清楚地知道 5 个参考因素对 6 个比较因素的影响权重。

5.3 问题（3）模型的建立与求解

由附件 2 可知，风速、压强、降水量、温度、湿度对 PM2.5、PM10、CO、NO_2、SO_2、O_3 是有影响的。把风速、压强、降水量、温度、湿度和自建点"两尘四气"指标作为多元回归自变量，把国控点数据作为多元回归因变量进行回归分析。代入 SPSS 软件计算出多元回归方程的系数，得出国控点数据对自建点数据以及风速、压强、降水量、温度、湿度的回归方程，代入 6 个自变量的值求出的因变量即标准值。该方程可称为校准方程。

以国控点数据为因变量，以风速、压强、降水量、温度、湿度和自建点数据为自变量，得到多元线性回归方程，见式（5）。

$$Y = \beta_0 + \beta_1 X_1 + \beta_2 X_2 + \cdots + \beta_n X_n + \varepsilon \tag{5}$$

设 PM2.5 因变量为 Y_a，风速、压强、降水量、温度、湿度和自建点数据为 X，得出关于 PM2.5 的多元线性回归方程如下：

$$Y_a = \beta_{a0} + \beta_{a1}X_1 + \beta_{a2}X_2 + \beta_{a3}X_3 + \beta_{a4}X_4 + \beta_{a5}X_5 + \beta_{a6}X_6 + \varepsilon_a \tag{6}$$

式中，ε_a 表示随机误差，假设期望值为零，根据上面的回归方程得出下列矩阵。

$$Y_a = \begin{pmatrix} Y_{a1} \\ Y_{a2} \\ Y_{a3} \\ Y_{a4} \\ Y_{a5} \\ Y_{a6} \end{pmatrix}, X = \begin{pmatrix} 1 & X_{11} & X_{12} & X_{13} & X_{14} & X_{15} & X_{16} \\ 1 & X_{21} & X_{22} & X_{23} & X_{24} & X_{25} & X_{26} \\ 1 & X_{31} & X_{32} & X_{33} & X_{34} & X_{35} & X_{36} \\ 1 & X_{41} & X_{42} & X_{43} & X_{44} & X_{45} & X_{46} \\ 1 & X_{51} & X_{52} & X_{53} & X_{54} & X_{55} & X_{56} \\ 1 & X_{61} & X_{62} & X_{63} & X_{64} & X_{65} & X_{66} \end{pmatrix}, \beta_a = \begin{pmatrix} \beta_{a0} \\ \beta_{a1} \\ \beta_{a2} \\ \beta_{a3} \\ \beta_{a4} \\ \beta_{a5} \\ \beta_{a6} \end{pmatrix}, \varepsilon_a = \begin{pmatrix} \varepsilon_1 \\ \varepsilon_2 \\ \varepsilon_3 \\ \varepsilon_4 \\ \varepsilon_5 \\ \varepsilon_6 \end{pmatrix} \tag{7}$$

得到多元线性回归方程的矩阵形式为 $Y_a = X\beta_a + \varepsilon_a$，代入 SPSS 软件求解出国控点 PM2.5 的相关系数为：270.902，-3.8，-0.247，-0.018，0.069，-0.314，0.867（详情见附录），得到国控点 PM2.5 多元线性回归方程如下：

$$Y_a = 270.902 - 3.8X_1 - 0.247X_2 - 0.018X_3 + 0.069X_4 - 0.314X_5 - 0.867X_6 \tag{8}$$

这是国控点的方程，代入实际值得出的结果即自控点数据校准值。

设国控点 PM10 为因变量 Y_b，风速、压强、降水量、温度、湿度和自建点 PM10 为 X，得出关于 PM10 的多元线性回归方程如下：

$$Y_b = \beta_{b0} + \beta_{b1}X_1 + \beta_{b2}X_2 + \beta_{b3}X_3 + \beta_{a4}X_4 + \beta_{b5}X_5 + \beta_{b6}X_6 + \varepsilon_b \tag{9}$$

表示出下列矩阵。

$$Y_b = \begin{pmatrix} Y_{b1} \\ Y_{b2} \\ Y_{b3} \\ Y_{b4} \\ Y_{b5} \\ Y_{b6} \end{pmatrix}, X = \begin{pmatrix} 1 & X_{11} & X_{12} & X_{13} & X_{14} & X_{15} & X_{16} \\ 1 & X_{21} & X_{22} & X_{23} & X_{24} & X_{25} & X_{26} \\ 1 & X_{31} & X_{32} & X_{33} & X_{34} & X_{35} & X_{36} \\ 1 & X_{41} & X_{42} & X_{43} & X_{44} & X_{45} & X_{46} \\ 1 & X_{51} & X_{52} & X_{53} & X_{54} & X_{55} & X_{56} \\ 1 & X_{61} & X_{62} & X_{63} & X_{64} & X_{65} & X_{66} \end{pmatrix}, \boldsymbol{\beta}_b = \begin{pmatrix} \beta_{b0} \\ \beta_{b1} \\ \beta_{b2} \\ \beta_{b3} \\ \beta_{b4} \\ \beta_{b5} \\ \beta_{b6} \end{pmatrix}, \boldsymbol{\varepsilon}_b = \begin{pmatrix} \varepsilon_1 \\ \varepsilon_2 \\ \varepsilon_3 \\ \varepsilon_4 \\ \varepsilon_5 \\ \varepsilon_6 \end{pmatrix} \tag{10}$$

得到多元线性回归方程的矩阵形式为 $Y_b = X\boldsymbol{\beta}_b + \boldsymbol{\varepsilon}_b$，代入 SPSS 软件求解国控点 PM10 的相关系数为 1 837.222，− 10.129，− 1.69，− 0.047，− 1.045，− 1.142，0.584（详情见附录），得到国控点 PM10 多元线性回归方程如下：

$$Y_b = 1\,837.222 - 10.129X_1 - 1.69X_2 - 0.047X_3 - 1.045X_4 - 1.142X_5 + 0.584X_6 \tag{11}$$

这是国控点的方程，代入实际值得出的结果即校准值。

设国控点 CO 为因变量 Y_c，风速、压强、降水量、温度、湿度和自建点 CO 为 X，得出关于 CO 的多元线性回归方程如下：

$$Y_c = \beta_{c0} + \beta_{c1}X_1 + \beta_{c2}X_2 + \beta_{c3}X_3 + \beta_{c4}X_4 + \beta_{c5}X_5 + \beta_{c6}X_6 + \varepsilon_c \tag{12}$$

表示出下列矩阵。

$$Y_c = \begin{pmatrix} Y_{c1} \\ Y_{c2} \\ Y_{c3} \\ Y_{c4} \\ Y_{c5} \\ Y_{c6} \end{pmatrix}, X = \begin{pmatrix} 1 & X_{11} & X_{12} & X_{13} & X_{14} & X_{15} & X_{16} \\ 1 & X_{21} & X_{22} & X_{23} & X_{24} & X_{25} & X_{26} \\ 1 & X_{31} & X_{32} & X_{33} & X_{34} & X_{35} & X_{36} \\ 1 & X_{41} & X_{42} & X_{43} & X_{44} & X_{45} & X_{46} \\ 1 & X_{51} & X_{52} & X_{53} & X_{54} & X_{56} & X_{56} \\ 1 & X_{61} & X_{62} & X_{63} & X_{64} & X_{65} & X_{66} \end{pmatrix}, \boldsymbol{\beta}_c = \begin{pmatrix} \beta_{c0} \\ \beta_{c1} \\ \beta_{c2} \\ \beta_{c3} \\ \beta_{c4} \\ \beta_{c5} \\ \beta_{c6} \end{pmatrix}, \boldsymbol{\varepsilon}_c = \begin{pmatrix} \varepsilon_1 \\ \varepsilon_2 \\ \varepsilon_3 \\ \varepsilon_4 \\ \varepsilon_5 \\ \varepsilon_6 \end{pmatrix} \tag{13}$$

得到多元线性回归方程的矩阵形式为 $Y_c = X\boldsymbol{\beta}_c + \boldsymbol{\varepsilon}_c$，代入 SPSS 软件求解出国控点 CO 的相关系数为 36.021，− 0.255，− 0.034，0，− 0.041，− 0.003，1.021（详情见附录），得到国控点 CO 多元线性回归方程如下：

$$Y_c = 36.021 - 0.255X_1 - 0.034X_2 - 0.041X_4 - 0.003X_5 + 1.021X_6 \tag{14}$$

这是国控点的方程，代入实际值得出的结果即自控点校准值。

设国控点 NO_2 为因变量 Y_d，风速、压强、降水量、温度、湿度和自建点 NO_2 为 X，得出关于 NO_2 的多元线性回归方程如下：

$$Y_d = \beta_{d0} + \beta_{d1}X_1 + \beta_{d2}X_2 + \beta_{d3}X_3 + \beta_{d4}X_4 + \beta_{d5}X_5 + \beta X_6 + \varepsilon_d \quad (15)$$

表示出下列矩阵。

$$Y_d = \begin{pmatrix} Y_{d1} \\ Y_{d2} \\ Y_{d3} \\ Y_{d4} \\ Y_{d5} \\ Y_{d6} \end{pmatrix}, X = \begin{pmatrix} 1 & X_{11} & X_{12} & X_{13} & X_{14} & X_{15} & X_{16} \\ 1 & X_{21} & X_{22} & X_{23} & X_{24} & X_{25} & X_{26} \\ 1 & X_{31} & X_{32} & X_{33} & X_{34} & X_{35} & X_{36} \\ 1 & X_{41} & X_{42} & X_{43} & X_{44} & X_{45} & X_{46} \\ 1 & X_{51} & X_{52} & X_{53} & X_{54} & X_{55} & X_{56} \\ 1 & X_{61} & X_{62} & X_{63} & X_{64} & X_{65} & X_{66} \end{pmatrix}, \beta_d = \begin{pmatrix} \beta_{d0} \\ \beta_{d1} \\ \beta_{d2} \\ \beta_{d3} \\ \beta_{d4} \\ \beta_{d5} \\ \beta_{d6} \end{pmatrix}, \varepsilon_d = \begin{pmatrix} \varepsilon_1 \\ \varepsilon_2 \\ \varepsilon_3 \\ \varepsilon_4 \\ \varepsilon_5 \\ \varepsilon_6 \end{pmatrix} \quad (16)$$

得到多元线性回归方程的矩阵形式为 $Y_d = X\beta_d + \varepsilon_d$，代入 SPSS 软件求解出国控点 NO_2 的相关系数为 1 983.237，-15.949，-1.849，-0.052，-2.307，-0.662，0.426（详情见附录），得到国控点 NO_2 多元线性回归方程如下：

$$Y_d = 1\ 983.660 - 15.949X_1 - 1.849X_2 - 0.052X_3 - 2.307X_4 - 0.662X_5 + 0.426X_6$$

$$(17)$$

这是国控点的方程，代入实际值得出的结果即自控点校准值。

设国控点 SO_2 为因变量 Y_e，风速、压强、降水量、温度、湿度和自建点 SO_2 为 X，得出关于 SO_2 的多元线性回归方程如下：

$$Y_e = \beta_{e0} + \beta_{e1}X_1 + \beta_{e2}X_2 + \beta_{e3}X_3 + \beta_{e4}X_4 + \beta_{e5}X_5 + \beta X_6 + \varepsilon_e \quad (18)$$

表示出下列矩阵。

$$Y_e = \begin{pmatrix} Y_{e1} \\ Y_{e2} \\ Y_{e3} \\ Y_{e4} \\ Y_{e5} \\ Y_{e6} \end{pmatrix}, X = \begin{pmatrix} 1 & X_{11} & X_{12} & X_{13} & X_{14} & X_{15} & X_{16} \\ 1 & X_{21} & X_{22} & X_{23} & X_{24} & X_{25} & X_{26} \\ 1 & X_{31} & X_{32} & X_{33} & X_{34} & X_{35} & X_{36} \\ 1 & X_{41} & X_{42} & X_{43} & X_{44} & X_{45} & X_{46} \\ 1 & X_{51} & X_{52} & X_{53} & X_{54} & X_{55} & X_{56} \\ 1 & X_{61} & X_{62} & X_{63} & X_{64} & X_{65} & X_{66} \end{pmatrix}, \beta_e = \begin{pmatrix} \beta_{e0} \\ \beta_{e1} \\ \beta_{e2} \\ \beta_{e3} \\ \beta_{e4} \\ \beta_{e5} \\ \beta_{e6} \end{pmatrix}, \varepsilon_e = \begin{pmatrix} \varepsilon_1 \\ \varepsilon_2 \\ \varepsilon_3 \\ \varepsilon_4 \\ \varepsilon_5 \\ \varepsilon_6 \end{pmatrix} \quad (19)$$

得到多元线性回归方程的矩阵形式为 $Y_e = X\beta_e + \varepsilon_e$，代入 SPSS 软件求解出国控点 SO_2 的相关系数为 $-1\ 465.553$，-8.694，1.396，0.055，1.397，0.134，2.416（详情见附录），得出关于 SO_2 的多元线性回归方程如下：

$$Y_e = -1\ 465.553 - 8.694X_1 + 1.396X_2 + 0.055X_3 + 1.397X_4 + 0.134X_5 + 2.416X_6$$

$$(20)$$

这是国控点的方程，代入实际值得出的结果即自控点校准值。

设国控点 O_3 为因变量 Y_f，风速、压强、降水量、温度、湿度和自建点 O_3 为 X，得出关于 O_3 的多元线性回归方程如下：

$$Y_f = \beta_{e0} + \beta_{e1}X_1 + \beta_{e2}X_2 + \beta_{e3}X_3 + \beta_{e4}X_4 + \beta_{e5}X_5 + \beta_{e6}X_6 + \varepsilon_f \quad (21)$$

表示出下列矩阵。

$$Y_f = \begin{pmatrix} Y_{f1} \\ Y_{f2} \\ Y_{f3} \\ Y_{f4} \\ Y_{f5} \\ Y_{f6} \end{pmatrix}, X = \begin{pmatrix} 1 & X_{11} & X_{12} & X_{13} & X_{14} & X_{15} & X_{16} \\ 1 & X_{21} & X_{22} & X_{23} & X_{24} & X_{25} & X_{26} \\ 1 & X_{31} & X_{32} & X_{33} & X_{34} & X_{35} & X_{36} \\ 1 & X_{41} & X_{42} & X_{43} & X_{44} & X_{45} & X_{46} \\ 1 & X_{51} & X_{52} & X_{53} & X_{54} & X_{55} & X_{56} \\ 1 & X_{61} & X_{62} & X_{63} & X_{64} & X_{65} & X_{66} \end{pmatrix}, \boldsymbol{\beta}_f = \begin{pmatrix} \beta_{f0} \\ \beta_{f1} \\ \beta_{f2} \\ \beta_{f3} \\ \beta_{f4} \\ \beta_{f5} \\ \beta_{f6} \end{pmatrix}, \boldsymbol{\varepsilon}_f = \begin{pmatrix} \varepsilon_1 \\ \varepsilon_2 \\ \varepsilon_3 \\ \varepsilon_4 \\ \varepsilon_5 \\ \varepsilon_6 \end{pmatrix} \quad (22)$$

得到多元线性回归方程的矩阵形式为 $Y_f = X\boldsymbol{\beta}_f + \boldsymbol{\varepsilon}_f$，代入 SPSS 软件求解出国控点 O_3 的相关系数为 -104.465，36.824，0.121，-0.063，2.659，-0.495，0.316（详情见附录），得出国控点 O_3 的多元线性回归方程如下：

$$Y_f = -104.465 + 36.824X_1 + 0.121X_2 - 0.063X_3 + 2.659X_4 - 0.495X_5 + 0.316X_6 \quad (23)$$

这是国控点的方程，代入实际值得出的结果即自建点校准值。

通过 6 个以国控点 PM2.5、PM10、CO、NO_2、SO_2、O_3 为因变量的多元线性回归方程可以对每个自建点的 PM2.5、PM10、CO、NO_2、SO_2、O_3 这 6 个指标进行校准。

六、模型的检验

问题（3）中以附件 2 的 6 个空气质量指标与 5 个影响因素作为自变量，以国控点的 6 个空气质量指标作为因变量，建立多元线性回归方程，利用 SPSS 软件计算出国控点 PM2.5、PM10、CO、NO_2、SO_2、O_3 指标值对于自建点数据多元线性回归方程的相关系数，得到国控点 PM2.5、PM10、CO、NO_2、SO_2、O_3 指标值的多元线性回归方程，利用多元线性回归方程预测自建点数据标值，越靠近国控点数据越好。因此我们利用 SPSS 软件求出每个多元线性回归方程的 R 值，表示方程的拟合优度，比较 R 方的值，R 方越大越贴合国控点拟合曲线，一般 R 方的值在 0.3 左右都能达到预测要求，证明模型能更好地对自建点数据进行校准。

对于国控点 PM2.5 的多元线性回归方程用 SPSS 软件求出拟合优度，如图 8 所示。

模型	R	R 方	调整后 R 方	标准估算的错误
1	.950a	.902	.902	10.473

a. 预测变量：(常量), PM2.5, 降水量, 风速, 压强, 湿度, 温度

图 8　国控点 PM2.5 的多元线性回归方程拟合优度

提取国控点 PM2.5 的多元线性回归方程 R 方的值，R 方 = 0.902，此 R 方值非常接近 1，预测出的值是非常靠近国控点标准值的，校准准确度达到高标准。

对于国控点 PM10 的多元线性回归方程用 SPSS 软件求出拟合优度，如图 9 所示。

提取 R 方的值为 0.753，大于 0.5，达到高度拟合，用国控点 PM10 的多元线性回归方程可以校准自建点 PM10 的指标值。

对于国控点 CO 的多元线性回归方程用 SPSS 软件求出拟合优度，如图 10 所示。

模型摘要

模型	R	R方	调整后 R 方	标准估算的错误
1	.868[a]	.753	.753	22.714

a. 预测变量: (常量), PM10, 降水量, 风速, 压强, 湿度, 温度

图 9 国控点 PM10 的多元线性回归方程拟合优度

模型摘要

模型	R	R方	调整后 R 方	标准估算的错误
1	.524[a]	.274	.273	.414545

a. 预测变量: (常量), CO, 湿度, 降水量, 压强, 风速, 温度

图 10 国控点 CO 的多元线性回归方程拟合优度

提取 R 方的值为 0.274，此值在 0.3 左右，能粗略校准自建点 CO 的指标值，没有达到高度预测的效果。

对于国控点 NO_2 的多元线性回归方程用 SPSS 软件求出拟合优度，如图 11 所示。

模型摘要

模型	R	R方	调整后 R 方	标准估算的错误
1	.668[a]	.446	.446	17.880

a. 预测变量: (常量), NO2, 压强, 湿度, 降水量, 风速, 温度

图 11 国控点 NO_2 的多元线性回归方程拟合优度

提取 R 方的值为 0.446，这个值符合一定的拟合规律，能达到数据校准的效果。

对于国控点 SO_2 的多元线性回归方程用 SPSS 软件求出拟合优度，如图 12 所示。

模型摘要

模型	R	R方	调整后 R 方	标准估算的错误
1	.509[a]	.259	.258	17.282

a. 预测变量: (常量), SO2, 压强, 降水量, 风速, 湿度, 温度

图 12 国控点 SO_2 的多元线性回归方程拟合优度

提取 R 方的值为 0.259，在 0.3 左右，能达到预测效果，因此能用此方程校准自建点 SO_2 的指标值。

对于国控点 O_3 的多元线性回归方程用 SPSS 软件求出拟合优度，如图 13 所示。

模型摘要

模型	R	R方	调整后 R 方	标准估算的错误
1	.815[a]	.663	.663	27.744

a. 预测变量: (常量), O3, 风速, 压强, 降水量, 湿度, 温度

图 13 国控点 O_3 的多元线性回归方程拟合优度

提取 R 方值为 0.663，这个值符合国控点数据的拟合曲线，该方程能校准自建点

O_3 值。比较 6 个方程的 R 方值，其中国控点 PM2.5 的多元线性回归方程校准效果最好，其次是 PM10 的多元线性回归方程和 O_3 的多元线性回归方程，CO、NO_2、SO_2 的多元线性回归方程校准效果次之。

七、模型评价与推广

7.1 模型评价

1. 模型的优点分析

（1）利用 Excel 软件对数据进行快速、方便和准确的处理，可以清晰直观地用柱状图表示国控点与自建点各数据在一段时间内的变化规律，并可以直观地看出自建点中风速、压强、降水量、温度、湿度对"两尘四气"产生的影响。

（2）利用灰色关联度方法便捷、直观地求出参考因素与比较因素的关联度的大小。

（3）利用 MATLAB 软件对新文件"fj.csv"进行整合，得出参考因素对于比较因素的关联度矩阵，可以直观地从关联度矩阵中看出各因素的影响程度。

（4）回归模型基本可以实时反映空气质量指标值，弥补国控点的不足。

（5）及时地清除异常数据，重新构建相对准确的自建点和国控点数据。

2. 模型的缺点分析

因时间有限，构建的回归模型有一定误差，但在可控范围内，后期可进一步提高模型的准确度。

7.2 模型的推广

（1）随着生活水平及教育水平的不断提高，人文素质也相应地提高，生态环境的弊端逐渐显露出来，人们开始意识到空气污染不仅会对人体健康产生危害，也危害着生态环境。本模型在环境保护领域会为保护地球环境做出重大贡献。

（2）通过对空气质量的实时监控，人们能够及时地采取相应的保护措施。

（3）通过本模型的指引，人们长期坚持控制空气质量，使其符合国家空气质量标准指标，相信通过人们的不断努力，地球的生态环境将越来越理想。

（4）校准完成后的微型空气质量检测仪不仅为国家解决了国控点耗资大、布控点少的问题，还给人民带来了福利，让每个地区的人们都能及时掌握有效的空气质量指标，并有利于采取相应的保护措施。

（5）校准模型不仅可以应用于环境保护领域，还可以应用于精密仪器加工领域等。

八、附录

附录 I：灰色关联度计算代码

```
data = xlsread('fj.csv');
x = data(:,2:end);
[m,n] = size(x);
for i = 1:n
    x(:,i) = x(:,i)/x(1,i);
end
```

```
s1 = 6;
s2 = 5;
mu = x(:,s2+1:end);
zi = x(:,1:s2);
for i = 1:s1
    for j = 1:s2
        t(:,j) = zi(:,j) - mu(:,i);
    end
    min2 = min(min(abs(t)));
    max2 = max(max(abs(t)));
    rho = 0.5;
    eta = (min2 + rho * max2)./(abs(t) + rho * max2);
    R(i,:) = mean(eta);
end
R
```

附录Ⅱ：

PM2.5 的多元线性回归方程的 SPSS 软件分析结果如附图 1 所示。

ANOVA[a]

模型		平方和	自由度	均方	F	显著性
1	回归	4138132.913	6	689688.819	6287.551	.000[b]
	残差	447320.560	4078	109.691		
	总计	4585453.472	4084			

a. 因变量：PM2.5
b. 预测变量：(常量)，PM2.5，降水量，风速，压强，湿度，温度

系数[a]

模型		未标准化系数		标准化系数	t	显著性
		B	标准错误	Beta		
1	(常量)	270.902	46.771		5.792	.000
	风速	-3.800	.514	-.039	-7.391	.000
	压强	-.247	.045	-.066	-5.490	.000
	降水量	-.018	.002	-.045	-8.828	.000
	温度	.069	.052	.018	1.337	.181
	湿度	-.314	.011	-.204	-27.875	.000
	PM2.5	.867	.005	1.013	185.631	.000

a. 因变量：PM2.5

附图 1　PM2.5 的多元线性回归方程的 SPSS 软件分析结果

PM10 的多元线性回归方程的 SPSS 软件分析结果如附图 2 所示。
CO 的多元线性回归方程的 SPSS 软件分析结果如附图 3 所示。
NO_2 的多元线性回归方程的 SPSS 软件分析结果如附图 4 所示。
SO_2 的多元线性回归方程的 SPSS 软件分析结果如附图 5 所示。
O_3 的多元线性回归方程的 SPSS 软件分析结果如附图 6 所示。

ANOVA^a

模型		平方和	自由度	均方	F	显著性
1	回归	6424967.893	6	1070827.982	2075.566	.000^b
	残差	2103925.873	4078	515.921		
	总计	8528893.766	4084			

a. 因变量：PM10
b. 预测变量：(常量), PM10, 降水量, 风速, 压强, 湿度, 温度

系数^a

模型		未标准化系数 B	标准错误	标准化系数 Beta	t	显著性
1	(常量)	1837.222	102.330		17.954	.000
	风速	-10.129	1.119	-.077	-9.050	.000
	压强	-1.690	.099	-.329	-17.139	.000
	降水量	-.047	.004	-.090	-10.988	.000
	温度	-1.045	.112	-.196	-9.315	.000
	湿度	-1.142	.025	-.545	-46.263	.000
	PM10	.584	.006	.957	106.012	.000

a. 因变量：PM10

附图 2　PM10 的多元线性回归方程的 SPSS 软件分析结果

ANOVA^a

模型		平方和	自由度	均方	F	显著性
1	回归	264.892	6	44.149	256.906	.000^b
	残差	700.795	4078	.172		
	总计	965.688	4084			

a. 因变量：CO
b. 预测变量：(常量), CO, 湿度, 降水量, 压强, 风速, 温度

系数^a

模型		未标准化系数 B	标准错误	标准化系数 Beta	t	显著性
1	(常量)	36.021	1.962		18.362	.000
	风速	-.255	.021	-.181	-12.400	.000
	压强	-.034	.002	-.623	-17.990	.000
	降水量	.000	.000	.052	3.650	.000
	温度	-.041	.002	-.723	-18.023	.000
	湿度	-.003	.000	-.125	-6.070	.000
	CO	1.021	.037	.433	27.787	.000

a. 因变量：CO

附图 3　CO 的多元线性回归方程的 SPSS 软件分析结果

ANOVA^a

模型		平方和	自由度	均方	F	显著性
1	回归	1051166.875	6	175194.479	548.000	.000^b
	残差	1303727.900	4078	319.698		
	总计	2354894.775	4084			

a. 因变量：NO2
b. 预测变量：(常量), NO2, 压强, 湿度, 降水量, 风速, 温度

系数^a

模型		未标准化系数 B	标准错误	标准化系数 Beta	t	显著性
1	(常量)	1983.237	80.041		24.778	.000
	风速	-15.949	.940	-.230	-16.966	.000
	压强	-1.849	.077	-.685	-24.015	.000
	降水量	-.052	.004	-.187	-14.114	.000
	温度	-2.307	.089	-.823	-26.056	.000
	湿度	-.662	.019	-.601	-35.037	.000
	NO2	.426	.013	.469	33.518	.000

a. 因变量：NO2

附图 4　NO_2 的多元线性回归方程的 SPSS 软件分析结果

ANOVA^a

模型		平方和	自由度	均方	F	显著性
1	回归	426373.387	6	71062.231	237.940	.000^b
	残差	1217917.747	4078	298.656		
	总计	1644291.133	4084			

a. 因变量：SO2
b. 预测变量：(常量), SO2, 压强, 降水量, 风速, 湿度, 温度

系数^a

模型		未标准化系数		标准化系数	t	显著性
		B	标准错误	Beta		
1	(常量)	-1465.553	77.144		-18.998	.000
	风速	-8.694	.863	-.150	-10.078	.000
	压强	1.396	.074	.619	18.795	.000
	降水量	.055	.003	.239	16.757	.000
	温度	1.397	.085	.597	16.360	.000
	湿度	.134	.019	.146	7.258	.000
	SO2	2.416	.118	.303	20.441	.000

a. 因变量：SO2

附图 5　SO_2 的多元线性回归方程的 SPSS 软件分析结果

ANOVA^a

模型		平方和	自由度	均方	F	显著性
1	回归	6186924.536	6	1031154.089	1339.660	.000^b
	残差	3138891.456	4078	769.713		
	总计	9325815.991	4084			

a. 因变量：O3
b. 预测变量：(常量), O3, 风速, 压强, 降水量, 湿度, 温度

系数^a

模型		未标准化系数		标准化系数	t	显著性
		B	标准错误	Beta		
1	(常量)	-104.465	129.197		-.809	.419
	风速	36.824	1.346	.267	27.350	.000
	压强	.121	.125	.023	.970	.332
	降水量	-.063	.005	-.114	-11.424	.000
	温度	2.659	.149	.477	17.896	.000
	湿度	-.495	.029	-.226	-16.905	.000
	O3	.316	.017	.205	18.252	.000

a. 因变量：O3

附图 6　O_3 的多元线性回归方程的 SPSS 软件分析结果

案例三　中药材的鉴别

不同中药材所表现出的光谱特征差异较大，即使来自不同产地的同一药材，因其无机元素的化学成分、有机物等的差异性，在近红外、中红外光谱的照射下也会表现出不同的光谱特征，因此可以利用这些特征来鉴别中药材的种类及产地。

中药材的种类鉴别相对比较容易，不同种类的中药材呈现的光谱区别比较明显。图 1 所示为两种不同中药材的近红外光谱曲线，容易看出两者的差异比较大。中药材的道地性以产地为主要指标，产地的鉴别对于中药材品质鉴别尤为重要。然而，不同产地的同一种中药材在同一波段内的光谱比较接近，这使光谱鉴别的误差较大。另外，有些中药材的近红外光谱区别比较明显，而有些药材的中红外光谱区别比较明显（图 2 和图 3 所示为来自 5 个不同产地的某中药材的近红外和中红外光谱曲线）。当样本量不

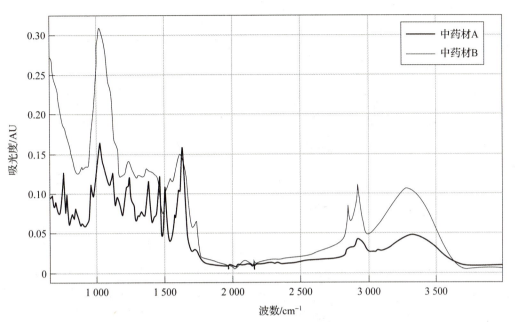

图1 两种不同中药材的近红外光谱曲线

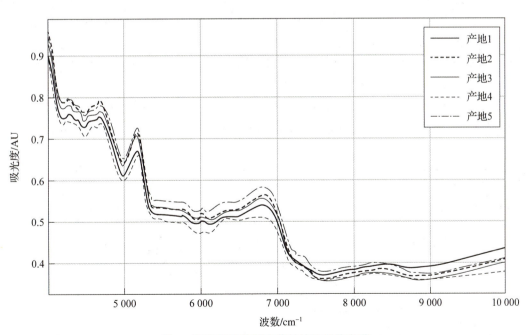

图2 不同产地的某中药材的近红外光谱

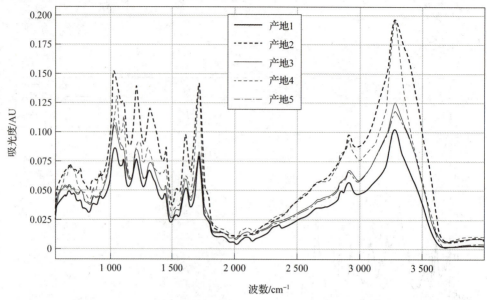

图3 不同产地的某种中药材的中红外光谱

够充足时，可以通过近红外和中红外光谱数据的相互验证来对中药材产地进行综合鉴别。附件1～附件4是一些中药材的近红外或中红外光谱数据，其中"No"列为中药材的编号，"Class"列为中药材的类别，"OP"列为中药材的产地，其余各列第一列的数据为光谱的波数（单位为 cm^{-1}），第二列以后的数据为该行编号的中药材在对应波段光谱照射下的吸光度（注：该吸光度为仪器矫正后的值，可能存在负值）。试建立数学模型，研究解决以下问题。

(1) 根据附件1中几种中药材的中红外光谱数据，研究不同种类中药材的特征和差异，并鉴别中药材的种类。

(2) 根据附件2中某种中药材的中红外光谱数据，分析不同产地中药材的特征和差异，并鉴别中药材的产地，并将表1中所给出编号的中药材产地的鉴别结果填入表中。

表1 中药材产地鉴别结果（附件2）

No	3	14	38	48	58	71	79	86	89	110	134	152	227	331	618
OP															

(3) 根据附件3中某种中药材的近红外和中红外光谱数据，鉴别该种中药材的产地，并将表2中所给出编号的中药材产地的鉴别结果填入表中。

表2 中药材产地鉴别结果（附件3）

No	4	15	22	30	34	45	74	114	170	209
OP										

(4) 根据附件4中几种中药材的近红外光谱数据，鉴别中药材的类别与产地，并将表3中所给出编号的中药材类别与产地的鉴别结果填入表中。

表3 中药材类别与产地鉴别结果（附件4）

No	94	109	140	278	308	330	347
Class							
OP							

基于多种深度学习模型的中药材鉴别

摘要

随着人们生活水平的提高，中药材已经成为广大消费者不可或缺的消费品，本文通过研究中药材的光谱特性，构建数学模型，来鉴别中药材的种类及产地，为广大消费者购买放心产品提供技术保障。

针对问题（1），考虑到任务为分类模型，故采用聚类分析，按照几种中药材的中红外光谱数据，建立两步聚类分析模型，运用 SPSS Modeler 建立模型数据流并求解，得到中药材种类为3种，然后获取相同种类中药材的中红外光谱数据，进行平均处理，得到每种中药材的均值中红外光谱数据，运用 OMNIC8.0 软件进行吸光度处理、自动基线矫正、平滑处理、二阶导数处理，最后使用 Origin8.5 软件得到中红外光谱图和二阶导数光谱图，对比分析，得出几种中药材的特征和差异。

针对问题（2），探究不同产地的某种中药材的中红外光谱数据，利用已知产地的相关数据，运用与问题（1）相同的方法，获得不同产地中药材的中红外光谱图和二阶导数光谱图，进行对比分析，得出不同产地的该种中药材的特征和差异。建立适合大样本数据分类鉴别的支持向量机模型，运用 SPSS Modeler 建立模型数据流并求解，获得该种中药材的产地，结果见表8。同时通过模型检验得出该模型的准确度为92%，证明了该模型合理。

针对问题（3），首先根据提供的光谱数据构建以中红外光谱数据为训练数据的随机森林模型和以近红外光谱数据为训练数据的随机森林模型，运用 SPSS Modeler 建立模型数据流并求解，分别获取该种光谱数据的产地预测值，然后，以该种中药材产地真实值为目标值，结合两个模型获取的预测值，重新构建数据集，进行随机森林模型的训练，再次预测该种中药材的产地，结果见表9，最后该模型的准确度提高到93.5%，证明了该模型合理。

针对问题（4），根据前述模型的结果，结合不同产地的几种中药材的近红外光谱数据，重新构建线性支持向量机模型，利用线性支持向量机模型鉴别中药材的种类，其准确度达到99%，然后利用前述支持向量机模型，鉴别中药材的产地，其准确度达到95%，最后获得所需的鉴别结果，见表10。

关键词：聚类分析；支持向量机；线性支持向量机；随机森林。

一、问题重述

1.1 问题背景

随着我国医药事业的发展,中药材成为其必不可少的组成成分。对于不同的中药材,天气、环境等外在因素会影响其生长趋势,生长轨迹的改变会导致不同中药材的光谱特征差异较大。本文围绕中药材所呈现出的光谱数据差异,以及各附件给出的数据进行分析,建立数学模型解决以下问题。

1.2 问题提出

针对问题(1),对附件 1 所给出的中红外光谱数据进行分析,探究不同种类中药材的特征和差异,并对中药材的种类进行鉴别。

针对问题(2),附件 2 所给的数据为不同产地的中药材中红外光谱数据,其中图 2 所示为不同产地某种中药材的近红外光谱,结合附件 2 中所给数据,探究不同产地中药材的差异以及特征,并鉴别产地。

针对问题(3),不同产地的同种中药材会产生近红外和中红外两种光谱,附件 3 为同种中药材的近红外和中红外光谱数据,图 3 所示为不同产地的某种中药材的中红外光谱,结合两种红外光谱数据,鉴别该中药材的产地。

针对问题(4),附件 4 为不同产地的不同中药材的近红外光谱数据,通过构建模型,鉴别已知近红外光谱数据的中药材的种类及产地。

二、模型假设

(1)所采集的红外光谱数据都处于分析中的理想状态。
(2)鉴别模型中只考虑中药材在波数不同时对吸光度的影响,不考虑其他因素。
(3)不同产地的同一中药材的红外光谱图的基本走势差别不大。
(4)在中药材样本的处理过程中没有其他杂质的影响。

三、符号说明

符号说明见表 4。

表 4 符号说明

符号	符号说明
OP	中药材的地区
Class	中药材的类别
γ	空间夹角度数
ω	分离超平面
D	样本数据
H	训练次数
d	样本抽取

续表

符号	符号说明
$f(x)$	分决策类函数
s.t.	构造约束

四、问题的分析

4.1 问题（1）的分析

针对问题（1），对附件1中几种中药材的中红外光谱数据进行研究分析，根据光谱曲线的特征和差异，鉴别中药材的类别。由于不同的中药材的光谱图的差异十分明显，所以本问题可以围绕聚类算法建立模型。

聚类算法的类型多样，鉴别方式和结果也各不相同。本文采用 k-均值算法和两步聚类算法。两种算法的优、缺点见表5。

表5 k-均值算法和两步聚类算法的优、缺点

算法	原理	优点	缺点
k-均值	误差平方和聚类准则	聚类效果较好	k 值选取难度大
两步聚类	构建 CF 分类特征树	运算快、准确度高	不适于小样本

由表5可以知道，虽然 k-均值聚类算法效果比较好，并且模型的可解释性较强，但 k 值选取难度大，需要预先指定样本的值。而两步聚类算法比较准确，不需要确定 k 值，计算的准确度较高，适合样本量较大的数据，故选用该算法模型进行分类。

采用均值的方式，对每一类中药材的数据进行放大处理，使数据更精确，检查计算的误差。利用 OMNIC 8.0 软件进行吸光度处理、自动基线矫正、平滑处理，利用 Origin 8.5 软件进行二阶导数处理，得出原始红外光谱图和二阶导数光谱图，进行可视化比较，便可清楚地知道不同中药材的特征和差异。

4.2 问题（2）的分析

针对问题（2），依据附件2中某类中药材的中红外光谱数据，利用问题（1）的分析方法，探究不同产地中药材的特征及差异。

同时，为了鉴别中药材的产地，引入大数据处理模型中的支持向量机模型，解决空间中多类样本点的分布密集和重合问题。向量机模型利用 logistic 回归的函数，采用函数映射特征区域，使相同类的样本数据更加集中，降低不同样本之间的混乱程度，使特征区域空间中的不同样本达到"线性可分"程度，最终达到数据判别的精准度和可信度，从而鉴别出中药材的产地。

4.3 问题（3）的分析

针对问题（3），依据附3中某种中药材的中红外光谱数据和远红外光谱数据，鉴别中药材的产地。问题（3）和问题（2）类似，都是预测某种中药的产地。问题（2）和问题（3）虽然都为鉴别中药材的产地，但其区别在于问题（3）需要根据中红外光

谱数据和近红外光谱数据两组因素共同决定中药材的产地。如果把两种光谱结果进行整合处理，再进行预测，会增大样本数据量，使预测模型难度加大，此外，只经过一次预测所得的最终结果的可信度不高。

为了最大限度地发挥两组数据的效果，增加模型的准确度，可以对两种数据分别预测，然后把两种预测结果重新整合，构建新的预测数据，再次训练模型，以提高准确度，具体步骤如下。

第一步，构建随机森林模型，对近红外光谱数据中的样本进行预测，从而可以把近红外光谱数据样本中的缺失值用所建立的预测模型进行填充，获得预测值。

第二步，构建随机森林模型，对中红外光谱数据中的样本进行预测，从而可以把中红外光谱数据样本中的缺失值用所建立的预测模型进行填充，获得预测值。

第三步，经历了上述两个重要的准备环节，依据现有的算法和预测模型，明确地获得了两个有关附件3中同种中药材所来自不同地区的表格。另外，这两种数值的相似度可能并不明显，还有可能出现差值。对于这种情况，可以把已经获得的两种预测模型值进行融合，构建新的数据集，再次使用所建立的预测模型进行填充，获得预测值。

4.4 问题（4）的分析

针对问题（4），依据附件4中几种中药材的近红外光谱数据，鉴别中药材的类别和产地。问题（4）相当于对问题（1）~问题（3）的总结，既需要鉴别中药材的类别，也需要鉴别中药材的产地。

中药材的产地和类别是独立样本。无论先考虑中药材的产地还是类别，模型最终预测值的差异都不大。这两者的关系共同取决于附件中的近红外光谱数据，即光谱图中的波长。既可以预测 OP 值，也可以预测 Class 值，两者之间不存在相互影响的关系，因此不需要考虑先预测 OP 值还是先预测 Class 值，即不需要顾虑预测顺序对最终预测值的影响。

综上，为了实现对 OP 值和 Class 值的准确预测，使用线性支持向量机模型预测 Class 值，使用支持向量机模型预测 OP 值，最后得出所需要的预测结果。

五、模型的建立与求解

5.1 问题（1）

5.1.1 问题（1）模型的建立

问题（1）的目的是根据几种不同中药材的光谱数据，分析不同种类中药材的特征和差异。综合所给数据，选用聚类分析模型。

聚类就是确定一个物体的类别，不过这里没有事先定义变量关系，聚类算法实际上就是把多个样本数据根据相似值分开，从而得到多个类别。

假设有一个样本集 C：

$$C = \{x_1, \cdots, x_i\} \tag{1}$$

聚类算法就是把类似这种集合的样本，根据相似值划分成多个不相交的子集。

$$C_1 \cup C_2 \cdots \cup C_m = C \tag{2}$$

并且每个样本只能属于这些子集中的一个，即各子集不相交。
$$C_i \cap C_j = \varnothing \ \forall \ i \neq j \tag{3}$$

建立具有鉴别意义的聚类轮廓图，采用两步聚类算法（如图 1 所示）确定最佳的聚类数目，在所建立最佳的分类数据中根据不同地区中药材的差异进行筛选。

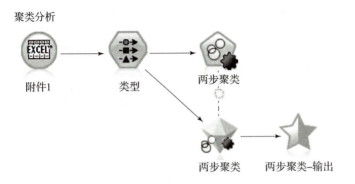

图 1　两步聚类算法的运算

5.1.2　问题（1）模型的求解

根据分析中所提到的两步聚类模型，采用 SPSS Modeler 软件中的两步聚类的工具箱，如图 2 所示。

图 2　SPSS Modeler 软件操作步骤

使用定制字段分配选择所有波长，基于轮廓模型排序依据，通过两步聚类分析进行建模。两步聚类算法是 BIRCH 层次分析算法的改进版本，更加适合混合属性数据集的聚类，对于附件 1 中的大量样本，该模型的拟合是十分符合要求的。除此之外，两步聚类模型还能自动确定最佳的数量机制，让拟合变得更加合理。

两步聚类算法之所以叫作"两步"，顾名思义该算法分为两个阶段：预聚类阶段和聚类阶段。该算法的原理与 CF 分类特征树生长思想一样，通过逐个读取每个数据，生成众多子簇，然后将生成的子簇逐个合并，最终得到预期值，如图 3 所示。

根据图 3 所示的两步聚类算法，运行求解得出，附件 1 中的光谱图大致趋近 3 类，即可认为该中药材可以分为 3 类。表 6 所示为部分分类数据。因为数据量过大，完整分类数据见支撑材料（"问题 1 聚类表.xlsx"）。

287

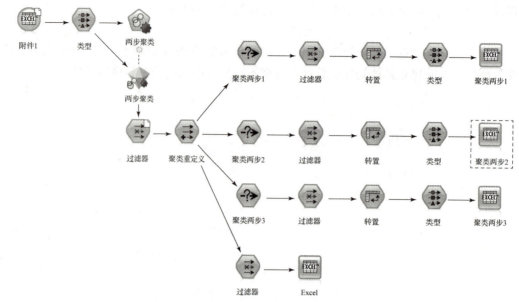

图 3　SPSS Modeler 两步聚类算法

表 6　部分分类数据

No	Class	No	Class	No	Class
1	1	248	2	58	2
10	1	249	2	61	2
102	1	250	2	63	2
……					
133	1	282	2	136	3
135	1	283	2	201	3
138	1	284	2	64	3

　　利用 OMNIC 8.0 软件对两步聚类算法中的所求值生成光谱图。通过对每类数据进行探索分析，发现每类数据量过于巨大，而且所生成的结果都是连续的，没有出现异常值和缺失值，所以可以对所生成的光谱图进行量化处理。采用均值的方式，对众多光谱图进行整合，求均值光谱图。

　　由图 4 发现，上述 3 种中药材的光谱图在 $1\,000 \sim 3\,000 \text{ cm}^{-1}$ 波数范围内既有共同特征，也存在明显差异。

　　表 7 所示为 3 种中药材峰值归纳，其中 A 类光谱图在 $1\,500 \text{ cm}^{-1}$，$2\,600 \text{ cm}^{-1}$，$1\,300 \text{ cm}^{-1}$，$1\,000 \text{ cm}^{-1}$ 有 4 处吸收峰；B 类光谱图在 $3\,000 \text{ cm}^{-1}$，$2\,300 \text{ cm}^{-1}$，$1\,500 \text{ cm}^{-1}$，$1\,300 \text{ cm}^{-1}$ 有 4 处吸收峰；C 类光谱图在 $3\,000 \text{ cm}^{-1}$，$2\,600 \text{ cm}^{-1}$，$2\,400 \text{ cm}^{-1}$，$1\,500 \text{ cm}^{-1}$，$1\,300 \text{ cm}^{-1}$ 有 5 处吸收峰。

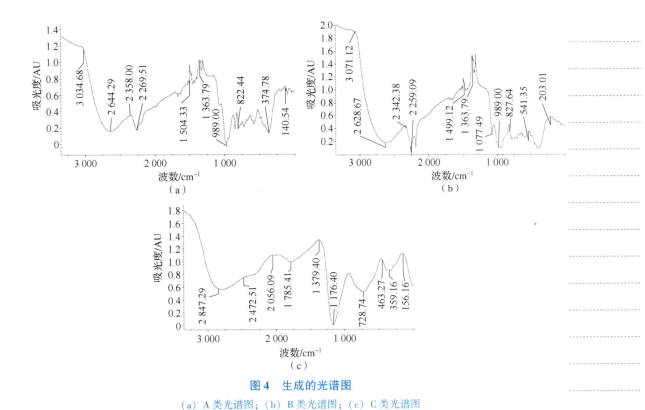

图 4 生成的光谱图

(a) A 类光谱图；(b) B 类光谱图；(c) C 类光谱图

表 7 3 种中药材峰值归纳

No	Class	光谱波峰位置/cm⁻¹
1	A	1 500, 2 600, 1 300, 1 000
2	B	3 000, 2 300, 1 500, 1 300
3	C	3 000, 2 600, 2 400, 1 500, 1 300

因此，3 种类别的中药材会受到众多因素的影响，既包括样品光谱信息，也包括许多无关的因素，如中药材本身的质量和产地，为了确保所建模型的准确性与适用性，采取矢量归一化的方式处理中红外光谱图，便可得到 3 种中药材的差异，如图 5 所示。

如图 5 所示，在 3 种中药材的二阶导数谱中，均出现 100 cm^{-1}，300 cm^{-1}，600 cm^{-1}，900 cm^{-1} 4 处的吸收峰，由峰值的大小可以判断，B 类中药材是最好的，A 类中药材仅次于 B 类中药材，C 类中药材是最差的。优越性排名：B > A > C。

5.2 问题（2）

5.2.1 问题（2）模型的建立

针对问题（2），首先根据已知产地数和光谱图的波长，分类出同一种产地的波长值，并且采用均值的方式，对 11 个产地的波长进行整合；其次把整合数据进行 EZ - OMNIC 绘制，依旧通过吸光度和平滑处理，从而建立关于 11 个产地的光谱图。从光谱图中的波长走向和峰值研究分析，即可得出同一中药材在不同产地的特征和差异。

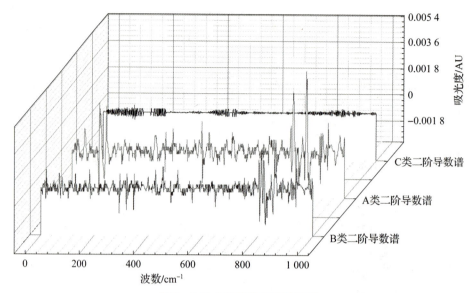

图 5　3 种中药材的二阶导数谱

引入支持向量机算法，对描绘的光谱图进行数据挖掘。通过 logistic 回归函数对所有光谱图中的分类点进行分类，如图 6 所示。

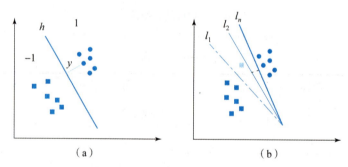

图 6　logistic 分类点（书后附彩插）

分类思想如下。

(1) 图 6 (a) 所示为函数 h 到区域 1 的最短距离。假设训练样本点到超平面 h 的几何距离为 $r(r>0)$。用 logistic 回归模型分析几何距离：

$$r = \frac{\boldsymbol{\omega}^\mathrm{T}\boldsymbol{x}+b}{\|\boldsymbol{\omega}\|} = \frac{f(\boldsymbol{x})}{\|\boldsymbol{\omega}\|} \tag{4}$$

因此，r 越大，损失函数值越小，结果的准确率越高。

(2) 图 6 (b) 中的红色方块为误分类的点，通过 l_1 和 l_2 函数的对比，计算分析误分类点，可以依据 logistic 回归函数关系自动选择左边区间或者右边区间，对误分类的数值进行正确的分类。

损失函数为

$$\mathrm{cost}(h_\theta(x),y) = \begin{cases} -\lg(h_\theta(x)), & y=1 \\ -\lg(1-h_\theta(x)), & y=0 \end{cases} \tag{5}$$

损失函数图像如图 7 所示。

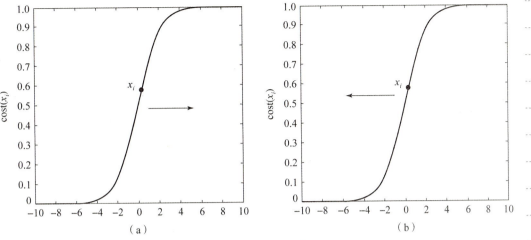

图 7　损失函数图像

logistic 回归模型的损失函数分析如下。

（1）当 $y=1$ 时，若要使损失函数值越来越大，则 x_i 值会越来越大。如图 7（a）所示，若 x_i 沿着箭头的方向变化，损失函数值就会逐渐变大。

（2）当 $y=0$ 时，若要使损失函数值越来越小，则 x_i 值会越来越小。如图 7（b）所示，若 x_i 沿着箭头的方向变化，损失函数值就会逐渐变小。

5.2.2　问题（2）模型的求解

由分析可以得知，附件 2 是某一种类别的中药材在 11 个产地中不同的波长，采取分类的方式首先统计每个产地的波长，其次进行均值处理，分析得到的均值，再把每一个地区的波长通过 EZ–OMNIC 绘制出新的均值光谱图，如图 8 所示。

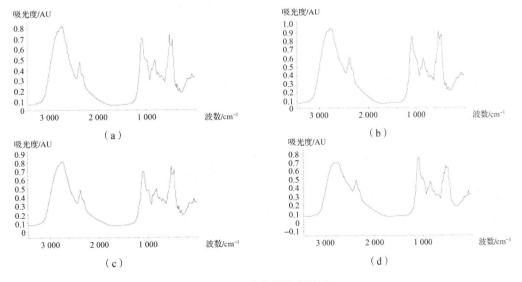

图 8　11 个产地的光谱图

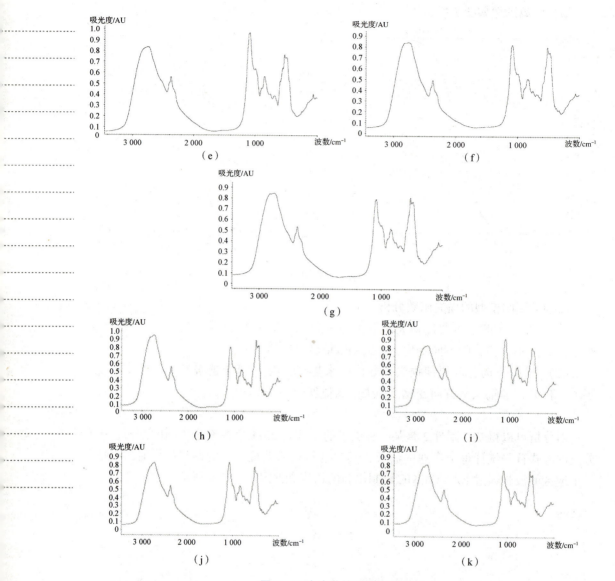

图 8　11 个产地的光谱图（续）

这 11 个光谱图未经过求导、平滑、多元散射校正（MSC）和标准正态变量变换（SNV）校正，所以基本上很难区分它们之间的差异值。平滑的作用是减少随机性噪声，二阶求导的作用是消除光谱图的基线偏移，图 11 个产地的光谱图合计可知，11 个产地虽然都生产同一种中药材，但是它们的原始近红外光谱图经过多元散射校正、二阶导数和 Norris 平滑处理后，光谱重叠、基线偏移等现象被消除，同时光谱差异凸显。例如在 100 cm^{-1}，400 cm^{-1}，600 cm^{-1}，900 cm^{-1} 处的波峰或波谷有着明显的差异，这为鉴定产地提供了基础。

通过 Origin 8.5 软件进行多元散射校正和标准正态变量变换校正，主要用来消除光散色等影响，经过这一系列处理，得到的光谱图如图 9 所示。

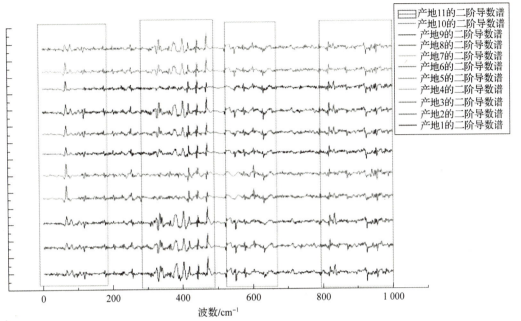

图 9　11 个产地的光谱图合计

由图 9 可以确定，产地 1，2，3，8，10，11 的自然气候更适合该中药材的生长，产地 4，5，6，7，9 不适合该中药材的生长。经查阅资料，影响因素有 6 个，包括物种品质、自然环境、中医学术、农业耕种、科技制造以及其他因素。差异可能是以产地的某种或多种因素为主导所产生的。

根据分析中所提供的支持向量机算法，利用 SPSS Modeler 进行建模（图 10），对中红外光谱图中的误差进行修补，从而得到产地和中药材的确切关系，方便进一步确定附件 2 中缺失的产地数据。

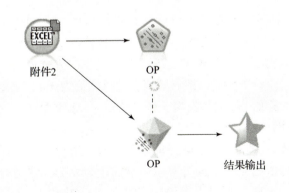

图 10　支持向量机模型

具体操作步骤如图 11 所示。

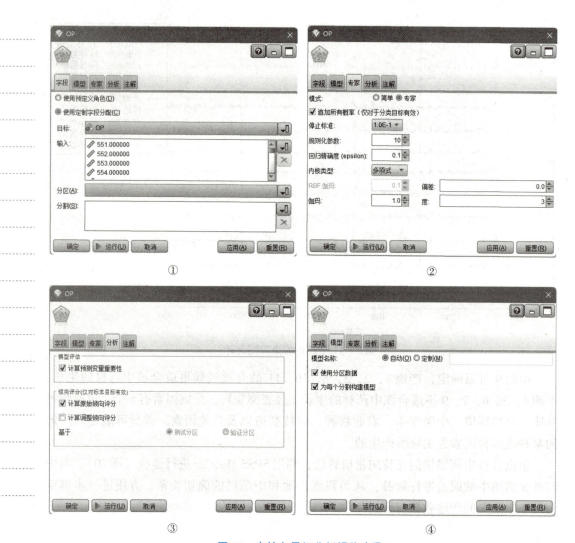

图 11　支持向量机分析操作步骤

首先把附件 2 中某一种中药材 11 个不同产地的中红外光谱波长值导入 SPSS Modeler，使用定制字段分配；其次对于导数的数据使用每一个分区数据，并且对每一个分区数据进行分割构建相应的模型。围绕专家建模的方式展开，追加所求概率，其中追加的概率仅限定于分类中的目标有效值，并且阈值为 0.1，规则化参数为 10，回归精确度为 0.1，采取多项式的类和类型，伽马值取 1。在模型评估的分析中倾向于计算预测变量重要性和计算原始倾向评分。

根据给定的训练集，除了使普通变量分布在两个边界上外，还要使所有样本点分布在分类边界上，再依据支持向量机使用超平面进行划分，构造分类超平面，从而对未知样本进行分类，这样就可以求得回归函数关系。图 12 所示为支持向量机模型算法，在 SPSS Modeler 中运行支撑文件中名为"问题 2.str"的文件，预测出附件 2 中缺失的产地数据，具体见表 8。

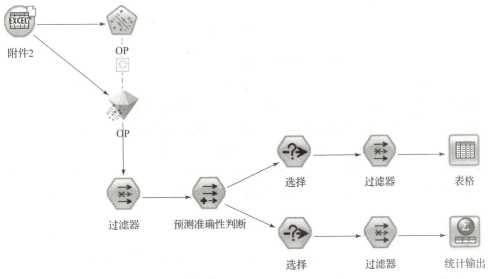

图 12　支持向量机模型算法

表 8　中药材鉴别结果

No	3	14	38	48	58
OP	6	1	4	6	6
No	71	79	86	89	110
OP	6	4	11	3	4
No	134	152	227	331	618
OP	9	2	5	11	3

5.3　问题（3）

5.3.1　问题（3）模型的建立

针对问题（3），建立随机森林变量，分别依附于中红外光谱图和近红外光谱图的波长数据，并且所需预测的结果都是一样的，从而根据特征值的筛选，预测出合理的模型。特征值越多，建立的拟合情况就越趋近实际值，因此将两种样本所预测的结果结合，大量数据的涌入会极大地提高特征值的提取程度，从而能够获得最高的预测值。

随机森林算法既兼顾了回归问题，也解决了分类问题，并且通过集成学习的思想，将多棵决策树进行集成。在分类问题中，最终输出的结果由个别输出的众数所决定；在回归问题中，则是通过每棵决策树的平均得到最终结果。

假设存在数据 D，其中包括特征数 N，进行有放回的抽样，生成抽样空间。

$$D = \{x_{i1}, x_{i2}, \cdots, x_{in}, y_i\} \, (i \in [1, m])$$

首先，构建学习机器，计算每一次样本抽取。

$$d_j = \{x_{i1}, x_{i2}, \cdots, x_{in}, y_i\} \, (i \in [1, m])$$

并且将每一次样本抽取的决策树的结果都记为 H。

其次，采取训练次数：

$$H(x) = \max \sum_{t=1}^{T} \emptyset(h_j(x) = y)$$
$$\emptyset(x)$$

如果训练集大小为 N，则对于每棵决策树而言，随机且有效地从训练集从抽取和放回样本，作为该决策树的有效训练集，如果不进行随机抽取，则分类结果完全一样。

有放回地抽样完全是为了独立每棵决策树中的众多样本，因为样本是不同的，有放回地抽样确保了决策树没有交集，从而使最终训练出的结果差异很大，而随机森林算法的分类取决于对多棵决策树的强弱处理。除此之外，随机性的引入对随机森林算法分析至关重要。

5.3.2 问题（3）模型的求解

依据分析中所提供的随机森林算法，首先，通过分步的思维对附件 3 中的数据进行预测处理。根据近红外光谱图和中红外光谱图两种样本的训练结果可知，在样本众多的情况下，特征值会越来越明显；其次，把所得的中红外光谱图和近红外光谱图融合，作为训练样本，模拟出更好的拟合结果，预测出附件 3 中的产地缺失数据。

第一步，对中红外光谱图进行处理。

利用 SPSS Modeler 软件进行建模（图 13），利用中红外光谱图中的波长值进行随机森林训练，建立有放回的抽样关系，这样可以获得有关中红外光谱图的产地分类，预测出缺失的产地数据。

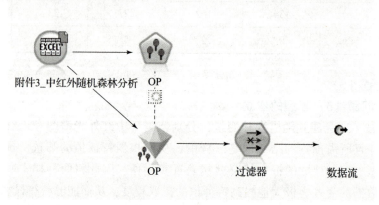

图 13　中红外随机森林分析

具体操作步骤如图 14 所示。

导入附件 3 中的中红外光谱图样本进行随机森林算法，使用定制字段分配的方式，其中目标值为 OP，预测的变量为样本中的波长值。在"构建选项"选项卡中选择"基本"选项，设置构建的模型数量为 500，样本大小为 1.0，处理不平衡数据和加权变量，设置决策树的最大节点数为 10 000，以确保足够的训练次数，预测结果见支撑材料中名为"问题 3 中红外预测结果.xlsx"的文件。

第二步，对近红外光谱图进行处理，如图 15 所示。

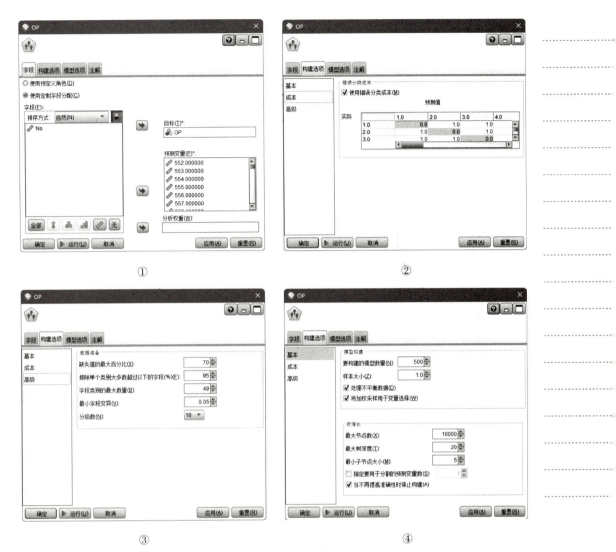

图 14　中红外光谱图计算步骤

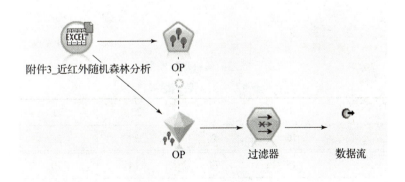

图 15　近红外随机森林分析

其中操作步骤与第一步类似，最终也可以通过随机森林算法对近红外光谱图中的缺失数据进行预测补充。到此，基本的训练样本值达到了最大，使算法中的特征值区域趋近明显，使预测模型的可信度提高。预测结果见支撑材料中名为"问题3 近红外预测结果.xlsx"的文件。

第三步，将中红外和近红外随机森林分析结合，如图16所示。

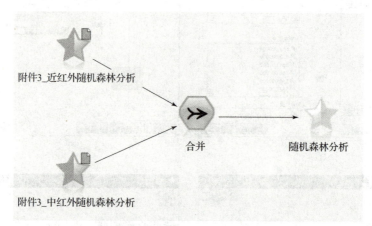

图16 中红外和近红外的随机森林

将由近红外光谱图所得到的 OP 值、由中红外光谱图所得到的 OP 值和真实目标 OP 值结合，构建新的数据集，使预测模型更加准确。图17所示为完整的随机森林模型算法，在 SPSS Modeler 软件中运行支撑材料中名为"问题2.str"的文件，预测出附件2中缺失的产地数据。最终的预测结果见表9。

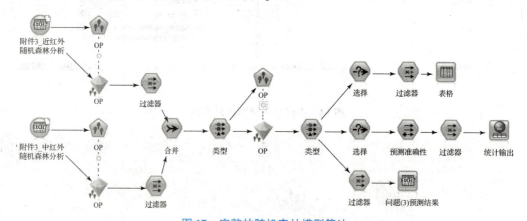

图17 完整的随机森林模型算法

表9 中药材鉴别结果

No	4	15	22	30	34
OP	16	2	3	2	16
No	45	74	114	170	209
OP	3	15	11	9	15

5.4 问题（4）

5.4.1 问题（4）模型的建立

针对问题（4），建立线性支持向量机，依附于附件4中近红外光谱图的波长数据值，分别预测OP值和Class值。通过训练波长数据值，依据最大间隔分离超平面和约束，构造最优解，从而可以根据函数关系预测出最终的结果。

具体运算过程如下。

（1）构造并且求最优解约束：

$$\min_{\omega,b} \frac{1}{2}\|\omega\|^2$$
$$\text{s. t.} \quad y_i(\omega \cdot x_i + b) - 1 \geq 0, i = 1,\cdots,N$$

得到最优解（ω^*，b^*）。

（2）由此得到分离超平面：

$$\omega^* \cdot x + b^* = 0$$

（3）分类决策函数为

$$f(x) = \text{sign}(\omega^* \cdot x + b^*)$$

通过上述函数关系，可以从众多光谱系数的波长值中抓取关键值，通过超平面的约束，这些关键值会自动选择它们之间的差异，从而对所生成的结果进行自动分区。分别把OP值和Class值两次代入线性支持向量机，再根据已有数据的参考，就可以最终预测出附件中缺失的数据。

5.4.2 问题（4）模型的求解

依据分析中所提及的方式，采用线性支持向量机算法，导入附件4中不同类型的中红外光谱图，预测附件中缺失的OP值，然后运用支持向量机算法预测Class值。

具体操作步骤如图18所示。

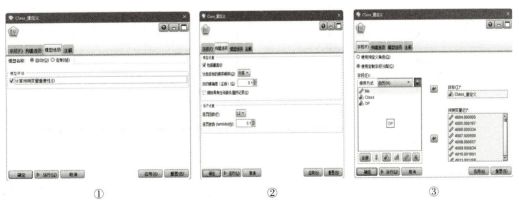

图18 线性支持向量机算法步骤

对导入SPSS Modeler软件的线性支持向量机中的值进行定字段分配，目标变量分别为OP值和Class值，预测变量为中红外光谱图中的波长值。在"构建选项"选项卡中，勾选"包括截距"复选框，并设置回归精确度为0.1，惩罚函数为L2，惩罚参数为0.1，最后计算预测变量的重要性值。

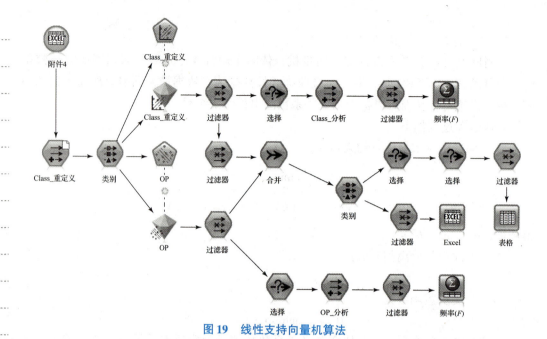

图19 线性支持向量机算法

图 19 所示为线性支持向量机算法，在 SPSS Modeler 软件中运行支撑材料中名为"问题4.str"的文件，预测出附件 4 中类别及产地的缺失数据，具体情况见表 10。

表 10 中药材鉴别结果

No	OP 值	Calss 值
94	4	1
109	3	1
140	3	1
278	1	3
308	3	3
330	4	3
347	11	2

六、模型检验

6.1 针对问题（1）

根据 SPSS Modeler 软件两步聚类算法所生成的表格如图 20 所示。

是否使...	图形	模型	构建时间（分钟）	轮廓	聚类数	最小聚类(N)	最小聚类(%)	最大聚类(N)	最大聚类(%)	最小/最大	重要性
✓		两步 1	<1	0.689	3	3	0	230	54	0.013	0.0

图 20 两步聚类检验表

由表中的数据可以清楚地看出，两步聚类的时间基本上控制在1分钟之内，而且聚类数为3，这与实际聚类所得出的结果相同，并且最小值和最大值的差异只有0.013，基本上可以忽略。

综上所述，两步聚类的可行性和准确性是较高的，同时也间接证明了所建立的模型（1）比较可靠。

6.2　针对问题（2）

针对问题（2），通过支持向量机算法建立模型，具体预测结果如图21所示。

	No	预测	可信度
1	3.000	6.000	0.851
2	14.000	1.000	1.000
3	38.000	4.000	0.552
4	48.000	6.000	0.368
5	58.000	6.000	0.380
6	71.000	6.000	0.253
7	79.000	4.000	0.280
8	86.000	11.000	0.507
9	89.000	3.000	0.614
10	110.000	4.000	0.588
11	134.000	9.000	0.417
12	152.000	2.000	0.672
13	227.000	5.000	0.957
14	331.000	11.000	0.201
15	618.000	3.000	0.782

预测准确性判断

		计数	百分比	有效	累积
有效	F	51	7.8	7.8	7.8
	T	607	92.2	92.2	100.0
	总计	658	100.0	100.0	

图21　随机向量机预测结果

由图可知，对于附件2中15个缺失产地数据的单个样本的可信度参差不齐，但是根据模型预测的准确度判断，和预测值不同的仅占总样本的7.8%，而和预测值相同的占总样本的92.2%。由此可以直接证明模型（2）的预测准确度极高。

6.3　针对问题（3）

针对问题（3），采用随机森林的预测模型，该模型的预测准确度高，具体预测结果如图22所示。

	No	$R-OP-中	OP	$R-OP-近	预测	可信度
1	4.000	16.000	$null$	17.000	16.000	0.444
2	15.000	2.000	$null$	16.000	2.000	0.778
3	22.000	3.000	$null$	1.000	3.000	0.333
4	30.000	2.000	$null$	10.000	2.000	0.778
5	34.000	16.000	$null$	1.000	16.000	1.000
6	45.000	3.000	$null$	8.000	3.000	0.889
7	74.000	15.000	$null$	4.000	15.000	0.333
8	114.000	11.000	$null$	7.000	11.000	0.889
9	170.000	9.000	$null$	9.000	9.000	1.000
10	209.000	15.000	$null$	11.000	15.000	0.444

预测准确性

		计数	百分比	有效	累积
有效	F	16	6.5	6.5	6.5
	T	229	93.5	93.5	100.0
	总计	245	100.0	100.0	

图22　随机森林预测结果

由图可知，这是通过由两张表格所建立的随机森林的关系网所推出的第三种预测模型，并且结合中红外和近红外光谱数据，单个样本的总体可信度是较高的。从预测准确性的结果中，不符合该模型的数值只有零星的几个，占比仅为6.5%，而符合该模型的占比达到93.5%。二者之间存在极大的数据差值，这表示模型（3）的拟合也是较好的，准确度较高。

6.4 针对问题（4）

针对问题（4），通过线性支持向量机算法，对附件 4 中的 OP 值和 Class 值进行合理预测。具体预测结果如图 23 所示。

No	OP预测	OP可信度	$L-Class_重定义	$LC-Class_重定义
1	94.0....	4.000	0.521	1	0.996
2	109....	3.000	0.954	1	0.996
3	140....	3.000	0.607	1	0.994
4	278....	1.000	0.838	3	0.968
5	308....	3.000	0.900	3	0.887
6	330....	4.000	0.821	3	0.784
7	347....	11.000	0.451	2	0.993

Class_频率

		计数	百分比	有效	累积
有效	T	256	100.0	100.0	100.0

OP_频率

		计数	百分比	有效	累积
有效	F	15	4.3	4.3	4.3
	T	334	95.7	95.7	100.0
总计		349	100.0	100.0	

图 23　线性支持向量机预测结果

由图可知，单独样本的 OP 值和 Class 值的可信度还是十分高的，尤其是 Class 值，基本都在 90% 以上。此外，根据准确度的预测数据可以知道，Class 的准确度非常高，达到了 100%，而 OP 值的准确度比 Class 值的准确度略低，只有 95.7%。该数据足以证明模型（4）的拟合十分接近完美。

七、模型的评价与改进

7.1 模型的优点

（1）本文采用聚类分析、支持向量机、随机森林等多种分类模型对中药材进行鉴别，并且预测模型的准确度都超过 90%，保证了预测值和实际值的差值范围，简单来说就是对各自变量都有良好的解释性，所以拟合效果非常好，同时也说明了模型的合理性较高，且模型的整体显著性很好。

（2）本文采用 EZ – OMNIC 绘制出众多光谱图，并且以吸光度处理、自动基线矫正、平滑处理、二阶导数等多种方式对所得的光谱图进行分析。通过大量的图论函数进行了理论性的补充说明，使数据更有说服力。

7.2 模型的缺点

（1）本模型只考虑波数对吸光度的影响，具有一定局限性。

（2）本模型所使用的模型基本是深度学习模型，模型运行环境有一定要求，耗时较长。

7.3 模型的改进方向

本文对中药材产地的划分并没有考虑天气等自然因素，只是根据光谱数据通过模型进行预测，因此对于模型可以考虑增加天气等自然因素。

八、模型推广

  本文围绕中药材的类别和产地的鉴别，根据红外光谱图做出合理的预测。文中运用了聚类分析、支持向量机和随机森林等算法。本模型在现实生活中有较广泛的运用，其处理方式在本文中得到了较好的体现。对于不同的分类问题，甚至货物、人口等大量样本的预测问题也可利用本文的方法进行建模分析，本文的方法可以被运用到生活中的各个领域。

参 考 文 献

[1] 盛开元. 聚类算法在大规模数据集上的应用研究［D］. 无锡：江南大学，2014.
[2] 王全才. 随机森林特征选择［D］. 大连：大连理工大学，2011.
[3] 李欣海. 随机森林模型在分类与回归分析中的应用［J］. 应用昆虫学报，2013，50(04)：1190－1197.
[4] 董宝玉. 支持向量技术及其应用研究［D］. 大连：大连海事大学，2016.
[5] 刘茜阳，高楠，杜振辉，等. 基于二阶导数谱与特征吸收窗的红外光谱定量检测方法［J］. 光谱学与光谱分析，2017，37(06)：1765－1770.
[6] 白雁，鲍红娟，王东，等. 菊花不同炮制品的红外原谱、二阶导数谱及二维相关谱谱图分析［J］. 中药材，2006 (06)：544－547.
[7] 白雁，孙素琴，樊克锋，等. 红外二阶导数谱对地黄及其不同提取部位、炮制品的鉴定［J］. 中草药，2006 (11)：1661－1663.
[8] 马芳. 红外光谱分析在茯苓资源研究中的应用［D］. 武汉：武汉轻工大学，2013.
[9] 张艳玲，夏远，朝格图，等. 野菊花不同提取物的红外光谱分析［J］. 光谱学与光谱分析，2012，32(12)：3225－3228.
[10] 解洪胜. 支持向量机在大规模数据分类中的应用［J］. 信息与电脑（理论版），2017(22)：44－45，48.
[11] 邓建国，张素兰，张继福，等. 监督学习中的损失函数及应用研究［J］. 大数据，2020，6(01)：60－8.
[12] 徐冬. 基于Delphi平台平滑曲线的算法实现［J］. 科技资讯，2011(33)：42.
[13] 薛文博，王金南，杨金田，等. 国内外空气质量模型研究进展［J］. 环境与可持续发展，2013，38(03)：14－20.
[14] 王晓彦，刘冰，李健军，等. 区域环境空气质量预报的一般方法和基本原则［J］. 中国环境监测，2015，31(01)：134－138.
[15] 王铭军，潘巧明，刘真，等. 可视数据清洗综述［J］. 中国图象图形学报，2015，20(04)：468－482.
[16] 叶超，冯莉，欧阳艳晶. 精密时间间隔测量仪数据校准和不确定度测试［J］. 国外电子测量技术，2008，27(12)：14－17，25.
[17] 艾彬，徐建华，黎夏，等. 社区居住环境的空间数据探索性分析［J］. 地理科学，2008 (01)：51－58.
[18] 王振友，陈莉娥. 多元线性回归统计预测模型的应用［J］. 统计与决策，2008 (05)：46－47.
[19] 王小平，张飞，于海洋，等. 基于多元线性模型、支持向量机（SVM）模型和地统

计方法的地表水溶解性总固体（TDS）估算及其精度对比——以艾比湖流域为例［J］．环境学，2017，36(03)：666－676．

[20] 郑甲宏，王泽峰，沈霈．直升机载荷标定方程回归变量的优选方法［J］．科学技术与工程，2017，17(24)：299－303．

[21] 李世文，罗凯，王莹澈，等．基于最小二乘法的数据采集仪电压校准系数提取方法［J］．探测与控制学报，2017，39(06)：16－20．

[22] 李立欣，许健开．多元线性回归在MATLAB中的实现［J］．内蒙古科技与经济，2018(06)：36－37．

[23] 徐灏，郑逸璇，朱仁杰，等．基于GIS的气象数据探索性分析［J］．硅谷，2012(12)：25－27．

[24] 王曰芬，章成志，张蓓蓓，等．数据清洗研究综述［J］．现代图书情报技术，2007(12)：50－56．

[25] 郭艳卿，何德全，孔祥维，等．基于多元回归的JPEG隐密分析方案［J］．电子学报，2009，37(06)：1378－1381．